21世纪高等学校规划教材 | 计算机科学与技术

Linux操作系统原理与应用

（第2版）

陈莉君　康华　编著

清华大学出版社
北京

内容简介

本书是Linux内核及动手实践的入门教程。在庞大的Linux内核中，选取最基本的内容——进程管理、中断、内存管理、系统调用、内核同步、文件系统、I/O设备管理等进行阐述。从原理出发，基于Linux内核源代码但又不局限于代码，分析原理如何落实到代码，并通过简单有效的实例说明如何调用Linux内核提供的函数进行内核级程序的开发。主要章节给出了具有实用价值的小型应用，从而让读者在实践中加深对原理的理解和应用能力。

本书对于希望深入Linux操作系统内部、阅读Linux内核源代码以及进行内核级程序开发的读者具有较高的参考价值。本书可作为高等院校计算机相关专业的本科生、研究生的教材，Linux应用开发人员、嵌入式系统开发人员等均可从本书中获益。

图书在版编目(CIP)数据

Linux操作系统原理与应用/陈莉君，康华编著. —2版. —北京：清华大学出版社，2012.1(2022.2重印)
(21世纪高等学校规划教材·计算机科学与技术)
ISBN 978-7-302-27836-8

Ⅰ. ①L… Ⅱ. ①陈… ②康… Ⅲ. ①Linux操作系统—高等学校—教材 Ⅳ. ①TP316.89

中国版本图书馆CIP数据核字(2012)第003605号

责任编辑：付弘宇 薛 阳
责任校对：胡伟民
责任印制：沈 露

出版发行：清华大学出版社
网　　址：http://www.tup.com.cn，http://www.wqbook.com
地　　址：北京清华大学学研大厦A座　　**邮　　编**：100084
社 总 机：010-62770175　　**邮　　购**：010-83470235
投稿与读者服务：010-62776969，c-service@tup.tsinghua.edu.cn
质量反馈：010-62772015，zhiliang@tup.tsinghua.edu.cn
印 刷 者：北京富博印刷有限公司
装 订 者：北京市密云县京文制本装订厂
经　　销：全国新华书店
开　　本：185mm×260mm　　**印　　张**：17.5　　**字　　数**：431千字
版　　次：2012年1月第2版　　**印　　次**：2022年2月第11次印刷
印　　数：12701～13700
定　　价：45.00元

产品编号：045103-05

编审委员会成员

（按地区排序）

出版说明

随着我国改革开放的进一步深化，高等教育也得到了快速发展，各地高校紧密结合地方经济建设发展需要，科学运用市场调节机制，加大了使用信息科学等现代科学技术提升、改造传统学科专业的投入力度，通过教育改革合理调整和配置了教育资源，优化了传统学科专业，积极为地方经济建设输送人才，为我国经济社会的快速、健康和可持续发展以及高等教育自身的改革发展做出了巨大贡献。但是，高等教育质量还需要进一步提高以适应经济社会发展的需要，不少高校的专业设置和结构不尽合理，教师队伍整体素质亟待提高，人才培养模式、教学内容和方法需要进一步转变，学生的实践能力和创新精神亟待加强。

教育部一直十分重视高等教育质量工作。2007 年 1 月，教育部下发了《关于实施高等学校本科教学质量与教学改革工程的意见》，计划实施"高等学校本科教学质量与教学改革工程(简称'质量工程')"，通过专业结构调整、课程教材建设、实践教学改革、教学团队建设等多项内容，进一步深化高等学校教学改革，提高人才培养的能力和水平，更好地满足经济社会发展对高素质人才的需要。在贯彻和落实教育部"质量工程"的过程中，各地高校发挥师资力量强、办学经验丰富、教学资源充裕等优势，对其特色专业及特色课程(群)加以规划、整理和总结，更新教学内容、改革课程体系，建设了一大批内容新、体系新、方法新、手段新的特色课程。在此基础上，经教育部相关教学指导委员会专家的指导和建议，清华大学出版社在多个领域精选各高校的特色课程，分别规划出版系列教材，以配合"质量工程"的实施，满足各高校教学质量和教学改革的需要。

为了深入贯彻落实教育部《关于加强高等学校本科教学工作，提高教学质量的若干意见》精神，紧密配合教育部已经启动的"高等学校教学质量与教学改革工程精品课程建设工作"，在有关专家、教授的倡议和有关部门的大力支持下，我们组织并成立了"清华大学出版社教材编审委员会"(以下简称"编委会")，旨在配合教育部制定精品课程教材的出版规划，讨论并实施精品课程教材的编写与出版工作。"编委会"成员皆来自全国各类高等学校教学与科研第一线的骨干教师，其中许多教师为各校相关院、系主管教学的院长或系主任。

按照教育部的要求，"编委会"一致认为，精品课程的建设工作从开始就要坚持高标准、严要求，处于一个比较高的起点上；精品课程教材应该能够反映各高校教学改革与课程建设的需要，要有特色风格、有创新性(新体系、新内容、新手段、新思路，教材的内容体系有较高的科学创新、技术创新和理念创新的含量)、先进性(对原有的学科体系有实质性的改革和发展，顺应并符合 21 世纪教学发展的规律，代表并引领课程发展的趋势和方向)、示范性(教材所体现的课程体系具有较广泛的辐射性和示范性)和一定的前瞻性。教材由个人申报或各校推荐(通过所在高校的"编委会"成员推荐)，经"编委会"认真评审，最后由清华大学出版社审定出版。

目前，针对计算机类和电子信息类相关专业成立了两个“编委会”，即“清华大学出版社计算机教材编审委员会”和“清华大学出版社电子信息教材编审委员会”。推出的特色精品教材包括：

(1) 21世纪高等学校规划教材·计算机应用——高等学校各类专业，特别是非计算机专业的计算机应用类教材。

(2) 21世纪高等学校规划教材·计算机科学与技术——高等学校计算机相关专业的教材。

(3) 21世纪高等学校规划教材·电子信息——高等学校电子信息相关专业的教材。

(4) 21世纪高等学校规划教材·软件工程——高等学校软件工程相关专业的教材。

(5) 21世纪高等学校规划教材·信息管理与信息系统。

(6) 21世纪高等学校规划教材·财经管理与应用。

(7) 21世纪高等学校规划教材·电子商务。

(8) 21世纪高等学校规划教材·物联网。

清华大学出版社经过三十多年的努力，在教材尤其是计算机和电子信息类专业教材出版方面树立了权威品牌，为我国的高等教育事业做出了重要贡献。清华版教材形成了技术准确、内容严谨的独特风格，这种风格将延续并反映在特色精品教材的建设中。

清华大学出版社教材编审委员会
联系人：魏江江
E-mail：weijj@tup.tsinghua.edu.cn

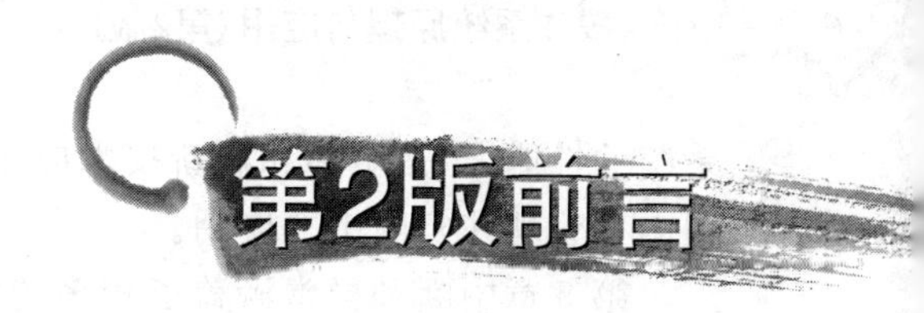

第2版前言

20年前诞生于学生之手的Linux，借助于Internet这片肥沃的土壤，在开源文化的大熔炉中，逐步成长为穿越桌面、服务器以及智能终端的通用操作系统。

1991年那个稚嫩的0.01版就是Linus在操作系统课上写的一个大作业，翻看其代码，调度程序也就三十多行，文件系统的读写函数各只有十多行(不含所调用的其他函数)，如此而已，初学者可以在这样的代码中看到自己所写程序的影子。

Linux从曾经的0.01版到现在的3.0版，历经了八百多个版本的变迁，其中变化的点滴都记录在Linux内核邮件列表(LKML)中，从这些足迹中，我们会寻觅到一个变量为什么那样定义，一个结构体为什么要增减字段，一个函数的参数为什么从三个变为两个，在这一个个的细节中，软件设计的蛛丝马迹也就逐步展现出来。但是，这些过往的信息是海量的，多本教材都无法容纳，需要读者进行大量的课外阅读。

Linux内核的全部源代码是一个庞大的世界，如何在这庞大而又复杂的世界中抓住主要内容，如何找到进入Linux内部的突破口，又如何把Linux的源代码变为自己所需，并在此基础上进行内核级程序的开发，这是本书要探讨的内容。

首先第1章概述从不同侧面概要描述了大家熟悉而又陌生的操作系统，使读者从宏观上对操作系统有一个初步认识。之后，简要介绍了Linux的同族同源UNIX，从而说明Linux赖以生存的土壤源于三十多年UNIX的发展。为了让读者对Linux有初步了解后动手实践，本章还介绍了Linux内核中的模块编写方法，并以链表为入口点，让读者近距离感知Linux内核代码设计中的精彩和美妙。

第2章内存寻址从寻址方式的演变入手，给出与操作系统设计密切相关的概念。比如，实模式、保护模式、各种寄存器、物理地址、虚拟地址以及线性地址等。然后对保护模式的分段机制和分页机制简要描述，并从Linux设计的角度分析了这些机制的具体落实。接着介绍了Linux中的汇编以及嵌入式汇编，最后给出了Linux系统的地址映射示例，这是在第2章就引入内存寻址的根本目的，就是操作系统如何借助硬件把虚地址转化为物理地址。

第3章进程从进程的引入开始，阐述了进程的各个方面，包括进程上下文、进程层次结构、进程状态，尤其是对进程控制块进行了比较全面的介绍。task_struct结构作为描述Linux进程的核心数据结构，对其熟悉和掌握可深入了解进程的入口点。另外，进程控制块的各种组织方式链表、散列表、队列等数据结构是管理和调度进程的基础。在这些基础上，对核心内容进程调度进行了代码级的描述，并给出了Linux新版本中改进的方法和思路。最后，以进程系统调用的剖析和应用结束本章。

第4章内存管理主要围绕虚地址到物理地址的转换，由此引发出了各种问题，比如地址映射问题，一方面把可执行映像映射到虚拟地址空间，另一方面把虚地址空间映射到物理地址空间。而在程序执行时，涉及请页问题，把虚空间中的页真正搬到物理空间，由此要对物理空间进行分配和回收，而在物理内存不够时，又必须进行内外交换，交换的效率直接影响系统的性能,于是缓冲和刷新技术应运而生。本章最后一节给出了一个比较完整的例子,说明内存管理在实际中的应用。

第5章中断和异常涵盖了较多的概念:中断和异常、中断向量、IRQ、中断描述符表、中断请求队列、中断的上半部和下半部、时钟中断、时钟节拍、节拍率、定时器等。中断使得硬件与处理器进行通信,不同的设备对应的中断不同;同时,不同的中断具有不同的中断服务程序,其中断处理程序的入口地址存放在中断向量表中。当某个中断发生时,对应的中断服务程序得到执行,在执行期间不接受外界的干扰。为了缓解中断服务程序的压力,内核中引入了中断下半部机制,其本质都是推后下半部函数的执行。时钟中断是内核跳动的脉搏,本章引入了时钟节拍、jiffies、节拍率等概念,简要介绍了时钟中断的运行机制,同时给出了定时器的简单应用。

第6章系统调用是内核与用户程序进行交互的接口。本章从不同角度对系统调用进行了描述,说明了系统调用与API、系统命令以及内核函数之间的关系。然后,分析了Linux内核如何实现系统调用,说明系统调用处理程序以及服务例程在整个系统调用执行过程中的作用。最后,通过两个实例讨论了如何增加系统调用,并给出了从用户空间调用系统调用的简单例子。本章最后的日志收集系统实例给出了完整的过程,以便读者充分认识系统调用的价值并在自己的项目开发中灵活应用。

第7章内核同步首先介绍了临界区、共享队列、死锁等相关的同步概念,然后给出了内核中常用的三种同步方法,即原子操作、自旋锁以及信号量,其中对信号量的实现机制进行了稍微深入的分析。为了加强读者对同步机制的应用能力,本章给出了两大实例,其一是生产者-消费者模型,其二是内核中线程、系统调用以及定时器任务队列的并发执行。通过这两个例子,让读者深刻体会并发程序编写中如何应用同步机制。

第8章文件系统首先介绍了文件系统的基础知识,其中涉及索引节点、软连接、硬链接、文件系统、文件类型以及文件的访问权限等概念。虚拟文件系统机制使得Linux可以支持各种不同的文件系统,其实现中涉及的主要对象有超级块、索引节点、目录项以及文件,对这些数据结构的描述可以使读者深入到细节了解具体字段的含义。然后,简要讨论了文件系统的注册、安装以及卸载,最后的实例给出romfs文件系统的具体实现。

第9章设备驱动首先阐述了设备驱动程序在文件系统中所处的位置。接着介绍了驱动程序的通用框架,以及Linux字符驱动的简单实例,让读者对驱动程序有一个初步认识。然后对设备驱动开发中所涉及的I/O空间进行了比较详细的介绍。在字符设备驱动一节,把内存空间的一片区域看做一个字符设备,并给出了开发这样一个驱动程序的具体步骤和过程。最后,对块设备驱动程序的开发给出了简要描述。

为了突出主题,本教材尽量简化相关内容,但为了填补课堂教学和实践开发之间的鸿沟,我们在Linux内核之旅www.kerneltravel.net网站上发布了与内核相关的学习资料。针对读者学习操作系统课程后,苦于无用武之地的现状,网站上讨论了如何进行Linux内核层面上的系统软件开发,并配以有实用价值或指导意义的实验。

在近几年的教学过程中,依然感到学生对Linux系统的陌生和动手能力偏弱,针对这种现状,在本次改版过程中,尽量从Linux命令级入手,逐步过渡到原理;从简单的小实验入手,逐步过渡到大例子,以便学生把所学原理与平时遇到的问题联系起来。

由于本教材的篇幅所限,本书内容进行了一定的简化,这可能在某种程度上影响了读者对其内容的深入理解，为此，Linux 内核之旅网站公布了作者曾经编写的《深入分析 Linux 内核源代码》一书的电子版内容，以满足读者深入探究之愿望。

参加本书改编工作的还有张波、许振文、牛涛、陈继峰、武婷、武特等，而武特的博客 http://edsionte.com/techblog/更是让初学者有一种亲近感和熟悉感，希望大家在学习的过程中，以博客的形式分享自己的心得。

本书的配套课件可以从清华大学出版社网站 www.tup.com.cn 下载，在本书或课件的使用中遇到任何问题，请联系 fuhy@tup.tsinghua.edu.cn。

作　者

2011 年 9 月

第1版前言

芬兰大学生 Linus Torvalds 在赫尔辛基大学学习操作系统课程时，由于不满足于使用教学所用的操作系统 MINIX，于是着手开发了一个简单的程序，之后开发了显示器、键盘和调制解调器的驱动程序，磁盘驱动程序，文件系统，这样，一个操作系统的原型就这样形成了。

这个诞生于学生之手的 Linux，在 Internet 这片肥沃的土壤中不断成长，逐步发展为与 UNIX、Windows 并驾齐驱的实用操作系统。与 Windows 不同，Linux 与 UNIX 界面相似，但它的窗口向所有人完全敞开，任何想了解其内在机理的爱好者都可以走进其内部世界。

1999 年春，我们有幸走进了这个开放的世界，那时我们分析的是 Linux 内核 2.0 版。在阅读源代码的基础上，我们编写了《Linux 操作系统内核分析》一书。随着 Linux 内核版本的不断更新，我们又陆续编写和翻译了针对 Linux 内核 2.2 版本、2.4 版本及 2.6 版本的相关书籍。

Linux 内核是用 C 语言和汇编语言编写的(以 C 语言为主)，其全部源代码是一个庞大的集合。如何在这个庞大而复杂的集合中抓住主要内容，找到进入 Linux 内部的突破口，又如何使 Linux 的源代码适应自己的需求，并在此基础上进行内核级程序的开发，这是本书要探讨的内容。

首先，本书的第 1 章引导读者初识操作系统，从操作系统这座大厦的各个侧面观其外貌，并走近 Linux 内核，考察其内在结构。但这种全局性的认识仅是个起点，要从根本上了解操作系统，与之相关的硬件知识是不可或缺的。第 2 章以 Intel x86 处理器为基础，从内存寻址的角度介绍了硬件对操作系统特有的支持，这种支持使得虚拟内存管理有了坚实的物质基础。

进程管理是操作系统的灵魂。第 3 章从内核实现的角度分析了进程赖以存活的各种数据结构，但没有过多涉及具体代码。进程是一个动态变化的实体，这一章从生命历程的角度说明了进程从诞生到死亡的过程。

内存作为计算机系统的重要资源，因为其容量的有限和程序规模的不断扩大，需要从技术上对其容量进行扩充。第 4 章主要讨论了虚拟内存管理的实现技术，并给出了一个实例，帮助读者加深理解。

随后的 5～9 章对中断、内核同步、系统调用、文件系统以及驱动程序从内核设计的角度进行了讨论，并给出了相应的实例以加深读者对相关内容的理解。

本书的附录部分简单介绍了内核链表和内核模块的概念。最后给出了一些网络资源的地址，感兴趣的读者可以在相关网站上获取更丰富的资料。

为了突出主题，本书尽量简化相关内容。但为了填补课堂教学和实践开发之间的鸿沟，为了辅助本书的出版，我们将在 www.kerneltravel.net 网站上不定期发布专题性电子刊物。网站上也将针对学生学习操作系统课程后苦于无用武之地的现状,讨论了如何进行Linux内核层面上的系统软件开发,并配有实用价值或指导意义的实验,帮助学生认识Linux内核,学习Linux内核,进而理解与开发Linux内核。同时,网站提供了本书和实验中涉及的源代码,并将建立一个以教学为中心的论坛,以解答读者的疑问。

编　者

2005年4月

目 录

概述

不管是计算机的心脏——CPU，还是记忆的载体——内存，甚至于种类繁多的外围设备——磁盘、打印机、键盘、网卡等输入输出设备，它们之所以能有条不紊地协同工作，是因为有一层软件不遗余力地管理着它们。这层软件就是操作系统。

操作系统是一种庞大而复杂的系统软件，为了对这样一个庞然大物有全方位的认识，让我们站在这座大厦的不同侧面予以观赏。

1.1 认识操作系统

从使用者的角度看，操作系统使得计算机易于使用。从程序员的角度看，操作系统把软件开发人员从与硬件打交道的烦琐事务中解放出来。从设计者的角度看，有了操作系统，就可以方便地对计算机系统中的各种软硬件资源进行有效的管理。

1.1.1 从使用者角度看

我们对操作系统的认识一般是从使用开始的。打开计算机，呈现在眼前的首先是操作系统。如果用户打开的是操作系统字符界面，就可以通过命令完成需要的操作，例如在 Linux 下拷贝一个文件：

```
cp /home/TEST /mydir/test
```

上述命令可以把 home 目录下的 TEST 文件拷贝到 mydir 目录下，并更名为 test。

为什么我们可以这么轻而易举地拷贝文件？操作系统从中做了什么？首先，文件这个概念是从操作系统中衍生出来的。如果没有文件这个实体，就必须指明数据存放的物理位置，例如，哪个柱面，哪个扇区。其次，数据搬动过程是复杂的 I/O 操作，一般用户无法关注这些具体的细节。最后，这个命令的执行还涉及其他复杂的操作，但是，有了操作系统，用户只需要知道文件名，其他烦琐的事务完全由操作系统去处理。

如果用户在图形界面下操作，上述处理就更加容易，只须单击鼠标就可以完成需要的操作。实际上，图形界面的本质也是执行各种命令，例如，如果是拷贝一个文件，那么就要调用 cp 命令，而具体的拷贝操作最终还是由操作系统去完成。

因此，不管是敲击键盘或者是单击鼠标，这些简单的操作指挥计算机完成复杂的处理过程。操作系统把烦琐留给自己，简单留给用户。

1.1.2 从程序开发者的角度看

从程序开发者的角度看,开发者不用关心如何在内存存放变量、数据,如何从外存存取数据,如何把数据在输出设备上显示出来等。例如在 Linux 下实现 cp 命令的 C 语言片段为:

```
inf = open("/home/TEST",O_RDONLY);
out = open("/mydir/test",O_WRONLY);
do{
  len = read(inf,buf,4096);
  write(outf,buf,len);
  } while(len);
  close(outf);
  close(inf);
```

在这段程序中,涉及 4 个函数 open()、close()、write()和 read(),这些都是 C 语言函数库中的函数。进一步追究,这些函数都要涉及 I/O 操作。因此,它们的实现必须调用操作系统所提供的接口,也就是说,打开文件、关闭文件、读写文件的具体实现是由操作系统完成的。这些操作非常烦琐,操作系统不同,其具体实现也可能不同。

1.1.3 从操作系统在整个计算机系统所处位置看

如果把操作系统放在整个计算机系统中看,则其所处位置如图 1.1 所示。

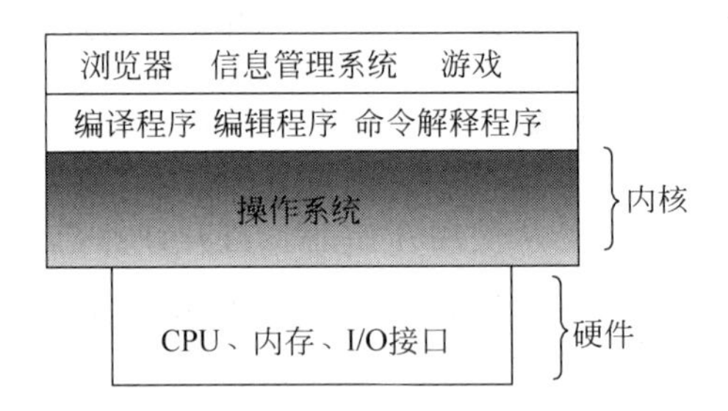

图 1.1 计算机系统层次结构示意图

操作系统这个术语越来越大众化,因此许多用户把他们在显示器屏幕上看到的东西理所当然地认为就是操作系统,例如认为图形界面、浏览器、系统工具集等都算操作系统的一部分。但是,本书讨论的操作系统是指内核(Kernel)。用户界面是操作系统的外在表象,内核是操作系统的内在核心,它真正完成用户程序所要求的操作。

从图 1.1 可以看出,一方面操作系统是上层软件与硬件打交道的窗口和桥梁,另一方面操作系统是其他所有用户程序运行的基础。

下面从一个程序的执行过程,看一下操作系统起什么样的作用。一个简单的 C 程序如下,其名为 test.c:

```
#include<stdio.h>
main()
{
```

```
    printf(" Hello world\n");
    return 0;
}
```

用户对这个程序编译并连接：

```
gcc test.c - o test
```

于是形成一个可执行的二进制文件 test，在 Linux 下执行该程序./test。

执行过程简述如下。

(1) 用户告诉操作系统执行 test。

(2) 操作系统通过文件名在磁盘找到该程序。

(3) 检查可执行代码首部，找出代码和数据存放的地址。

(4) 文件系统找到第一个磁盘块。

(5) 操作系统建立程序的执行环境。

(6) 操作系统把程序从磁盘装入内存，并跳到程序开始处执行。

(7) 操作系统检查字符串的位置是否正确。

(8) 操作系统找到字符串被送往的设备。

(9) 操作系统将字符串送往输出设备窗口系统确定这是一个合法的操作，然后将字符串转换成像素。

(10) 窗口系统将像素写入存储映像区。

(11) 视频硬件将像素表示转换成一组模拟信号控制显示器(重画屏幕)。

(12) 显示器发射电子束。最后在屏幕上看到 Hello world。

从这个简单的例子可以看出，任何一个程序的运行只有借助于操作系统才能得以顺利完成，因此，从本质上说，操作系统是应用程序的运行环境。

1.1.4 从操作系统设计者的角度看

操作系统是一个庞大复杂的系统软件。其设计目标有两个，一是尽可能地方便用户使用计算机，二是让各种软件资源和硬件资源高效而协调地运转起来。

笼统地说，计算机的硬件资源包括 CPU、存储器和各种外设，其中外设种类繁多，如磁盘、鼠标、网络接口、打印机等，操作系统对外设的操作是通过 I/O 接口进行的。软件资源主要指存放在存储介质上的文件。

假设在一台计算机上有三道程序同时运行，并试图在一台打印机上输出运算结果，这意味着必须考虑以下问题：①三道程序在内存中如何存放？②什么时候让某个程序占用 CPU？③怎样有序地输出各个程序的运算结果？对这些问题的解决都必须求助于操作系统。也就是说操作系统必须对内存进行管理，对 CPU 进行管理，对外设进行管理，对存放在磁盘上的文件更是要精心组织和管理。不仅如此，操作系统对这些资源进行管理的基础上，还要给用户提供良好的接口，以便用户能在某种程度上使用或者操纵这些资源。

因此，从操作系统设计者的角度考虑，一个操作系统必须包含以下几部分。

(1) 操作系统接口；

(2) CPU 管理；

(3) 内存管理;

(4) 设备管理;

(5) 文件管理。

以上这几大管理功能,因具体操作系统不同而稍有取舍,但 Linux 具备了以上所有的管理功能。

1.1.5 操作系统组成

尽管我们从不同角度初步认识了操作系统这一概念,但日常应用中,操作系统一词已经有很多不同的内涵。操作系统通常被认为是整个系统中负责完成最基本的功能和系统管理的部分。除了内核,这些部分还应当包括启动引导程序、命令行 shell 或者其他种类的用户界面、基本的文件管理工具和系统工具等。

可是,由于大多数最终用户是通过商业途径得到操作系统,他们很少会仅仅购买一个只包含以上功能的软件包。一般地,他们在得到操作系统的同时,更需要的是构架于其上的应用软件,从而完成所需的实际功能。为了满足这种需求,操作系统一般要和应用软件绑定发行和出售。这样的软件包在 Linux 领域被称做发布版。

由此就引起了一些误解,许多用户理所当然地认为发布版就是操作系统。但是,从逻辑结构划分,发布版中的很多应用软件不属于操作系统。

为了符合大多数人的习惯,在本书中,一般用操作系统这个词指代发布版,而用内核表示操作系统本来的逻辑概念。在不引起混淆的情况下,有时也会用操作系统表示内核。

操作系统本质上也是大型软件包(从开发者的角度看),因此结构组织也不会与其他大型软件迥然而异:操作系统的设计采取分层结构,越向上层抽象程度越高,越接近用户;相反,越向下层,越靠近硬件,抽象也越接近硬件。另外,上层软件依靠下层软件提供的服务,而且上层软件本身还提供附加服务。因此,操作系统的结构总体呈现倒金字塔形。

不同的操作系统,其组成结构不尽相同。我们选取 UNIX/Linux 操作系统作为背景,至于各种操作系统之间的具体差异,读者可以对比下面的公式之后形成自己的认识。

用一组简单的公式来描述操作系统的组成要素:

操作系统=内核+系统程序

系统程序=编译环境+API(应用程序接口)+AUI(用户接口)

编译环境=编译程序+连接程序+装载程序

API=系统调用+语言库函数(C、C++、Java 等)

AUI=shell+系统服务例程(如 X 服务器等)+应用程序(浏览器、字处理、编辑器等)

而整个软件系统是:

软件系统=操作系统+AUI

操作系统最底层的组件是内核,其上层搭建了许多系统程序。

系统程序包括三个部分,分别是编译环境、应用程序接口和用户接口。

编译环境包含汇编、C 等低高级语言编译程序、连接程序和装载程序,这些程序负责将文本格式的程序语言转变为机器能识别和装载的机器代码。

应用程序接口(API)包含内核提供的系统调用接口和语言库。系统调用是为了能让应用程序使用内核提供的服务;语言库函数则是为了方便应用程序开发,所以将一些常用的基础功能预先编译以供使用,比如对 C 语言来说有常用的 C 库等。

用户接口(AUI)包括 shell、系统服务程序和常用的应用程序。

这是一个典型的结构,但不是一成不变。许多操作系统的发行版中会有所删减,比如应用于嵌入式设备的系统,对 X 服务器就可能不做要求。但是像内核、系统调用等要素是必不可少的。

关于系统软件在此给予进一步说明。系统软件是相对应用软件而言的,应用软件是针对最终用户需求编写的,用来完成实际功能,而系统软件则是为了简化应用程序的开发而存在的。比如数据库系统为应用软件提供了有效的数据传输、存储服务;还有编程语言的执行环境(它由 C 库实现),也属于一种系统程序,它为应用程序开发提供了诸如 I/O 操作例程、图形库、计算库等基础服务。可见系统软件范围覆盖很广,只要面向的服务群体不是最终用户的软件都可以划归到系统软件中。

1.2 开放源代码的 UNIX/Linux 操作系统

在操作系统的历史上,UNIX 的生存周期最长。从 UNIX 诞生以来,已经使用了 40 多年,但仍然是现有操作系统中最强大和最优秀的系统之一。

1.2.1 UNIX 诞生和发展

1965 年在美国国防部高级研究计划署 ARPA 的支持下,麻省理工学院、贝尔实验室和通用电气公司决定开发一种"公用计算服务系统",希望能够同时支持整个波士顿所有的分时用户。该系统称做 MULTICS (MULTiplexed Information and Computing Service)。

MULTICS 设计目标是通过电话线把远程终端接入计算机主机。但是,MULTICS 研制难度超出了所有人的预料。由于长期研制工作达不到预期目标,1969 年 4 月贝尔实验室退出研制项目,后来通用电气公司也退出了。但最终,经过多年的努力,MULTICS 成功地应用了。运行 MULTICS 的计算机系统在 20 世纪 90 年代中陆续被关闭。

MULTICS 引入了许多现代操作系统领域的概念雏形,对随后的操作系统特别是 UNIX 的成功有着巨大的影响。

1969 年,贝尔退出 MULTICS 研制项目后,Ken Thompson 和 Dennis M. Ritchie 两个研究人员想申请经费购买计算机以从事操作系统研究,但多次申请得不到批准。项目无着落,他们便在一台无人用的 PDP-7 上重新摆弄原先在 MULTICS 项目中设计的"空间旅行"游戏。为了使游戏能够在 PDP-7 上顺利运行,他们陆续开发了浮点运算软件包、显示驱动软件,设计了文件系统、实用程序、shell 和汇编程序。1970 年,在一切完成后,他们给新系统起了个同 MULTICS 发音相近的名字 UNIX。随后,UNIX 用 C 语言全部重写,自此,UNIX 诞生了。

UNIX 是现代操作系统的代表。UNIX 运行时的安全性、可靠性以及强大的计算能力赢得了广大用户的信赖。促使 UNIX 系统成功的因素有三点:首先,由于 UNIX 是用 C 语言编写,因此它是可移植的,它可以运行在笔记本计算机、PC、工作站甚至巨型机上;第二,系统源代码非常有效,系统容易适应特殊的需求;最后,也是最重要的一点,它是一个良好的、通用的、多用户、多任务、分时操作系统。

尽管UNIX已经不再是一个实验室项目,但它仍然伴随着操作系统设计技术的进步而继续成长,人们仍然可以把它作为一个通用的操作系统用于研究和演练。不过,因为UNIX最终变为一个商业操作系统,只有那些能负担得起许可费的企业才用得起,这限制了它的应用范围。Linux的出现完全改变了这种局面。

1.2.2 Linux诞生

Linux的第一个版本诞生于1991年,它的作者就是Linus Torvalds,这个芬兰小伙最初是在做一个调度系统的作业时,福至心灵,他突发灵感开始着手将其改造为一个实用的操作系统。在开发初期,Linus借助了最负盛名的教育类操作系统MINIX的一些思想和成果,但他有自己的雄心,要把自己这个系统变得比MINIX更实用、更强健。Linus决定把自己的系统代码公布于众,并且欢迎任何人来帮助修改和扩充Linux系统。Linus选择了当时备受推崇的UNIX系统接口标准(POSIX标准),由此Linux成为UNIX风格操作系统家族中的一员,而且是一个代码完全公开的操作系统。

Linux的生命力来自于它的开源思想,自Linus公开Linux代码以来,世界各地的软件工程师和爱好者不断积极地对Linux系统进行修改和加强,将其版本从0.1版本提高到2.0版本、2.2版本、2.4版本、2.6版本,一直到如今的3.0版本。同时Linux也被从初期的x86平台移植到了PowerPC、ARM、SPARC、MIPS、68K等几乎市面上能找到的所有体系结构上,尤其是建立在Linux之上的Android系统,大大加强了Linux系统的实用性。

Linux作为开源软件皇冠上的明珠,越来越受到欢迎,毫无疑问地成为人气最旺、最活跃的GNU项目。随着Linux社区内各种组织雨后春笋般的出现,Linux必将在教育领域、在工业领域取得更大的成功。

1.2.3 操作系统标准POSIX

POSIX表示可移植操作系统接口(Portable Operating System Interface)。该标准由IEEE制定,并由国际标准化组织接受为国际标准。POSIX是在UNIX标准化过程中出现的产物。到目前为止,POSIX已成为一个涵盖范围很广的标准体系,已经颁布了20多个相关标准,其中POSIX 1003.1标准定义了一个最小的UNIX操作系统接口。也就是说,1003.1标准给出了一组函数的定义,至于如何实现,标准并不关注;或者说POSIX 1003.1提供了一种机制,而具体的策略由实现者决定。

任何操作系统只要符合POSIX 1003.1这一标准,就可以运行UNIX程序。Linux在设计时遵循这一标准,因此,凡是在UNIX上运行的应用程序几乎都可以在Linux上运行,这也是Linux得以流行的原因之一。

1.2.4 GNU和Linux

GNU是GNU Is Not UNIX的递归缩写,是自由软件基金会的一个项目。该项目的目标是开发一个自由的UNIX版本,这一UNIX版本称为HURD。尽管HURD尚未完成,但GNU项目已经开发了许多高质量的编程工具,包括Emacs编辑器、著名的GNU C和C

++编译器(GCC 和 g++),这些编译器可以在任何计算机系统上运行。所有的 GNU 软件和派生工作均使用 GNU 通用公共许可证,即 GPL。GPL 允许软件作者拥有软件版权,并授予其他任何人以合法复制、发行和修改软件的权利。

Linux 的开发使用了许多 GNU 工具。Linux 系统上用于实现 POSIX.2 标准的工具几乎都是 GNU 项目开发的,Linux 内核、GNU 工具以及其他一些自由软件组成了人们常说的 Linux 系统或 Linux 发布版,这些软件如下。

(1) 符合 POSIX 标准的操作系统内核、shell 和外围工具。

(2) C 语言编译器和其他开发工具及函数库。

(3) X Window 窗口系统。

(4) 各种应用软件,包括字处理软件、图像处理软件等。

(5) 其他各种 Internet 软件,包括 FTP 服务器、WWW 服务器等。

(6) 关系数据库管理系统等。

1.2.5 Linux 的开发模式

Linux 是一大批广泛分布于世界各地的软件爱好者,以互联网为纽带,通过 BBS、新闻组及电子邮件等现代通信方式,同时参与的软件开发项目。Linux 的开发模式是开放与协作的,在设计上融合了各方面的优点,也经历了各种各样的测试与考验。它具有以下特点。

- 开放与协作的开发模式。提供源代码,遵守 GPL。
- 发挥集体智慧,减少重复劳动。
- 经历了各种各样的测试与考验,软件的稳定性好。
- 开发人员凭兴趣去开发,热情高,具有创造性。

1.3 Linux 内核

Linux 内核指的是在 Linus 领导下的开发小组开发出的系统内核,它是所有 Linux 发布版本的核心。Linux 内核软件开发人员一般在百人以上,任何自由程序员都可以提交自己的修改工作,但是只有领导者 Linus 等才能够将这些工作合并到正式的核心发布版本中。他们一般采用邮件列表来进行项目管理、交流、错误报告。其好处是软件更新速度和发展速度快,计划开放性好。由于有大量的用户进行测试,而最终裁决人只有少数非常有经验的程序员,因此正式发布的代码质量高。

1.3.1 Linux 内核的技术特点

Linux 是一种实用性很强的现代操作系统,开发它的中坚力量是经验丰富的软件工程师。他们多以实用性和效率为出发点,同时还考虑了工业规范和兼容性等因素,因此不同于教学性操作系统单纯追求理论上的先进性,Linux 系统内核兼具实用性和高效性。其特色如下。

(1) Linux 内核被设计成单内核(Monolithic)结构,这是相对微内核而言的。所谓单内核就是从整体上把内核作为一个大过程来实现,而进程管理、内存管理等是其中的一个个模块,模块之间可以直接调用相关的函数。微内核是一种功能更贴近硬件的核心软件,它一般仅仅包括基本的内存管理、同步原语、进程间通信机制、I/O操作和中断管理,这样做有利于提高可扩展性和可移植性。但是微内核与文件管理、设备驱动、虚拟内存管理、进程管理等其他上层模块之间需要有较高的通信开销,所以目前多集中在理论教学领域,对工业应用来说,效率难以保证。因此单内核的Linux效率高,紧凑性强。

(2) 2.6版本前的Linux内核是单线程结构——所谓单线程结构是说同一时间只允许有一个执行线程(内核中函数独立执行)在内核中运行,不会被调度程序打断而运行其他任务,这种内核称为非抢占式的。它的好处在于内核中没有并发任务(单处理器而言),因此避免了许多复杂的同步问题。但其不利影响是非抢占特性延迟了系统响应速度,新任务必须等待当前任务在内核执行完毕并自动退出后才能获得运行机会。然而,工业控制领域需要高响应速度,由于Robert Love等人的贡献,2.6版本将抢占技术引入了Linux内核,使其变为可以进行内核抢占的操作系统——当然,付出的代价是同步变得更复杂。

(3) Linux内核支持动态加载内核模块。为了保证能方便地支持新设备、新功能,又不会无限地扩大内核规模,Linux系统对设备驱动或新文件系统等采用了模块化的方式,用户在需要时可以现场动态加载,使用完毕可以动态卸载。同时对内核,用户也可以定制,选择适合自己的功能,将不需要的部分剔除出内核。这些都保证了内核的紧凑、可扩展性好。

(4) Linux内核被动地提供服务。所谓被动是因为它为用户服务的唯一方式是通过系统调用来请求在内核空间执行某种任务。内核本身是一种函数和数据结构的集合,不存在运行着的内核进程为用户提供服务。

(5) Linux内核采用了虚拟内存技术,使得内存空间达到4GB。其中0～3GB属于用户空间,称为用户段,3～4GB属于内核空间,称为内核段。这样,应用程序就可以使用远远大于实际物理内存的存储空间了。

(6) Linux的文件系统实现了一种抽象文件模型——虚拟文件系统(Virtual Filesystem Switch,VFS),该文件系统属于UNIX风格。VFS是Linux的特色之一。通过使用虚拟文件系统,内核屏蔽了各种不同文件系统的内在差别,使得用户可以通过统一的界面访问各种不同格式的文件系统。

(7) Linux提供了一套很有效的延迟执行机制——下半部分、软中断、Tasklet和2.6版本新引入的工作队列等,这些技术保证了系统可以针对任务的轻重缓急,更细粒度地选择执行时机。

Linux内核的以上特点,在后续的章节中会逐步体现出来。

1.3.2 Linux内核的位置

Linux内核不是孤立的,必须把它放在整个Linux系统中去研究,图1.2显示了Linux内核在整个系统中的位置。

由图1.2可以看出,整个系统由以下4个部分组成。

(1) 用户进程——用户应用程序是运行在Linux内核之上的一个庞大的软件集合,当一个用户程序在操作系统之上运行时,它成为操作系统中的一个进程。关于进程更详细的描述参见第3章。

(2) 系统调用接口——在应用程序中,可通过系统调用来调用操作系统内核中特定的过程,以实现特定的服务。例如,在程序中有一条读取数据的read()系统调用,但是,真正

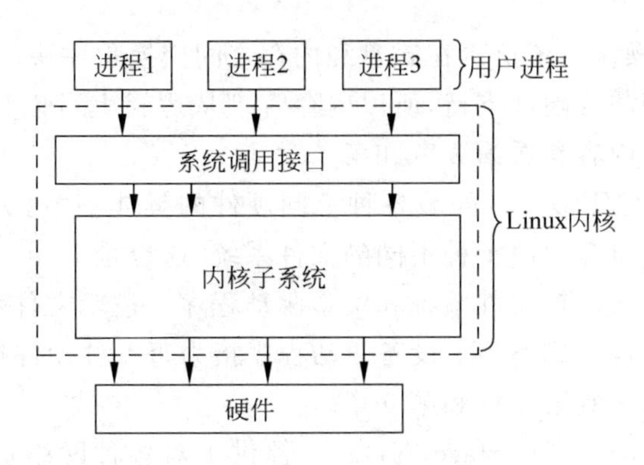

图 1.2 Linux 内核在整个系统中的位置

的读取操作是由操作系统内核完成的。所以说，系统调用是内核代码的一部分，更详细内容参看第 6 章。

(3) Linux 内核——内核是操作系统的灵魂，它负责管理内存、磁盘上的文件，负责启动并运行程序，负责从网络上接收和发送数据包等。内核是本书讨论的重点。

(4) 硬件——这个子系统包括了 Linux 安装时需要的所有可能的物理设备，例如，CPU、内存、硬盘、网络硬件等。

1.3.3 Linux 内核体系结构

虽然 Linux 内核和 UNIX 系统在具体实现上有很大不同，但是其结构基本保持一致。Linux 内核除系统调用外，由 5 个主要的子系统组成，如图 1.3 所示。

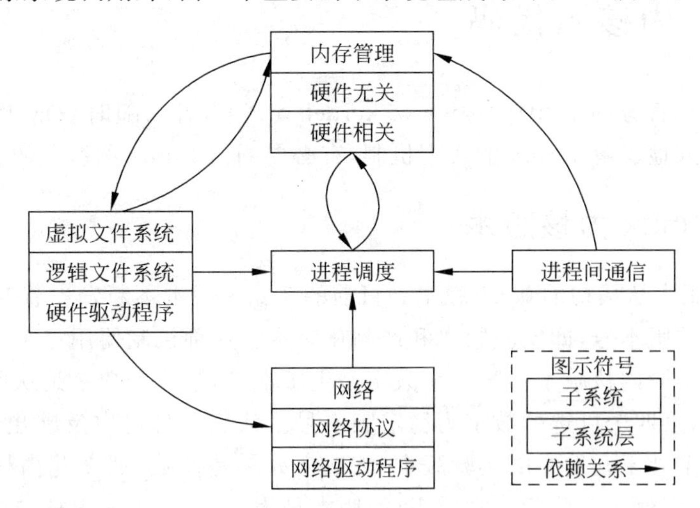

图 1.3 Linux 内核子系统及其之间的关系

(1) 进程调度(Process Scheduler，SCHED)——控制着进程对 CPU 的访问。当需要选择一个进程运行时，由调度程序选择最值得运行的进程。

(2) 内存管理(Memory Manager，MM)——允许多个进程安全地共享内存区域。Linux 的内存管理支持虚拟内存，即在计算机中运行的程序，其代码、数据和堆栈的总量可以超过实际内存的大小，操作系统只将当前使用的程序块保留在内存中，其余的程序块则保留在磁盘上。必要时,操作系统负责在磁盘和内存之间交换程序块。

因为虚拟内存管理需要硬件支持,所以内存管理从逻辑上可以分为硬件无关的部分和硬件相关的部分。详细内容参看第2章和第4章。

(3) 虚拟文件系统(VFS)——隐藏各种不同硬件的具体细节,为所有设备提供统一的接口。虚拟文件系统支持多达数十种不同的文件系统,这也是Linux较有特色的一部分。

虚拟文件系统可分为逻辑文件系统和设备驱动程序。逻辑文件系统指Linux所支持的文件系统,如Ext2/Ext3, NTFS等;设备驱动程序指为每一种硬件控制器所编写的设备驱动程序模块。详细内容参看第8章和第9章。

(4) 网络接口(Network Interface,NI)——提供了对各种网络标准协议的存取和各种网络硬件的支持。网络子系统可分为网络协议和网络驱动程序两部分。网络协议部分负责实现每一种可能的网络传输协议;网络设备驱动程序负责与硬件设备进行通信,每一种可能的硬件设备都有相应的设备驱动程序。因为这部分内容相对独立和复杂,本书不做详细介绍。

(5) 进程间通信(Inter-Process Communication,IPC)——支持进程间各种通信机制,包括共享内存、消息队列及管道等。这部分内容也相对独立,本书不做详细介绍。

从图1.3可以看出,处于中心位置的是进程调度,所有其他子系统都依赖于它,因为每个子系统都需要挂起或恢复进程。一般情况下,当一个进程等待硬件操作完成时,它被挂起;当操作真正完成时,进程恢复执行。例如,当一个进程通过网络发送一条消息时,发送进程被挂起,一直到硬件成功地完成消息的发送。其他子系统(内存管理、虚拟文件系统及进程间通信)以相似的理由依赖于进程调度。

1.4 Linux 内核源代码

在Linux内核官方网站http://www.kernel.org上,可以随时获取不同版本的Linux源代码。为了深入地了解Linux的实现机制,有必要阅读Linux的源代码。

1.4.1 Linux 内核版本

Linux内核版本从最初的0.01版本到目前的3.0.x版本不断发生着变化。Linux的内核具有两种不同的版本号,即实验版本和产品化版本。这种机制使用三个或者四个用“.”分隔的数字来代表不同内核版本。第一个数字是主版本号,第二个数字是从版本号,第三个数字是修订版本号,第四个可选的数字为稳定版本号。从版本号可以反映出该内核是一个产品化版本还是一个处于开发中的实验版本:该数字如果是偶数,那么此内核就是产品化版,如果是奇数,那么它就是实验版。举例来说,版本号为2.6.30.1的内核,它就是一个产品化版。这个内核的主板本号是2,从版本号是6,修订版本号是30,稳定版本号是1。头两个数字在一起描述了“内核系列”——在这个例子中,就是2.6版内核系列。

Linux的两种版本是相互关联的。实验版本最初是产品化版本的拷贝,然后产品化版本只修改错误,实验版本继续增加新功能,到实验版本测试证明稳定后拷贝成新的产品化版本,不断循环,如图1.4所示。

这样的组织方式一方面可以方便软件开发人员加入到Linux的开发和测试中来,另一

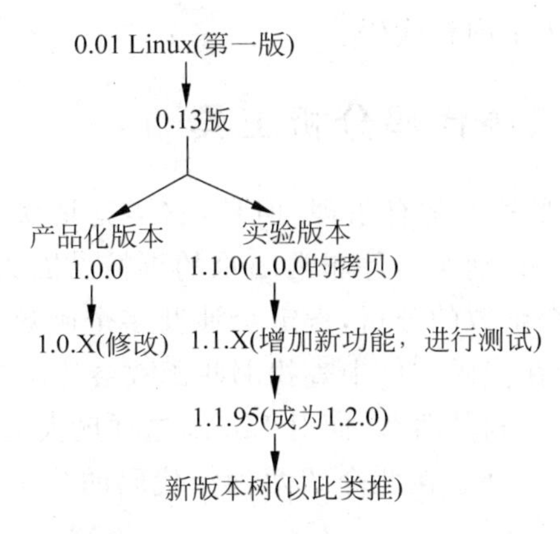

图 1.4 Linux 内核版本树

方面又可以让一些用户使用稳定的 Linux 版本。目前,比较稳定的内核版本是 2.6.x,最新版本为 3.0.x。

1.4.2 Linux 内核源代码的结构

Linux 内核源代码位于/usr/src/linux 目录下,其主要目录结构分布如图 1.5 所示。

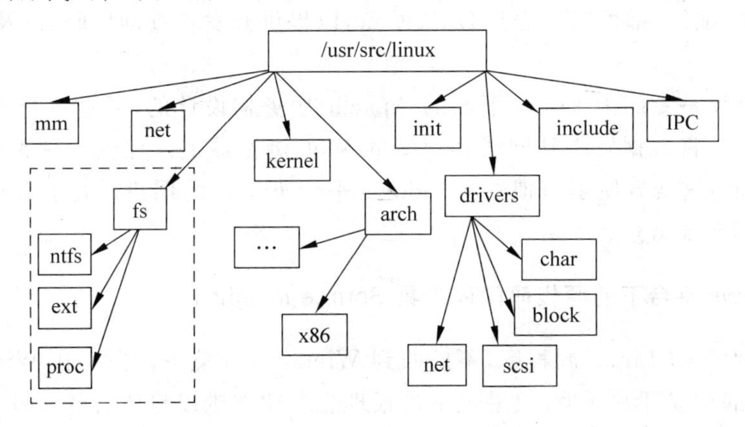

图 1.5 Linux 源代码的分布结构

下面对每一个目录给予简单描述。

- include/子目录包含了建立内核代码时所需的大部分包含文件。
- init/ 子目录包含了内核的初始化代码,这是内核开始工作的起点。
- arch/子目录包含了 Linux 支持的所有硬件结构的内核代码,如图 1.5 所示,arch/子目录下有 x86、ARM 和 Alpha 等针对不同体系结构的代码。
- drivers/子目录包含了内核中所有的设备驱动程序,如字符设备、块设备、scsi 设备驱动程序等。
- fs/子目录包含了所有文件系统的代码,如 Ext3/Ext4, NTFS 模块的代码等。
- net/子目录包含了内核中关于网络的代码。
- mm/子目录包含了所有的内存管理代码。
- ipc/子目录包含了进程间通信的代码。

• kernel/子目录包含了主内核代码。

1.4.3 Linux 内核源代码分析工具

Linux 的内核组织结构虽然非常有条理,但是,它毕竟是众人合作的结果,在阅读代码的时候要将各个部分结合起来,确实是件非常困难的事情。因为在内核中的代码层次结构肯定分多个层次,那么对一个函数的分析,肯定会涉及多个函数,而每一个函数可能又有多层的调用,一层层下来,直接在代码文件中查找那些函数会让用户失去耐心和兴趣。

俗话说"工欲善其事,必先利其器"。面对 Linux 这样庞大的源代码,必须有相应工具的支持才能使分析有效地进行下去。在此介绍两种源代码的分析工具,希望能对感兴趣的读者有所帮助。

1. Linux 超文本交叉代码检索工具

Linux 超文本交叉代码检索工具 LXR(Linux Cross Reference),是由挪威奥斯陆大学数学系 Arne Georg Gleditsch 和 Per Kristian Gjermshus 编写的。这个工具实际上运行在 Linux 或者 UNIX 平台下,通过对源代码中的所有符号建立索引,从而可以方便地检索任何一个符号,包括函数、外部变量、文件名、宏定义等。不仅仅是针对 Linux 源代码,对于 C 语言的其他大型的项目,都可以建立其 LXR 站点,以提供开发者查询代码,以及后继开发者学习代码。

目前的 LXR 是专门为 Linux 下面的 Apache 服务器设计的,通过运行 Perl 脚本,检索源代码索引文件,将数据发送到网络客户端的 Web 浏览器上。任何一种平台上的 Web 浏览器都可以访问,这就方便了习惯在 Windows 平台下工作的用户。关于 LXR 的英文网站为 http://lxr.linux.no/。

2. Windows 平台下的源代码阅读工具 Source Insight

为了方便地学习 Linux 源程序,不妨回到 Windows 环境下。但是在 Windows 平台上,使用一些常见的集成开发环境,效果也不是很理想。比如难以将所有的文件加进去,查找速度缓慢,对于非 Windows 平台的函数不能彩色显示。在 Windows 平台下有一个强大的源代码编辑器,它的卓越性能使学习 Linux 内核源代码的难度大大降低,这便是 Source Insight,它是一个 Windows 平台下的共享软件,可以从 http://www.sourceinsight.com/ 上下载试用版本。由于 Source Insight 是一个 Windows 平台上的应用软件,所以首先要通过相应手段把 Linux 系统上的程序源代码移到 Windows 平台下,这一点可以通过在 Linux 下将/usr/src 目录下的文件拷贝到 Windows 的分区上,或者从网上或光盘直接拷贝文件到 Windows 的分区上。

1.5 Linux 内核模块编程入门

内核模块是 Linux 内核向外部提供的一个插口,其全称为动态可加载内核模块(Loadable Kernel Module,LKM),简称为模块。Linux 内核之所以提供模块机制,是因为它本身是一个单内核(Monolithic Kernel)。单内核的最大优点是效率高,因为所有的内容都集成在一起,但其缺点是可扩展性和可维护性相对较差,模块机制就是为了弥补这一缺陷。

1.5.1 模块的定义

模块是具有独立功能的程序,它可以被单独编译,但不能独立运行。它在运行时被链接到内核作为内核的一部分在内核空间运行,这与运行在用户空间的进程是不同的。模块通常由一组函数和数据结构组成,用来实现一种文件系统、一个驱动程序或其他内核上层的功能。

1.5.2 编写一个简单的模块

模块和内核都在内核空间运行,模块编程在一定意义上说就是内核编程。因为内核版本的每次变化,其中的某些函数名也会相应地发生变化,因此模块编程与内核版本密切相关。在本书中所涉及的内核编程,基于的内核为 2.6.x 版本,对于其他版本,还需要做一些适当调整。

1. 程序举例

```
#include <linux/module.h>
#include <linux/kernel.h>
#include <linux/init.h>

static int _init lkp_init( void )
{
printk("<1>Hello,World! from the kernel space...\n");
return 0;
}

static void _exit lkp_cleanup( void )
{
    printk("<1>Goodbye, World! leaving kernel space...\n");}
module_init(lkp_init);
module_exit(lkp_cleanup);
MODULE_LICENSE("GPL");
```

2. 说明

(1) module.h 头文件中包含了对模块的结构定义以及模块的版本控制,任何模块程序的编写都要包含这个头文件;头文件 kernel.h 包含了常用的内核函数;而头文件 init.h 包含了宏_init 和_exit,宏_init 告诉编译程序相关的函数和变量仅用于初始化,编译程序将标有_init 的所有代码存储到特殊的内存段中,初始化结束后就释放这段内存。

(2) 函数 lkp_init ()是模块的初始化函数,函数 lkp_cleanup ()是模块的退出和清理函数。

(3) 在这里使用了 printk()函数,该函数是由内核定义的,功能与 C 库中的 printf()类似,它把要打印的信息输出到终端或系统日志。字符串中的<1>是输出的级别,表示立即在终端输出。

(4) 函数 module_init()和 cleanup_exit()是模块编程中最基本也是必需的两个函数。module_init()向内核注册模块提供新功能,而 cleanup_exit()注销由模块提供所有的功能。

(5) 最后一句告诉内核该模块具有 GNU 公共许可证。

3. 编译模块

假定给前面的程序起名为 hellomod. c,只有超级用户才能加载和卸载模块。对于 2.6 版本内核的模块,其 Makefile 文件的基本内容如下。

```
# Makefile2.6
obj-m := hellomod.o                                    # 产生 hellomod 模块的目标文件
CURRENT_PATH := $(shell pwd)                           #模块所在的当前路径
LINUX_KERNEL := $(shell uname -r)                      #Linux 内核源代码的当前版本
LINUX_KERNEL_PATH := /usr/src/linux-headers-$(LINUX_KERNEL)
                                                       #Linux 内核源代码的绝对路径
all:
    make -C $(LINUX_KERNEL_PATH) M=$(CURRENT_PATH) modules      #编译模块
clean:
    make -C $(LINUX_KERNEL_PATH) M=$(CURRENT_PATH) clean        #清理
```

上面的 Makefile 中使用了 obj-m := 这个赋值语句,其含义说明要使用目标文件 hellomod. o 建立一个模块,最后生成的模块名是 hellomod. ko,如果有一个名为 module. ko 的模块依赖于两个文件 file1. o 和 file2. o,那么可以使用 module—obj 扩展,如下所示。

```
obj-m := module.o
module-objs := file1.o file2.o
```

关于 Makefile 的具体编写方法,请参考相关书籍。

最后,用 make 命令运行 Makefile。

4. 运行代码

当编译好模块,就可以将新的模块插入到内核中,这可以用 insmod 命令来实现,如下所示:

```
insmod hellomod.ko
```

然后,可以用 lsmod 命令检查模块是否正确插入到内核中了。

模块的输出由 printk()来产生。该函数默认打印系统文件/var/log/messages 的内容。快速浏览这些消息可输入如下命令:

```
tail /var/log/messages
```

这一命令打印日志文件的最后 10 行内容,可以看到初始化信息:

```
…
Mar  6 10:35:55  lkp1  kernel: Hello,World! from the kernel space…
```

使用 rmmod 命令,加上在 insmod 中看到的模块名,可以从内核中移除该模块(还可以

看到退出时显示的信息)。如下所示:

```
rmmod hellomod
```

同样,输出的内容也在日志文件中,如下所示:

```
…
Mar  6 12:00:05  lkp1  kernel: Hello,World! from the kernel space...
```

1.5.3 应用程序与内核模块的比较

模块编程属于内核编程,因此,除了对内核相关知识有所了解外,还需要了解与模块相关的知识。

为了加深对内核模块的了解,表 1.1 给出了应用程序与内核模块程序的比较。

表 1.1 应用程序与内核模块程序的比较

比 较 内 容	C 语言应用程序	内核模块程序
使用函数	libc 库	内核函数
运行空间	用户空间	内核空间
运行权限	普通用户	超级用户
入口函数	main()	module_init ()
出口函数	exit()	module_exit ()
编译	gcc -c	make
连接	gcc	insmod
运行	直接运行	insmod
调试	gdb	kdbug, kdb,kgdb 等

从表 1.1 可以看出,内核模块程序不能调用 libc 库中的函数,它运行在内核空间,且只有超级用户可以对其运行。另外,模块程序必须通过 module()_init 和 module()_exit 函数来告诉内核“我来了”和“我走了”。

在了解内核模块简单编程之后,下面通过对内核中常用数据结构链表的分析,使大家初步了解 Linux 内核的具体源代码,并编写内核模块对其加以应用。

1.6 Linux 内核中链表的实现及应用

链表是 Linux 内核中最简单、最常用的一种数据结构。与数组相比,链表中可以动态插入或删除元素,在编译时不必知道要创建的元素个数。由于链表中每个元素的创建时间各不相同,因此它们在内存无须占用连续的内存单元。因为单元的不连续,所以各元素需要通过某种方式被链接在一起,于是,每个元素都包含一个指向下一个元素的指针。当有元素加入链表或者从链表中删除元素时,只需要调整下一个结点的指针就可以了。

1.6.1 链表的演化

在 C 语言中,一个基本的双向链表定义如下:

```
struct my_list{
    void * mydata;
    struct my_list * next;
    struct my_list * prev;
    };
```

图 1.6 是一双链表,通过前趋(Prev)和后继(Next)两个指针域,就可以从两个方向遍历双链表,这使得遍历链表的代价减少。如果打乱前趋、后继的依赖关系,就可以构成"二叉树";如果再让首结点的前趋指向链表尾结点、尾结点的后继指向首结点(如图 1.6 中虚线部分),就构成了循环链表;如果设计更多的指针域,就可以构成各种复杂的树状数据结构。

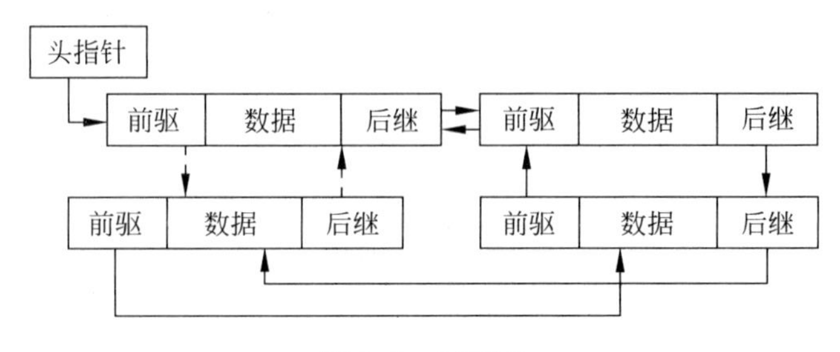

图 1.6 双链表

如果减少一个指针域,就退化成单链表,如果只能对链表的首尾进行插入或删除操作,就演变为队结构,如果只能对链表的头进行插入或删除操作,就退化为栈结构。

1.6.2 链表的定义和操作

如上所述,在众多数据结构中,选取双向链表作为基本数据结构,并将其嵌入到其他数据结构中,从而可以演化出其他复杂数据结构。Linux 内核实现方式与众不同,对链表给出了一种抽象的定义。

1. 链表的定义

```
struct list_head {
  struct list_head * next, * prev;
}
```

这个不含数据域的链表,可以嵌入到任何结构中,例如可以按如下方式定义含有数据域的链表:

```
struct my_list{
    void * mydata;
    struct list_head list;
    };
```

在此,进一步说明以下几点。

(1) list 域隐藏了链表的指针特性。

(2) struct list_head 可以位于结构的任何位置,可以给其起任何名字。

(3) 在一个结构中可以有多个 list 域。

以 struct list_head 为基本对象,对链表进行插入、删除、合并以及遍历等各种操作。

2. 链表的声明和初始化宏

实际上，struct list_head 只定义了链表结点，并没有专门定义链表头，那么一个链表结构是如何建立起来的？内核代码 list.h 中定义了两个宏：

```
#define LIST_HEAD_INIT(name) { &(name), &(name) } /* 仅初始化 */
#define LIST_HEAD(name) struct list_head name = LIST_HEAD_INIT(name) /* 声明并初始化 */
```

如果要申明并初始化自己的链表头 mylist_head，则直接调用 LIST_HEAD：

```
LIST_HEAD(mylist_head)
```

调用之后，mylist_head 的 next、prev 指针都初始化为指向自己，这样，就有了一个空链表，如何判断链表是否为空，请读者写一下这个简单的函数 list_empty，也就是让头指针的 next 指向自己。

3. 在链表中增加一个结点

list.h 中增加结点的函数为：

```
  static inline void list_add();
  static inline void list_add_tail();
```

在内核代码中，函数名前加两个下划线表示内部函数，第一个函数的具体代码如下：

```
static inline void __list_add(struct list_head *new,
             struct list_head *prev,
             struct list_head *next)
{
  next->prev = new;
  new->next = next;
  new->prev = prev;
  prev->next = new;
}
```

调用这个内部函数以分别在链表头和尾增加结点：

```
static inline void list_add(struct list_head *new, struct list_head *head)
{
  __list_add(new, head, head->next);
}
```

该函数向指定链表的 head 结点后插入 new 结点。因为链表是循环的，而且通常没有首尾结点的概念，所以可以将任何结点传递给 head。但是如果传递最后一个元素给 head，那么该函数可以用来实现一个栈。

```
static inline void list_add_tail(struct list_head *new, struct list_head *head)
{
  __list_add(new, head->prev, head);
}
```

该函数向指定链表的 head 结点前插入 new 结点。和 list_add()函数类似,因为链表是环形的,而且可以将任何结点传递给 head。但是如果传递第一个元素给 head,那么该函数可以用来实现一个队列。

另外,对函数名前面的 staitic inline 关键字给予说明。static 加在函数前,表示这个函数是静态函数。所谓静态函数,实际上是对函数作用域的限制,指该函数的作用域仅局限于本文件。所以说,static 具有信息隐藏的作用。而关键字 inline 加在函数前,说明这个函数对编译程序是可见的,也就是说,编译程序在调用这个函数时就立即展开该函数。所以,关键字 inline 必须与函数定义体放在一起才能使函数成为内联。inline 函数一般放在头文件中。

关于结点的删除,将结合后面的例子给予具体说明。至于结点的搬移和合并,读者自行分析,在此不一一讨论,下面主要分析链表的遍历。

4. 遍历链表

list.h 中定义了如下遍历链表的宏:

```
#define list_for_each(pos, head) \
    for (pos = (head)->next; pos != (head); \
        pos = pos->next)
```

这种遍历仅仅是找到一个个结点在链表中的偏移位置 pos,如图 1.7 所示。

问题在于,如何通过 pos 获得结点的起始地址,从而可以引用结点中的域? 于是 list.h 中定义了 list_entry()宏:

```
#define list_entry(ptr, type, member) \
    ((type *)((char *)(ptr) - (unsigned long)(&((type *)0)->member)))
```

指针 ptr 指向结构体 type 中的成员 member;通过指针 ptr,返回结构体 type 的起始地址,也就是 list_entry 返回指向 type 类型的指针,如图 1.8 所示。

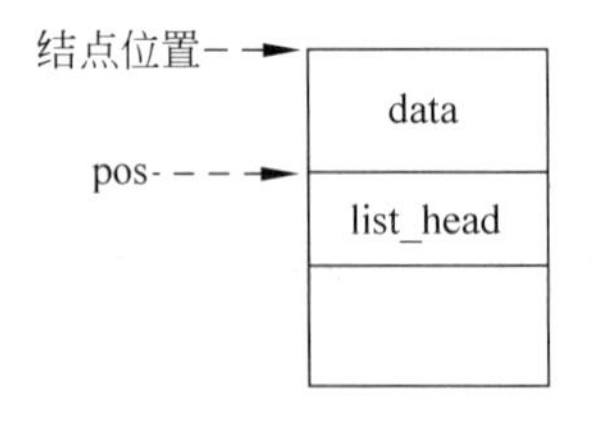

图 1.7 遍历链表

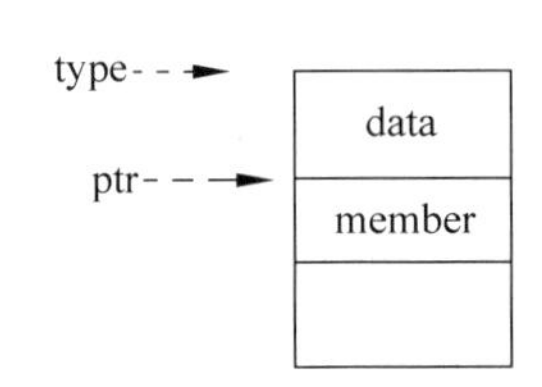

图 1.8 list_entry()宏的示意图

进一步仔细分析 list_entry()宏。

((unsigned long) &(type *)0)->member)把 0 地址转化为 type 结构的指针,然后获取该结构中 member 域的指针,也就是获得了 member 在 type 结构中的偏移量。其中(char *)(ptr)求出的是 ptr 的绝对地址,二者相减,于是得到 type 类型结构体的起始地址,如图 1.9 所示。

到此,我们对链表的实现机制有了初步了解,更多的函数和实现请查看 include/linux/list.h 中的代码。如何应用这些函数,下面举例说明。尽管 list.h 是内核代码中的头文件,但稍加修改后也可以把它移植到用户空间中使用。

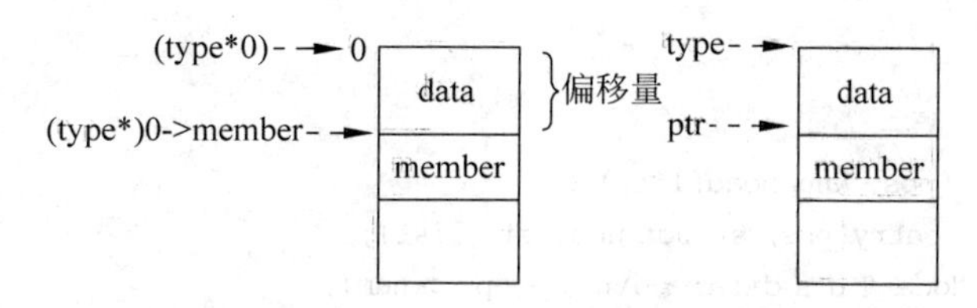

图 1.9 list_entry() 宏解析

1.6.3 链表的应用

linclude/linux/list.h 中的函数和宏,是一组精心设计的接口,有比较完整的注释和清晰的思路,请详细阅读该文件中的代码。

下面编写一个 Linux 内核模块,用以创建、增加、删除和遍历一个双向链表。

```
#include <linux/kernel.h>
#include <linux/module.h>
#include <linux/slab.h>
#include <linux/list.h>

MODULE_LICENSE("GPL");
MODULE_AUTHOR("XIYOU");

#define N 10                              //链表结点数
struct numlist {
    int num;                              //数据
    struct list_head list;                //指向双链表前后结点的指针
};

struct numlist numhead;                   //头结点

static int __init doublelist_init(void)
{
    //初始化头结点
    struct numlist *listnode;             //每次申请链表结点时所用的指针
    struct list_head *pos;
    struct numlist *p;
    int i;

    printk("doublelist is starting...\n");
    INIT_LIST_HEAD(&numhead.list);

    //建立 N 个结点,依次加入到链表当中
    for (i = 0; i < N; i++) {
         listnode = (struct numlist *)kmalloc(sizeof(struct numlist), GFP_KERNEL); //
kmalloc()在内核空间申请内存,类似于 malloc(),参见第 4 章
        listnode->num = i+1;
        list_add_tail(&listnode->list, &numhead.list);
        printk("Node %d has added to the doublelist...\n", i+1);
    }
```

```
    //遍历链表
    i = 1;
    list_for_each(pos, &numhead.list) {
        p = list_entry(pos, struct numlist, list);
        printk("Node %d's data: %d\n", i, p->num);
        i++;
    }

    return 0;
}

static void __exit doublelist_exit(void)
{
    struct list_head *pos, *n;
    struct numlist *p;
    int i;

    //依次删除N个结点
    i = 1;
    list_for_each_safe(pos, n, &numhead.list) {        //为了安全删除结点而进行的遍历
        list_del(pos);                                 //从双链表中删除当前结点
        p = list_entry(pos, struct numlist, list);     //得到当前数据结点的首地址,即指针
        kfree(p);                                      //释放该数据结点所占空间
        printk("Node %d has removed from the doublelist...\n", i++);
    }
    printk("doublelist is exiting..\n");
}

module_init(doublelist_init);
module_exit(doublelist_exit);
```

说明：关于删除元素的安全性问题。

在上面的代码中，为什么不调用 list_for_each()宏而调用 list_for_each_safe()进行删除前的遍历？具体请看删除函数的源代码：

```
static inline void __list_del(struct list_head * prev, struct list_head * next)
{
        next->prev = prev;
        prev->next = next;
}
static inline void list_del(struct list_head *entry)
{
        __list_del(entry->prev, entry->next);
        entry->next = LIST_POISON1;
        entry->prev = LIST_POISON2;
}
```

可以看出，当执行删除操作的时候，被删除的结点的两个指针被指向一个固定的位置(LIST_POISON1 和 LIST_POISON2 是内核空间的两个地址)。而 list_for_each(pos, head)中

的 pos 指针在遍历过程中向后移动，即 pos = pos->next，如果执行了 list_del()操作，pos 将指向这个固定位置的 next，prev，而此时的 next，prev 没有任何指向，必然出错。

而 list_for_each_safe(p，n，head) 宏解决了上面的问题：

```
#define list_for_each_safe(pos, n, head) \
for (pos = (head) -> next, n = pos -> next; pos != (head); \
pos = n, n = pos -> next)
```

它采用一个同 pos 同样类型的指针 n 来暂存将要被删除的结点指针 pos，从而使得删除操作不影响 pos 指针。

这里要说明的是，哈希表也是链表的一种衍生，在 list.h 中也有相关的代码，在此不仔细讨论，读者可自行分析。

1.7 小结

本章首先从不同侧面概要描述了大家熟悉而又陌生的操作系统，使读者从宏观上对操作系统有了一个初步认识。之后，简要介绍了 Linux 的同族同源 UNIX，从而说明 Linux 赖以生存的土壤源于 30 多年 UNIX 的发展。尽管 Linux 诞生于学生之手，但成长于 Internet 这片肥沃的土壤，壮大于自由而开放的文化。因为其土壤和文化背景的厚实，决定了其发展的持续性和广阔的前景。

为了让读者对 Linux 有初步了解后能动手实践，本章还介绍了 Linux 内核中的模块编写方法，并以链表为入口点，让读者近距离感知 Linux 内核代码设计中的精彩和美妙。

习题

1. 通过阅读本章，谈谈自己对操作系统的认识。
2. 在操作系统的演变过程中，你认为起推动作用的是什么？
3. 从硬件的角度谈操作系统的发展，从中得到什么启发？
4. 从软件设计的角度谈操作系统的发展，从中得到什么启发？
5. 从 UNIX/Linux 的诞生中，你受到什么启发？
6. 什么是 POSIX 标准，为什么现代操作系统的设计必须遵循 POSIX 标准？
7. 什么是 GNU？ Linux 与 GNU 有什么关系？
8. Linux 开发模式有何优缺点？
9. Linux 系统由哪些部分组成？ Linux 内核处于什么位置？
10. Linux 内核由哪几个子系统组成？各个子系统的主要功能是什么？
11. 访问 http://www.kernel.org/，理解 Linux 内核的版本树，了解最新内核的特点。
12. 了解 Linux 内核源代码结构，访问源代码导航网站 http://lxr.linux.no/，说明/kernel 目录下包含哪些文件。
13. 分析 include/linux/list.h 中哈希表的实现，给出分析报告，并编写内核模块，调用其中的函数和宏，实现哈希表的建立和查找。

第2章 内存寻址

我们知道，操作系统是一组软件的集合。但它和一般软件不同，因为它是充分挖掘硬件潜能的软件，也可以说，操作系统是横跨软件和硬件的桥梁。因此，要想深入解析操作系统内在的运作机制，就必须搞清楚相关的硬件机制——尤其是内存寻址的硬件机制。

操作系统的设计者必须在硬件相关的代码与硬件无关的代码之间划出清楚的界限，以便于一个操作系统能被很容易地移植到不同的平台上。Linux 的设计就做到了这点，它把与硬件相关的代码全部放在 arch(architecture 一词的缩写，即体系结构相关)的目录下，在这个目录下，可以找到 Linux 目前版本支持的所有平台，例如，支持的平台有 ARM，Alpha，x86，m68k，MIPS 等十多种。在这众多的平台中，大家最熟悉的就是 x86，即 Intel 80x86 体系结构。因此，我们所介绍的内存寻址也是以此为背景的。

2.1 内存寻址

曾经有一个叫“阿兰·图灵”的天才[①]，他设想出了一种简单但运算能力几乎无限发达的理想机器，这不是一个具体的机器设备，而是一个思想模型，可以用来计算能想象到的所有可计算函数。这个有趣的机器由一个控制器、一个读写头和一条假设两端无限长的工作带组成。工作带相当于存储器，被划分成大小相同的格子，每个格上可写一个字母，读写头可以在工作带上随意移动，而控制器可以要求读写头读取其下方工作带上的字母。

这听起来仅仅是纸上谈兵，但它却是当代冯·诺依曼计算机体系的理论鼻祖。它带来的“数据连续存储和选择读取”思想，是目前我们使用的几乎所有机器运行背后的灵魂。计算机体系结构中的核心问题之一就是如何有效地进行内存寻址，因为所有运算的前提都是先要从内存中取得数据，所以内存寻址技术从某种程度上代表了计算机技术。

2.1.1 Intel x86 CPU 寻址的演变

在微处理器的历史上，第一款微处理器芯片 4004 是由 Intel 推出的，是一个 4 位的微处理器。在 4004 之后，Intel 推出了一款 8 位处理器 8080，它有 1 个主累加器(寄存器 A)和 6 个次累加器(寄存器 B，C，D，E，H 和 L)，几个次累加器可以配对(如组成 BC，DE 或 HL)用

---

① 据说他 16 岁开始研究相对论，虽然英年早逝，但才气纵横逻辑学、物理学、数学等多个领域，尤其是数学逻辑上的所作所为奠定了现代计算技术的理论基础。后来以他名字命名的“图灵奖”被看做是计算机学界的最高荣誉。

来访问16位的内存地址，也就是说8080可访问到64K范围内的地址空间。另外，那时还没有段的概念，访问内存都要通过绝对地址，因此程序中的地址必须进行硬编码（给出具体地址），而且也难以重定位，这就不难理解为什么当时的软件大多数是可控性弱、结构简陋、数据处理量小的工控程序了。

几年后，Intel开发出了16位的处理器8086，这个处理器标志着Intel x86王朝的开始，这也是内存寻址的第一次飞跃。之所以说这是一次飞跃，是因为8086处理器引入了一个重要概念——段。

8086处理器的寻址目标是1MB大的内存空间，于是它的地址总线扩展到了20位。但是，一个问题摆在了Intel设计人员面前，虽然地址总线宽度是20位的，但是CPU中"算术逻辑运算单元(ALU)"的宽度，即数据总线却只有16位，也就是可直接加以运算的指针长度是16位。如何填补这个空隙呢？可能的解决方案有多种，例如，可以像一些8位CPU中那样，增设一些20位的指令专用于地址运算和操作，但是那样又会造成CPU内存结构的不均匀。又例如，当时的PDP-11小型机也是16位的，但是其内存管理单元(MMU)可以将16位的地址映射到24位的地址空间。受此启发，Intel设计了一种在当时看来不失为巧妙的方法，即分段的方法。

为了支持分段，Intel在8086 CPU中设置了4个段寄存器：CS,DS,SS和ES，分别用于可执行代码段、数据段、堆栈段及其他段。每个段寄存器都是16位的，对应于地址总线中的高16位。每条"访内"指令中的内部地址也都是16位的，但是在送上地址总线之前，CPU内部自动地把它与某个段寄存器中的内容相加。因为段寄存器中的内容对应于20位地址总线中的高16位（也就是把段寄存器左移4位），所以相加时实际上是内存总线中的高12位与段寄存器中的16位相加，而低4位保留不变，这样就形成一个20位的实际地址，也就实现了从16位内存地址到20位实际地址的转换，或者叫"映射"。

段式内存管理带来了显而易见的优势，程序的地址不再需要硬编码，调试错误也更容易定位，更可贵的是支持更大的内存地址。程序员开始获得了自由。

技术的发展不会就此止步。Intel的80286处理器于1982年问世了，它的地址总线位数增加到了24位，因此可以访问到16M的内存空间。更重要的是从此开始引进了一个全新理念——保护模式。这种模式下内存段的访问受到了限制。访问内存时不能直接从段寄存器中获得段的起始地址，而需要经过额外转换和检查（从此不能再随意存取数据段，具体保护和实现后面讲述）。

为了和过去兼容，80286内存寻址可以有两种方式，一种是先进的保护模式，另一种是老式的8086方式，被称为实模式。系统启动时处理器处于实模式，只能访问1M空间，经过处理可进入保护模式，访问空间扩大到16M，但是要想从保护模式返回到实模式，只有重新启动机器。还有一个致命的缺陷是80286虽然扩大了访问空间，但是每个段的大小还是64K，程序规模仍受到限制。因此这个先天低能儿注定命不会很久。很快它就被天资卓越的兄弟——80386代替了。

80386是一个32位的CPU，也就是它的ALU数据总线是32位的，同时它的地址总线与数据总线宽度一致，也是32位，因此，其寻址能力达到4G。对于内存来说，似乎是足够了。从理论上说，当数据总线与地址总线宽度一致时，其CPU结构应该简洁明了。但是，80386无法做到这一点。作为x86产品系列的一员，80386必须维持那些段寄存器的存在，还必须支持实模式,同时又要能支持保护模式,这给 Intel 的设计人员带来了很大的挑战。

Intel 选择了在段寄存器的基础上构筑保护模式,并且保留段寄存器为 16 位。在保护模式下,它的段范围不再受限于 64K,可以达到 4G(参见 2.2 节)。这一下真正解放了软件工程师,他们不必再费尽心思去压缩程序规模,软件功能也因此迅速提升。

从 8086 的 16 位到 80386 的 32 位处理器,这看起来是处理器位数的变化,但实质上是处理器体系结构的变化,从寻址方式上说,就是从"实模式"到"保护模式"的变化。在 80386 以后,Intel 的 CPU 经历了 80486、Pentium、Pentium II、Pentium III 等型号,虽然它们在速度上提高了好几个数量级,功能上也有不少改进,但基本上属于同一种系统结构的改进与加强,而无本质的变化,所以 80386 以后的处理器统称为 80x86。

2.1.2 80x86 寄存器简介

80386 作为 80x86 系列中的一员,必须保证向后兼容,也就是说,既要支持 16 位的处理器,也要支持 32 位的处理器。在 8086 中,所有的寄存器都是 16 位的,我们来看一下 80x86 中寄存器有何变化。

- 把 16 位的通用寄存器、标志寄存器以及指令指针寄存器扩充为 32 位的寄存器。
- 段寄存器仍然为 16 位。
- 增加 4 个 32 位的控制寄存器。
- 增加 4 个系统地址寄存器。
- 增加 8 个调试寄存器。
- 增加 2 个测试寄存器。

下面介绍几种常用的寄存器。

1. 通用寄存器

8 个通用寄存器是 8086 寄存器的超集,它们分别为:EAX,EBX,ECX,EDX,EBP,EBP,ESI 及 EDI。这 8 个通用寄存器中通常保存 32 位数据,但为了进行 16 位的操作并与 16 位机保持兼容,它们的低位部分被当成 8 个 16 位的寄存器,即 AX,BX,…,DI。为了支持 8 位的操作,还进一步把 EAX,EBX,ECX,EDX 这 4 个寄存器低位部分的 16 位,再分为 8 位一组的高位字节和低位字节两部分,作为 8 个 8 位寄存器。这 8 个寄存器分别被命名为 AH,BH,CH,DH 和 AL,BL,CL,DL。因此,这 8 个通用寄存器既可以支持 1 位、8 位、16 位和 32 位数据运算,也支持 16 位和 32 位存储器寻址。

2. 段寄存器

8086 中有 4 个 16 位的段寄存器:CS,DS,SS,ES,分别用于存放可执行代码的代码段、数据段、堆栈段和其他段的基地址。在 80x86 中,有 6 个 16 位的段寄存器,但是,这些段寄存器中存放的不再是某个段的基地址,而是某个段的选择符(Selector)。因为 16 位的寄存器无法存放 32 位的段基地址,段基地址只好存放在一个叫做描述符表(Descriptor)的表中。因此,在 80x86 中,段寄存器叫做选择符。有关段选择符、描述符表将在段机制一节进行描述。

3. 指令指针寄存器和标志寄存器

指令指针寄存器 EIP 中存放下一条将要执行指令的偏移量(offset),这个偏移量是相对于目前正在运行的代码段寄存器 CS 而言的。偏移量加上当前代码段的基地址,就形成了下一条指令的地址。EIP 中的低 16 位可以被单独访问,给它起名叫指令指针 IP 寄存器,用于 16 位寻址。标志寄存器 EFLAGS 存放有关处理器的控制标志,很多标志与 16 位 FLAGS 中的标志含义一样。

4. 控制寄存器

80x86 有 4 个 32 位的控制寄存器,它们是 CR0,CR1,CR2 和 CR3,主要用于操作系统的分页机制(参见 2.3 节)。其结构如图 2.1 所示。

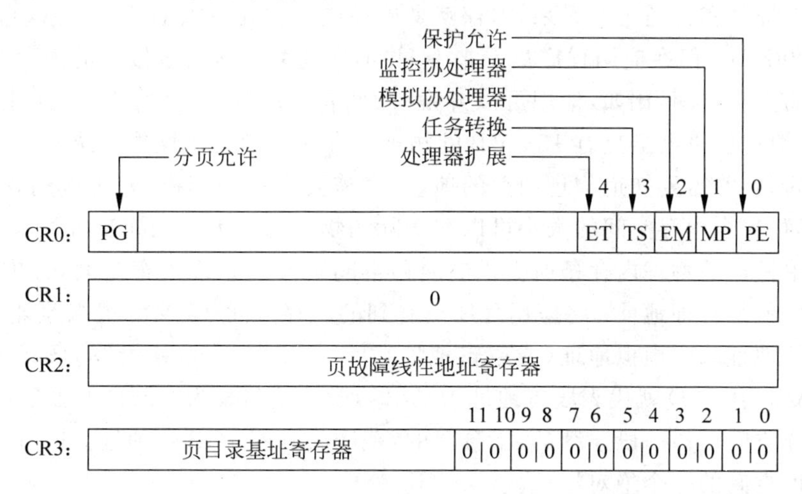

图 2.1 控制寄存器组

这几个寄存器中保存全局性和任务无关的机器状态。

CR0 中包含了 6 个预定义标志,这里介绍内核中主要用到的 0 位和 31 位。0 位是保护允许位 PE(Protedted Enable),用于启动保护模式,如果 PE 位置 1,则保护模式启动,如果 PE=0,则在实模式下运行。CR0 的第 31 位是分页允许位(Paging Enable),它表示芯片上的分页部件是否被允许工作。由 PG 位和 PE 位定义的操作方式如图 2.2 所示。

PG	PE	方　式
0	0	实模式,8080 操作
0	1	保护模式,但不允许分页
1	0	出错
1	1	允许分页的保护模式

图 2.2 PG 位和 PE 位定义的操作方式

使用以下代码就可以允许分页(AT&T 汇编语言参考 2.5 节)。

```
movl %cr0, %eax
orl  $0x80000000, %eax
```

```
movl %eax, %cr0
```

CR1 是未定义的控制寄存器,供将来的处理器使用。

CR2 是缺页线性地址寄存器,保存最后一次出现缺页的全 32 位线性地址(将在内存管理一章介绍)。

CR3 是页目录基址寄存器,保存页目录的物理地址,页目录总是放在以 4KB 为单位的存储器边界上。因此,其地址的低 12 位总为 0,不起作用,即使写上内容,也不会被理会。

这几个寄存器是与分页机制密切相关的,因此,在 2.3 节和 4.1 节中会涉及,读者要记住 CR0,CR2 及 CR3 这三个寄存器的作用。

2.1.3 物理地址、虚拟地址及线性地址

在硬件工程师和普通用户看来,内存就是插在或固化在主板上的内存条,它们有一定的容量,比如 128MB。但在应用程序员看来中,并不过度关心插在主板上的内存容量,而是他们可以使用的内存空间,比如,他们可以开发一个占用 1 GB 内存的程序,并让其在操作系统下运行,哪怕这台机器上只有 128 MB 的物理内存条。而对于操作系统开发者而言,则是介于二者之间,它既需要知道物理内存的地址,也需要提供一套机制,为应用程序员提供另一个内存空间,这个内存空间的大小可以和实际的物理内存大小之间没有关系。

我们将主板上的物理内存条所提供的内存空间定义为物理内存空间,其中每个内存单元的实际地址就是物理地址;将应用程序员看到的内存空间①定义为虚拟地址空间(或地址空间),其中的地址就叫虚拟地址(或逻辑地址),一般用"段:偏移量"的形式来描述,比如在 8086 中 A815:CF2D 就代表段首地址为 A815,段内偏移量为 CF2D 的虚地址。

线性地址空间是指一段连续的,不分段的,范围为 0 到 4GB 的地址空间,一个线性地址就是线性地址空间的一个绝对地址。

那么,这几种地址之间如何转换(例如 ds)?例如,当程序执行 mov ax,[1024]这样一条指令时,在 8086 的实模式下,把某一段寄存器左移 4 位,然后与 16 位的偏移量(1024)相加后被直接送到内存总线上,这个相加后的地址就是内存单元的物理地址,而程序中的地址(例如 ds:1024)就叫虚拟地址。在 80x86 保护模式下,这个虚拟地址不是被直接送到内存总线,而是被送到内存管理单元(MMU)。MMU 由一个或一组芯片组成,其功能是把虚拟地址映射为物理地址,即进行地址转换,如图 2.3 所示。

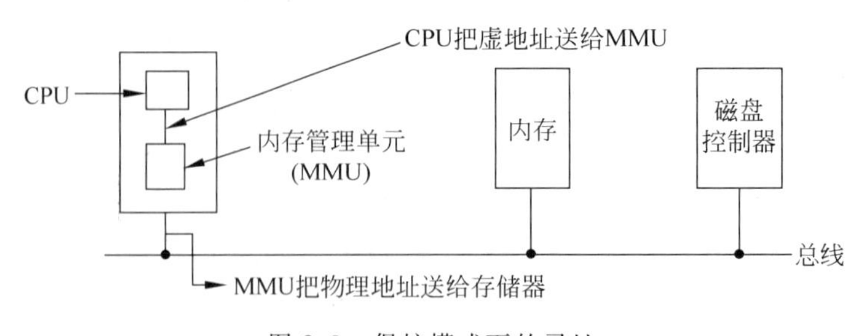

图 2.3 保护模式下的寻址

① 因为高级语言不涉及内存空间,因此,这里指的是从汇编语言的角度看。

其中，MMU 是一种硬件电路，它包含两个部件，一个是分段部件，一个是分页部件，在本书中，我们把它们分别叫做分段机制和分页机制，以利于从逻辑的角度来理解硬件的实现机制。分段机制把一个虚拟地址转换为线性地址；接着，分页机制把一个线性地址转换为物理地址，如图 2.4 所示。

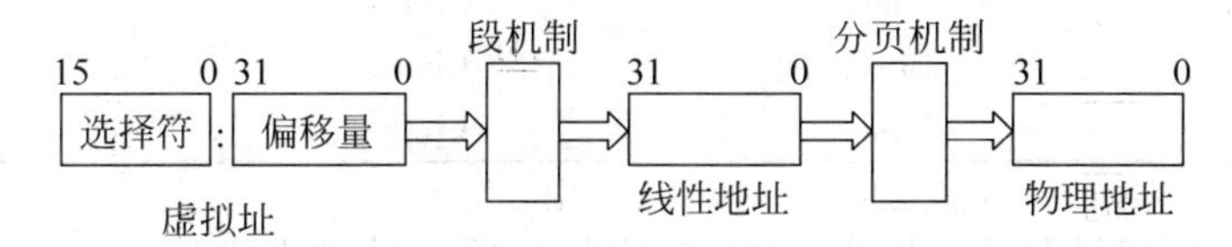

图 2.4　MMU 把虚拟地址转换为物理地址

下一节对段机制和分页机制进行具体介绍。

2.2 段机制

段是虚拟地址空间的基本单位，段机制必须把虚拟地址空间的一个地址转换为线性地址空间的一个线性地址。

2.2.1 段描述符

为了实现地址映射，仅仅用段寄存器来确定一个基地址是不够的，至少还得描述段的长度，并且还需要段的一些其他信息，比如访问权之类。所以，这里需要的是一个数据结构，这个结构包括以下三个方面的内容。

(1) 段的基地址(Base Address)：在线性地址空间中段的起始地址。

(2) 段的界限(Limit)：在虚拟地址空间中，段内可以使用的最大偏移量。

(3) 段的保护属性(Attribute)：表示段的特性。例如，该段是否可被读出或写入，或者该段是否作为一个程序来执行，以及段的特权级等。

如图 2.5 所示，虚拟地址空间中偏移量是从 0 到 Limit 范围内的一个段，映射到线性地址空间中就是从 Base 到 Base＋Limit。

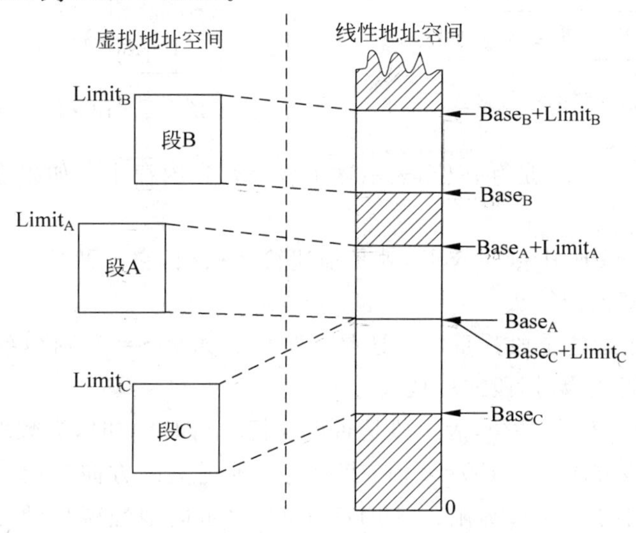

图 2.5　虚拟一线性地址的映射

把图 2.5 用一个表描述则如表 2.1 所示。

表 2.1 段描述符表

索引	基地址	界 限	属 性
0	$Base_b$	$Limit_b$	$Attribute_b$
1	$Base_a$	$Limit_a$	$Attribute_a$
2	$Base_c$	$Limit_c$	$Attribute_c$

这样的表就是段描述符表(或叫段表),其中的表项叫做段描述符(Segment Descriptor)。

所谓描述符(Descriptor),就是描述段的属性的一个 8 字节存储单元。在实模式下,段的属性不外乎是代码段、堆栈段、数据段、段的起始地址、段的长度等,而在保护模式下则复杂一些。将它们结合在一起用一个 8 字节的数表示,称为描述符。80x86 通用的段描述符的结构如图 2.6 所示。

从图 2.6 中可以看出,一个段描述符指出了段的 32 位基地址和 20 位段界限(即段长)。

第 6 个字节的 G 位是粒度位,当 G=0 时,以字节为单位表示段的长度,即一个段最长可达 2^{20}(1M)字节。当 G=1 时,以页(4KB)为单位表示段的长度,即一个段最长可达 1M×4KB=4GB 字节。D 位表示缺省操作数的大小,如果 D=0,操作数为 16 位,如果 D=1,操作数为 32 位。第 6 个字节的其余两位为 0,这是为了与将来的处理器兼容而必须设置为 0 的位。

第 5 个字节是存取权字节,它的一般格式如图 2.7 所示。

图 2.6 段描述符的一般格式

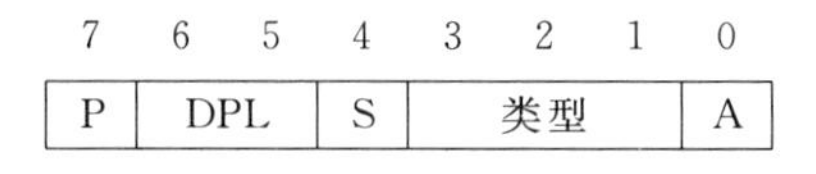

图 2.7 存取权字节的一般格式

第 7 位 P 位(Present) 是存在位,表示这个段是否在内存中。如果在内存中,P=1;如果不在内存中,P=0。

DPL(Descriptor Privilege Level),就是描述符特权级,它占两位,其值为 0～3,用来确定这个段的特权级即保护等级。

S 位(System)表示这个段是系统段还是用户段。如果 S=0,则为系统段;如果 S=1,则为用户程序的代码段、数据段或堆栈段。

类型占 3 位,第三位为 E 位,表示段是否可执行。当 E=0 时,为数据段描述符,这时的第 2 位 ED 表示扩展方向。当 ED=0 时,表示向地址增大的方向扩展,这时存取数据段中数据的偏移量必须小于等于段界限;当 ED=1 时,表示向地址减少的方向扩展,这时偏移量必须大于界限；当表示数据段时，第 1 位（W）是可写位。当 W=0 时，数据段不能写；W=1 时，数据段可写入。在 80x86 中，堆栈段也被看成数据段，因为它本质上就是特殊的数据段。当描述堆栈段时，ED=0，W=1，即堆栈段朝地址增大的方向扩展。

在保护模式下，有三种类型的描述符表，分别是全局描述符表（Global Descriptor Table，GDT）、中断描述符表（Interrupt Descriptor Table，IDT）及局部描述符表（Local Descriptor Table，LDT）。为了加快对这些表的访问，Intel 设计了专门的寄存器 GDTR，LDTR 和 IDTR，以存放这些表的基地址及表的长度界限。各种描述表的具体内容请参见相关参考书。

由此可以推断，在保护模式下段寄存器中该存放什么内容了，那就是表 2.1 中的索引。因为索引表示段描述符在描述符表中位置，因此，把段寄存器也叫选择符，其结构如图 2.8 所示。

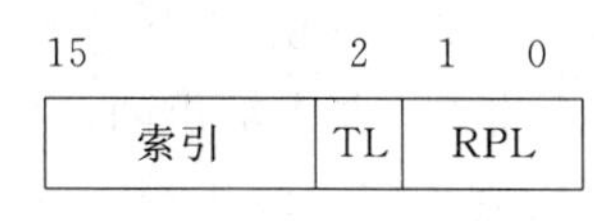

图 2.8 选择符的结构

可以看出，选择符有三个域。其中，第 15～13 位是索引域，第 2 位 TI（Table Indicator）为选择域，决定从全局描述符表（TI=0）还是从局部描述符表（TI=1）中选择相应的段描述符。这里重点关注的是 RPL 域，RPL 表示请求者的特权级（Requestor Privilege Level）。

保护模式提供了 4 个特权级，用 0～3 四个数字表示，但很多操作系统（包括 Linux）只使用了其中的最低和最高两个，即 0 表示最高特权级，对应内核态；3 表示最低特权级，对应用户态。保护模式规定，高特权级可以访问低特权级，而低特权级不能随便访问高特权级。

2.2.2 地址转换及保护

程序中的虚拟地址可以表示为“选择符：偏移量”这样的形式，通过以下步骤可以把一个虚拟地址转换为线性地址。

（1）在段寄存器中装入段选择符，同时把 32 位地址偏移量装入某个寄存器（比如 ESI，EDI 等）中。

（2）根据选择符中的索引值、TI 及 RPL 值，再根据相应描述符表中的段地址和段界限，进行一系列合法性检查（如特权级检查、界限检查），如果该段无问题，就取出相应的描述符放入段描述符高速缓冲寄存器[①]中。

（3）将描述符中的 32 位段基地址和放在 ESI，EDI 等中的 32 位有效地址相加，就形成了 32 位线性地址。

注意，在上面的地址转换过程中，从以下两个方面对段进行了保护。

（1）在一个段内，如果偏移量大于段界限，虚拟地址将没有意义，系统将产生异常。

（2）如果要对一个段进行访问，系统会根据段的保护属性检查访问者是否具有访问权限，如果没有，则产生异常。例如，如果要在只读段中进行写入，系统将根据该段的属性检测到这是一种违规操作，则产生异常。

2.2.3 Linux 中的段

Intel 微处理器的段机制是从 8086 开始提出的，那时引入的段机制解决了 CPU 内部从

---

① 为加块地址转换而专门设置的个寄存器。只有操作系统的设计者可以使用，对一般用户是不可见的。

16位地址到20位实地址的转换。为了保持这种兼容性,386仍然使用段机制,但比以前复杂得多。因此,Linux内核的设计并没有全部采用Intel所提供的段方案,仅仅有限度地使用了分段机制。这不仅简化了Linux内核的设计,而且为把Linux移植到其他平台创造了条件,因为很多RISC处理器并不支持段机制。但是,对段机制相关知识的了解是进入Linux内核的必经之路。

从2.2版开始,Linux让所有的进程(或叫任务)都使用相同的逻辑地址空间,因此就没有必要使用局部描述符表LDT。但内核中也用到LDT,那只是在VM86模式中运行Wine,也就是说在Linux上模拟运行Windows软件或DOS软件的程序时才使用。

在80x86上任意给出的地址都是一个虚拟地址,即任意一个地址都是通过"选择符:偏移量"的方式给出的,这是段机制访问模式的基本特点。所以在80x86上设计操作系统时无法避免使用段机制。一个虚拟地址最终会通过"段基地址+偏移量"的方式转化为一个线性地址。但是,由于绝大多数硬件平台都不支持段机制,只支持分页机制,所以为了让Linux具有更好的可移植性,需要去掉段机制而只使用分页机制。

但不幸的是,80x86规定段机制是不可禁止的,因此不可能绕过它直接给出线性地址空间的地址。万般无奈之下,Linux的设计人员让段的基地址为0,而段的界限为4GB,这时任意给出一个偏移量,则等式为"0+偏移量=线性地址",也就是说"偏移量=线性地址"。另外,由于段机制规定"偏移量 < 4GB",所以偏移量的范围为0H~FFFFFFFFH,这恰好是线性地址空间的范围,也就是说虚拟地址直接映射到了线性地址,以后所提到的虚拟地址和线性地址指的是同一地址。因此,Linux在没有回避段机制的情况下巧妙地把段机制给绕过去了。

另外,由于80x86段机制还规定,必须为代码段和数据段创建不同的段,所以Linux必须为代码段和数据段分别创建一个基地址为0,段界限为4GB的段描述符。不仅如此,由于Linux内核运行在特权级0,而用户程序运行在特权级别3,根据80x86的段保护机制规定,特权级为3的程序是无法访问特权级为0的段的,所以Linux必须为内核和用户程序分别创建其代码段和数据段。这就意味着Linux必须创建4个段描述符——特权级为0的代码段和数据段,特权级为3的代码段和数据段。

Linux在启动的过程中设置了段寄存器的值和全局描述符表GDT的内容,内核代码中可以这样定义段:

```
#define __KERNEL_CS     0x10        /* 内核代码段, index = 2, TI = 0, RPL = 0 */
#define __KERNEL_DS     0x18        /* 内核数据段, index = 3, TI = 0, RPL = 0 */
#define __USER_CS       0x23        /* 用户代码段, index = 4, TI = 0, RPL = 3 */
#define __USER_DS       0x2B        /* 用户数据段, index = 5, TI = 0, RPL = 3 */
```

从定义可以看出,没有定义堆栈段,实际上,Linux内核不区分数据段和堆栈段,这也体现了Linux内核尽量减少段的使用。因为这几个段都放在GDT中,因此,TI=0,index就是某个段在GDT表中的下标。内核代码段和数据段具有最高特权,因此其RPL为0,而用户代码段和数据段具有最低特权,因此其RPL为3。可以看出,Linux内核再次简化了特权级的使用,使用了两个特权级而不是4个。

内核代码中可以这样定义全局描述符表:

```
ENTRY(gdt_table)
```

```
.quad 0x0000000000000000          /* NULL descriptor */
.quad 0x0000000000000000          /* not used */
.quad 0x00cf9a000000ffff          /* 0x10 kernel 4GB code at 0x00000000 */
.quad 0x00cf92000000ffff          /* 0x18 kernel 4GB data at 0x00000000 */
.quad 0x00cffa000000ffff          /* 0x23 user   4GB code at 0x00000000 */
.quad 0x00cff2000000ffff          /* 0x2b user   4GB data at 0x00000000 */
.quad 0x0000000000000000          /* not used */
.quad 0x0000000000000000          /* not used */
⋮
```

从代码可以看出,GDT放在数组变量gdt_table中。按Intel的规定,GDT中的第一项为空,这是为了防止加电后段寄存器未经初始化就进入保护模式而使用GDT的。第二项也没用。从下标2到5共4项对应于前面的4种段描述符值。对照图2.7,从描述符的数值可以得出以下信息。

- 段的基地址全部为0x00000000;
- 段的上限全部为0xffff;
- 段的粒度G为1,即段长单位为4KB;
- 段的D位为1,即对这4个段的访问都为32位指令;
- 段的P位为1,即4个段都在内存。

通过上面的介绍可以看出,Intel的设计可谓周全细致,但Linux的设计者并没有完全陷入这种沼泽,而是选择了简捷而有效的途径,以完成所需功能并达到较好的性能目标。

但是,如果这么定义段,则2.2.2节所说的段保护的第一个作用就失去了,因为这些段使用完全相同的线性地址空间(0～4GB),它们互相覆盖。可以设想,如果不使用分页,线性地址空间直接被映射到物理空间,那么修改任何一个段的数据,都会同时修改其他段的数据。段机制所提供的通过"基地址:界限"方式将线性地址空间分割,以让段与段之间完全隔离,但这种实现段保护的方式根本就不起作用了。那么,这是不是意味着用户可以随意修改内核数据?显然不是的,这是因为,一方面用户段和内核段具有不同的特权级别,另一方面,Linux之所以这么定义段,正是为了实现一个纯的分页,而分页机制会提供给我们所需要的保护。

2.3 分页机制

分页机制在段机制之后进行,以完成线性地址——物理地址的转换。段机制把虚拟地址转换为线性地址,分页机制进一步把该线性地址再转换为物理地址。

如果不允许分页(CR0的最高位置0),那么经过段机制转化而来的32位线性地址就是物理地址。但如果允许分页(CR0的最高位置1),就要将32位线性地址通过一个地址变换机制转化成物理地址。80x86规定,分页机制是可选的,但很多操作系统主要采用分页机制。

2.3.1 页与页表

1. 页、物理页面及页大小

为了效率起见,将线性地址空间划分成若干大小相等的片,称为页(Page),并给各页加以编号,从 0 开始,如第 0 页、第 1 页等。相应地,也把物理地址空间分成与页大小相等的若干存储块,称为(物理)块或页面(Page Frame),也同样为它们加以编号,如 0# 页面、1# 页面等。如图 2.9 所示,图中用箭头把线性地址空间中的页,与对应的物理地址空间中的页面联系起来,表示把线性地址空间中若干页将分别装入到多个可以不连续的物理页面中。例如第 0 页将装入到第 2 页面,第 1 页将装入到第 0 页面,但是第 2 页也将装入到第 2 个页面,这似乎是一种错误,但学过第 4 章后会理解这是一种正常现象。本节只涉及分页机制的一般原理,更多的内容将在第 4 章讲述。

那么,页的大小应该为多少?页过大或过小都会影响内存的使用率。其大小在设计硬件分页机制时就必须确定下来,例如 80x86 支持的标准页大小为 4KB(也支持 4MB),从后面的内容可以看出,选择 4KB 大小既巧妙又高效。

2. 页表

页表是把线性地址映射到物理地址的一种数据结构。参照段描述符表,页表中应当包含如下内容。

(1) 物理页面基地址:线性地址空间中的一个页装入内存后所对应的物理页面的起始地址。

(2) 页的属性:表示页的特性。例如该页是否在内存中,是否可被读出或写入等。

由于页面的大小为 4KB,它的物理页面基地址(32 位)必定是 4K 的倍数,因此其地址的最低 12 位总是 0,那么就可以用这 12 位存放页的属性,这样用 32 位的地址就完全可以描述页的映射关系,也就是页表中每一项(简称页表项)占 4 个字节就足够。

不过,4 GB 的线性空间可以被划分为 1M 个 4KB 大小的页,每个页表项占 4 个字节,则 1M 个页表项的页表就需要占用 4MB 空间,而且还要求是连续的,显然这是不现实的。我们可以采用两级页表来解决这个问题。

3. 两级页表

所谓两级页表就是对页表再进行分页。第一级称为页目录,其中存放的是关于页表的信息。4MB 的页表再次分页(4MB/4KB)可以分为 1K 个页,同样对每个页的描述需要 4 个字节,于是可以算出页目录最多占用 4KB,正好是一个页,其示意图如 2.10 所示。

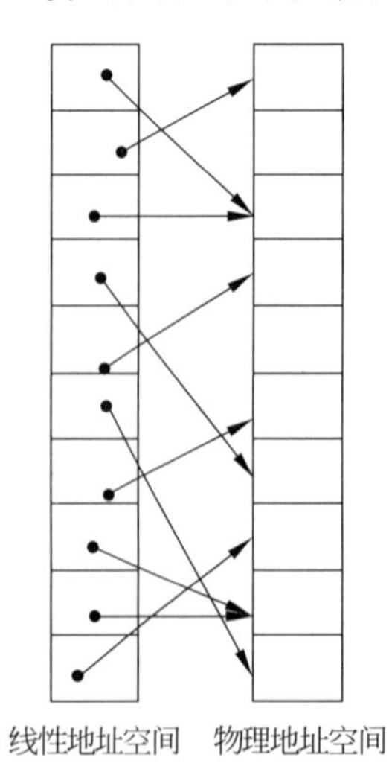

图 2.9 “页”“与”“页面”的映射关系

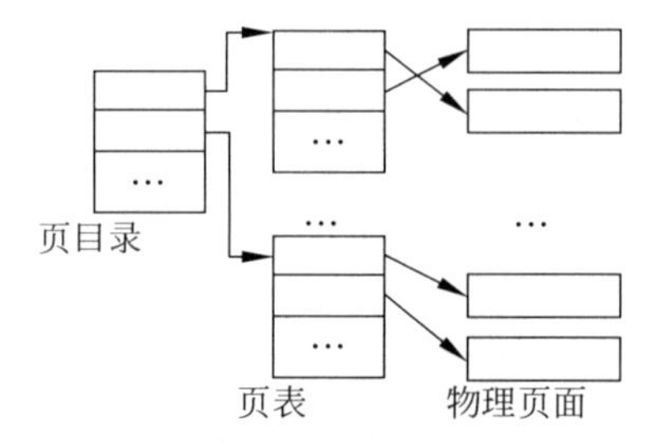

图 2.10 两级页表示意图

页目录共有 1K 个表项，于是，线性地址的最高 10 位（即 22～31 位）用来产生第一级的索引。两级表结构的第二级称为页表，每个页表也刚好存放在一个 4KB 的页中，并且每个页表包含 1K 个表项。第二级页表由线性地址的中间 10 位（即 21～12 位）进行索引，最低 12 位表示页内偏量。具有两级页表的线性地址结构如图 2.11 所示。

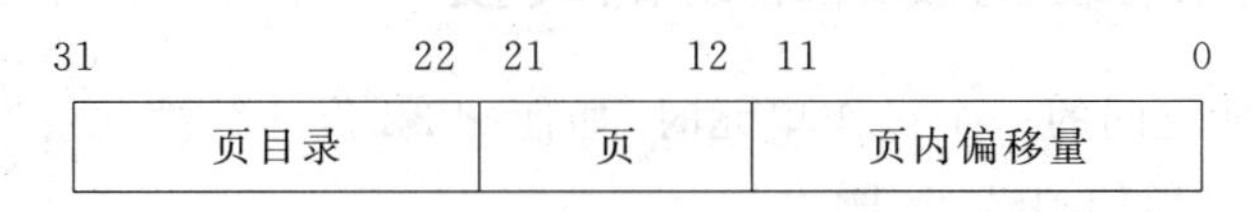

图 2.11 具有两级页表的线性地址结构

4. 页表项结构

不管是页目录还是页表，每个表项占 4 个字节，其表项结构基本相同，如图 2.12 所示。

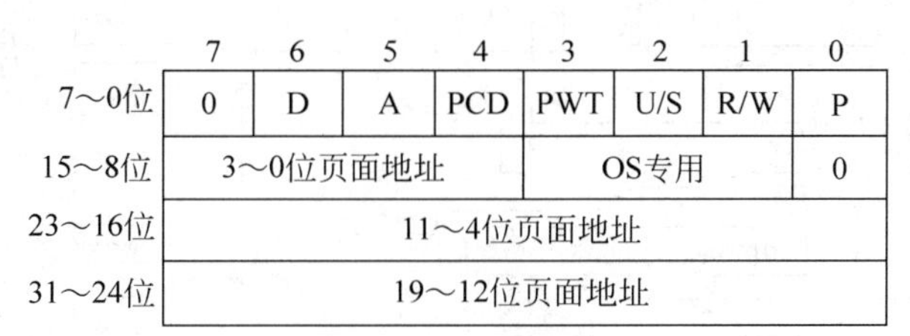

图 2.12 表项结构

物理页面基地址：对页目录而言，指的是页表所在的物理页面在内存的起始地址，对页表而言，指的是页所对应的物理页面在内存的起始物理地址。因为其最低 12 位全部为 0，因此用高 20 位来描述 32 位的地址。

属性包括以下内容。

（1）第 0 位是 P(Present)，如果 P＝1，表示页装入到内存中，如果 P＝0，表示不在内存中。

（2）第 1 位是 R/W(Read/Write)，第 2 位是 U/S(User/Supervisor)位，这两位为页表或页提供硬件保护。

（3）第 3 位是 PWT(Page Write-Through)位，表示是否采用写透方式。写透方式就是既写内存(RAM)也写高速缓存，该位为 1 表示采用写透方式。

（4）第 4 位是 PCD(Page Cache Disable)位，表示是否启用高速缓存，该位为 1 表示启用高速缓存。

（5）第 5 位是访问位，当对相应的物理页面进行访问时，该位置 1。

（6）第 7 位是 Page Size 标志，只适用于页目录项。如果置为 1，页目录项指的是 4MB 的页。

（7）第 9～11 位由操作系统专用，Linux 也没有做特殊之用。

5. 硬件保护机制

对于页表，页的保护是由 U/S 标志和 R/W 标志来控制的。当 U/S 标志为 0 时，只有处于内核态的操作系统才能对此页或页表进行寻址。当这个标志为 1 时，则不管在内核态还是用户态,总能对此页进行寻址。

此外,与段的三种存取权限(读、写、执行)不同,页的存取权限只有两种(读、写)。如果页目录项或页表项的读写标志为0,说明相应的页表或页是只读的,否则是可读写的。

2.3.2 线性地址到物理地址的转换

当访问线性地址空间的一个操作单元时,如何把32位的线性地址通过分页机制转化成32位物理地址呢?过程如图2.13所示。

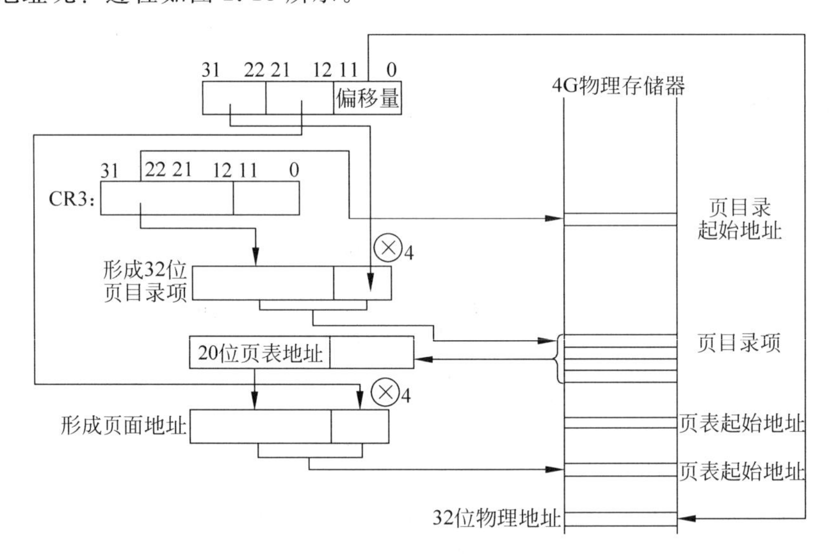

图2.13 32位线性地址到物理地址的转换

第一步,用32位线性地址的最高10位第31～22位作为页目录项的索引,将它乘以4,与CR3中页目录的起始地址相加,获得相应目录项在内存的地址。

第二步,从这个地址开始读取32位页目录项,取出其高20位,再给低12位补0,形成的32位就是页表在内存的起始地址。

第三步,用32位线性地址中的第21～12位作为页表中页表项的索引,将它乘以4,与页表的起始地址相加,获得相应页表项在内存的地址。

第四步,从这个地址开始读取32位页表项,取出其高20位,再将线性地址的第11～0位放在低12位,形成最终32位的页面物理地址。

2.3.3 分页举例

下面举一个简单的例子,这将有助于读者理解分页机制是怎样工作的。

假如操作系统给一个正在运行的进程分配的线性地址空间范围是0x20000000到0x2003ffff。这个空间由64页组成。我们暂且不关心这些页所在的物理页面的地址,只关注页表项中的几个域。

从分配给进程的线性地址的最高10位(分页硬件机制把它自动解释成页目录域)开始。这两个地址都以2开头,后面跟着0,因此高10位有相同的值,即十六进制的0x080或十进制的128。因此,这两个地址的页目录域都指向进程页目录的第129项。相应的目录项中必须包含分配给进程的页表的物理地址，如图 2.14 所示。如果给这个进程没有分配其他的线性地址，则页目录的其余 1023 项都为 0，也就是这个进程在页目录中只占一项。

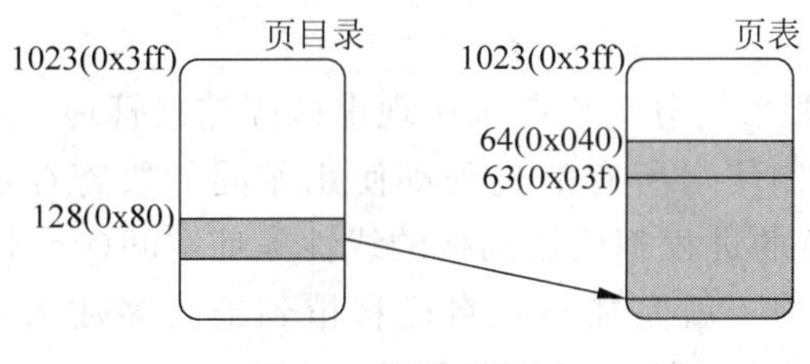

图 2.14 分页举例

中间 10 位的值（即页表域的值）范围从 0 到 0x03f，或十进制的从 0 到 63。因而只有页表的前 64 个表项是有意义的，其余 960 表项填为 0。

假设进程需要读线性地址 0x20021406 中的内容。这个地址由分页机制按下面的方法进行处理。

（1）目录域的 0x80 用于选择页目录的第 0x80 目录项，此目录项指向页表。

（2）页表域的第 0x21 项用于选择页表的第 0x21 表项，此表项指向页所对应的内存物理页面。

（3）最后，偏移量 0x406 用于在目标物理页面中读偏移量为 0x406 中的字节。

如果页表第 0x21 表项的 Present 标志为 0，说明此页还没有装入内存中；在这种情况下，分页机制在转换线性地址的同时产生一个缺页异常（参见第 4 章）。无论何时，当进程试图访问限定在 0x20000000 到 0x2003ffff 范围之外的线性地址时，都将产生一个缺页异常，因为这些页表项都填充了 0，尤其是，它们的 Present 标志都为 0。

2.3.4 页面高速缓存

由于在分页情况下，页表是放在内存中的，这使 CPU 在每次存取一个数据时，都要至少两次访问内存，从而大大降低了访问的速度。所以，为了提高速度，在 80x86 中设置一个最近存取页的高速缓存硬件机制，它自动保持 32 项处理器最近使用的页表项，因此，可以覆盖 128KB 的内存地址。当访问线性地址空间的某个地址时，先检查对应的页表项是否在高速缓存中，如果在，就不必经过两级访问，如果不在，再进行两级访问。平均来说，页面高速缓存大约有 90%的命中率，也就是说每次访问存储器时，只有 10%的情况必须访问两级分页机制。这就大大加快了速度，页面高速缓存的作用如图 2.15 所示。有些书上也把页面高速缓存叫做“联想存储器”或“旁路转换缓冲器（TLB）”。

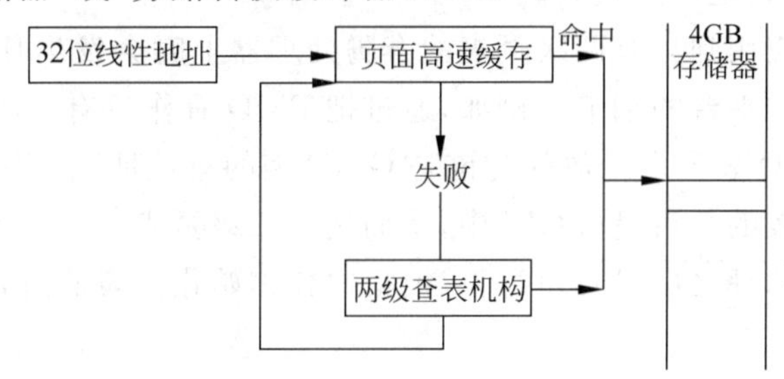

图 2.15 页面高速缓存

2.4 Linux 中的分页机制

如前所述,Linux 主要采用分页机制来实现虚拟存储器管理。这是因为:

(1) Linux 的分段机制使得所有的进程都使用相同的段寄存器值,这就使得内存管理变得简单,也就是说,所有的进程都使用同样的线性地址空间(0～4GB)。

(2) Linux 设计目标之一就是能够把自己移植到绝大多数当前流行的处理器平台上。但是,许多 RISC 处理器支持的段功能非常有限。

为了保持可移植性,Linux 采用三级分页模式而不是两级,这是因为许多处理器(如康柏的 Alpha、Sun 的 UltraSPARC、Intel 的 Itanium)都采用 64 位结构的处理器,在这种情况下,两级分页就不适合了,必须采用三级分页。图 2.16 为三级分页模式,为此,Linux 定义了以下三种类型的页表。

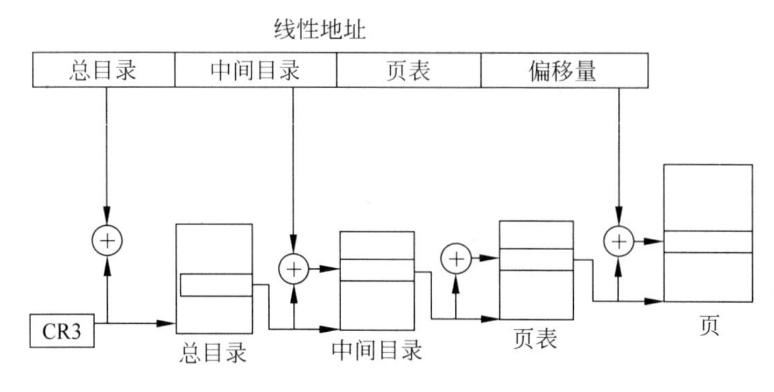

图 2.16 Linux 的三级分页

- 页总目录 PGD(Page Global Directory);
- 页中间目录 PMD(Page Middle Derectory);
- 页表 PT(Page Table)。

尽管 Linux 采用的是三级分页模式,但讨论还是以 80x86 的两级分页模式为主,因此,Linux 忽略中间目录层,以后,页总目录就叫页目录。

我们将在第 4 章看到,每一个进程有它自己的页目录和自己的页表集。当进程切换发生时(参见 3.11 节),Linux 把 CR3 控制寄存器的内容保存在前一个执行进程的 PCB 中,然后把下一个要执行进程的 PCB 的值装入 CR3 寄存器中。因此,当新进程恢复在 CPU 上执行时,分页单元指向一组正确的页表。

当三级分页模式应用到只有两级页表的奔腾处理器上时会发生什么情况? Linux 使用一系列的宏来掩盖各种平台的细节。例如,通过把 PMD 看作只有一项的表,并把它存放在 PGD 表项中(通常 PGD 表项中存放的应该是 GMD 表的首地址)。页表的中间目录(PMD)被巧妙地“折叠”到页表的总目录(PGD)中,从而适应二级页表。

在了解页表基本原理之后,通过代码来模拟内核初始化页表的过程。

```
#define NR_PGT 0x4
#define PGD_BASE (unsigned int *)0x1000
```

```
#define PAGE_OFFSET (unsigned int)0x2000

#define PTE_PRE 0x01                        /* Page present */
#define PTE_RW  0x02                        /* Page Readable/Writeable */
#define PTE_USR 0x04                        /* User Privilege Level */

void page_init()
{
  int pages = NR_PGT;                       // 系统初始化创建 4 个页表

  unsigned int page_offset = PAGE_OFFSET;
  unsigned int* pgd = PGD_BASE;             // 页目录表位于物理内存的第二个页框内
  unsigned int phy_add = 0x0000;            // 在物理地址的最底端建立页机制所需的表格

  // 页表从物理内存的第三个页框处开始
  // 物理内存的头 8KB 没有通过页表映射
  unsigned int* pgt_entry = (unsigned int*)0x2000;

   while (pages--)                          // 填充页目录表,这里依次创建 4 个页目录表
   {
      *pgd++ = page_offset |PTE_USR|PTE_RW|PTE_PRE;
     page_offset += 0x1000;
   }

  pgd = PGD_BASE;


  while (phy_add < 0x1000000) {             // 在页表中填写页到物理地址的映射关系,
                                            // 映射了 4MB 大小的物理内存
    *pgt_entry++ = phy_add |PTE_USR|PTE_RW|PTE_PRE;
    phy_add += 0x1000;
  }


 _asm_ _volatile_ ("movl %0, %%cr3;"
                   "movl %%cr0, %%eax;"
                   "orl  $0x80000000, %%eax;"
                   "movl %%eax, %%cr0;"::"r"(pgd):"memory","%eax");
}
```

从代码中可以看出在物理内存的第二个页框设置了页目录,然后 while 循环初始化了页目录中的 4 个页目录项,即 4 个页表。紧接着的第二个 while 循环初始化了 4 个页表中的第一个,其他三个没有用到,映射了 4MB 的物理内存,至此页表已初始化好,剩下的工作就是将页目录的地址 PGD 传递给 CR3 寄存器,这由 GCC 嵌入式代码部分完成,并且设置了 CR0 寄存器中的分页允许。最后一句是以_asm 开头的嵌入式汇编,参见 2.5.3 节。

虽然上述代码比较简单,但却描述了页表初始化的过程,以此为模型可以更容易理解 Linux 内核中关于页表的代码。

2.5 Linux 中的汇编语言

在 Linux 源代码中,大部分是用 C 语言编写的,但也涉及汇编语言。有些汇编语言出现在以.S为扩展名的汇编文件中,在这种文件中,整个程序全部由汇编语言组成。有些汇编命令出现在以.c为扩展名的 C 文件中,在这种文件中,既有 C 语言,也有汇编语言,我们把出现在 C 代码中的汇编语言叫做"嵌入式"汇编。

尽管 C 语言已经成为编写操作系统的主要语言,但是,在操作系统与硬件打交道的过程中,在需要频繁调用的函数中以及某些特殊的场合中,C 语言显得力不从心,这时,必须使用烦琐但又高效的汇编语言。因此,在了解 80x86 内存寻址的基础上,有必要对相关的汇编语言知识有所了解。

读者可能有过在 DOS 操作系统下编写汇编程序的经历,也具备一定的汇编知识。但是,在 Linux 的源代码中,可能看到与 Intel 的汇编语言格式不一样的形式,这就是 AT&T 的 i386 汇编语言。

2.5.1 AT&T 与 Intel 汇编语言的比较

我们知道,Linux 是 UNIX 家族的一员,尽管 Linux 的历史不长,但与其相关的很多事情都发源于 UNIX。就 Linux 所使用的 i386 汇编语言而言,它也是起源于 UNIX。UNIX 最初是为 PDP-11 开发的,曾先后被移植到 VAX 及 68000 系列的处理器上,这些处理器上的汇编语言采用的都是 AT&T 的指令格式。当 UNIX 被移植到 i386 上时,自然也就采用了 AT&T 的汇编语言格式,而不是 Intel 的格式。尽管这两种汇编语言在语法上有一定的差异,但所基于的硬件知识是相同的,因此,如果非常熟悉 Intel 的语法格式,那么也可以很容易地把它"移植"到 AT&T 中来。下面通过对照 Intel 与 AT&T 的语法格式,以便用户把过去的知识很快地"移植"过来。

1. 前缀

在 Intel 的语法中,寄存器和立即数都没有前缀。但是在 AT&T 中,寄存器前冠以%,而立即数前冠以$。在 Intel 的语法中,十六进制和二进制的立即数后缀分别冠以 h 和 b,而在 AT&T 中,十六进制的立即数前冠以 0x,表 2.2 给出了几个相应的例子。

表 2.2 Intel 与 AT&T 前缀的区别

Intel 语法	AT&T 语法
Mov eax,8	movl $8,%eax
Mov ebx,0ffffh	movl $0xffff,%ebx
int 80h	int $0x80

2. 操作数的方向

Intel 与 AT&T 操作数的方向正好相反。在 Intel 语法中,第一个操作数是目的操作数,第二个操作数是源操作数。而在 AT&T 中,第一个数是源操作数,第二个数是目的操作数。由此可以看出,AT&T 的语法符合人们通常的阅读习惯。

例如:在 Intel 中, mov eax,[ecx]。

在 AT&T 中,movl (%ecx),%eax。

3. 内存单元操作数

从上面的例子可以看出，内存操作数也有所不同。在 Intel 的语法中，基址寄存器用[]括起来，而在 AT&T 中，用()括起来。

例如：在 Intel 中，mov　　eax,[ebx+5]。
　　　在 AT&T，movl　　5(%ebx),%eax。

4. 操作码的后缀

在上面的例子中读者可能已注意到，在 AT&T 的操作码后面有一个后缀，其含义就是指操作码的大小。l 表示长整数(32 位)，w 表示字(16 位)，b 表示字节(8 位)。而在 Intel 的语法中，则要在内存单元操作数的前面加上 byte ptr、word ptr 和 dword ptr，dword 对应 long。表 2.3 给出了几个相应的例子。

表 2.3　操作码的后缀举例

Intel 语法	AT&T 语法	Intel 语法	AT&T 语法
Mov　al,bl	movb　%bl,%al	Mov　eax,ebx	movl　%ebx,%eax
Mov　ax,bx	movw　%bx,%ax	Mov　eax, dword ptr [ebx]	movl　(%ebx),%eax

2.5.2　AT&T 汇编语言的相关知识

在 Linux 源代码中，以.S 为扩展名的文件是“纯”汇编语言的文件。这里，结合具体的例子再介绍一些 AT&T 汇编语言的相关知识。

1. GNU 汇编程序 GAS(GNU Assembly 和连接程序)

当我们编写了一个程序后，就需要对其进行汇编(Assembly)和连接。在 Linux 下有两种方式，一种是使用汇编程序 GAS 和连接程序 ld，一种是使用 GCC。先来看一下 GAS 和 ld。

GAS 把汇编语言源文件(.s)转换为目标文件(.o)，其基本语法如下。

```
as filename.s -o filename.o
```

一旦创建了一个目标文件，就需要把它连接并执行，连接一个目标文件的基本语法如下。

```
ld filename.o -o filename
```

这里 filename.o 是目标文件名，而 filename 是输出(可执行) 文件。

GAS 使用的是 AT&T 的语法而不是 Intel 的语法，这就再次说明了 AT&T 语法是 UNIX 世界的标准，必须熟悉它。

如果要使用 GNC 的 C 编译器 GCC，就可以一步完成汇编和连接，例如：

```
gcc -o example example.S
```

2. AT&T 中的节(Section)

在 AT&T 的语法中,一个节由. section 关键词来标识,当编写汇编语言程序时,至少需要以下三种节。

. section . data 这种节包含程序已初始化的数据,也就是说,包含具有初值的那些变量,例如:

```
hello     : .string "Hello world!\n"
hello_len : .long 13
```

. section . bss 这个节包含程序还未初始化的数据,也就是说,包含没有初值的那些变量。当操作系统装入这个程序时将把这些变量都置为 0,例如:

```
name      : .fill 30    # 用来请求用户输入名字
name_len  : .long  0    # 名字的长度 (尚未定义)
```

当这个程序被装入时,name 和 name_len 都被置为 0。如果在. bss 节不小心给一个变量赋了初值,这个值也会丢失,并且变量的值仍为 0。

使用. bss 比使用. data 的优势在于,. bss 节不占用磁盘的空间。在磁盘上,一个长整数就足以存放. bss 节。当程序被装入到内存时,操作系统也只分配给这个节 4 个字节的内存大小。

注意:编译程序把. data 和. bss 在 4 字节上对齐(align),例如,. data 总共有 34 字节,那么编译程序把它对齐在 36 字节上,也就是说,实际给它 36 字节的空间。

. section . text 这个节包含程序的代码,它是只读节,而. data 和. bss 是读写节。

当然,关于 AT&T 的汇编内容还很多,感兴趣的读者可以参看相关文档。

2.5.3 GCC 嵌入式汇编

在 Linux 的源代码中,有很多 C 语言的函数中嵌入一段汇编语言程序段,这就是 GCC 提供的 asm 功能,例如内核代码中,读控制寄存器 CR0 的一个宏 read_cr0():

```
#define read_cr0() ({ \
     unsigned int _dummy; \
     _asm_( \
             "movl %%cr0, %0\n\t" \
             :"=r" (_dummy)); \
     _dummy; \
})
```

这种形式看起来比较陌生,因为这不是标准 C 所定义的形式,而是 GCC 对 C 语言的扩充。其中_dummy 为 C 函数所定义的变量;关键词_asm_表示汇编代码的开始。括弧中第一个引号中为汇编指令 movl,紧接着有一个冒号,这种形式的代码阅读起来比较复杂。

一般而言,嵌入式汇编语言片段比单纯的汇编语言代码要复杂得多,因为这里存在怎样分配和使用寄存器,以及把 C 代码中的变量应该存放在哪个寄存器中的问题。为了达到这个目的,就必须对一般的 C 语言进行扩充,增加对编译器的指导作用,因此,嵌入式汇编看起来晦涩难懂。

1. 嵌入式汇编的一般形式

```
_asm_ _volatile_ ("<asm routine>" :output : input : modify);
```

其中,_asm_表示汇编代码的开始,其后可以跟_volatile_(这是可选项),其含义是避免 asm 指令被删除、移动或组合;然后就是小括弧,括弧中的内容是介绍的重点。

(1) "<asm routine>"为汇编指令部分,例如,"movl %%cr0,%0\n\t"。数字前加前缀"%",如%1,%2 等表示使用寄存器的样板操作数。可以使用的操作数总数取决于具体 CPU 中通用寄存器的数量,如 Intel 可以有 8 个。指令中有几个操作数,就说明有几个变量需要与寄存器结合,由 GCC 在编译时根据后面输出部分和输入部分的约束条件进行相应的处理。由于这些样板操作数的前缀使用了"%",因此,在用到具体的寄存器时就在前面加两个"%",如%%cr0。

(2) 输出部分(Output),用于规定输出变量(目标操作数)如何与寄存器结合的约束(Constraint),输出部分可以有多个约束,以逗号分开。每个约束以"="开头,接着用一个字母来表示操作数的类型,然后是关于变量结合的约束。例如,在上例中:

```
:" = r" (_dummy)
```

"=r"表示相应的目标操作数(指令部分的%0)可以使用任何一个通用寄存器,并且变量_dummy 存放在这个寄存器中,但如果是:

```
: " = m"(_dummy)
```

"=m"就表示相应的目标操作数是存放在内存单元_dummy 中。

表示约束条件的字母很多,表 2.4 给出了几个主要的约束字母及其含义。

表 2.4 主要的约束字母及其含义

字母	含义
m, v,o	表示内存单元
R	表示任何通用寄存器
Q	表示寄存器 EAX、EBX、ECX、EDX 之一
I, h	表示直接操作数
E, F	表示浮点数
G	表示"任意"
a, b. c d	表示要求使用寄存器 EAX/AX/AL、EBX/BX/BL、ECX/CX/CL 或 EDX/DX/DL
S, D	表示要求使用寄存器 ESI 或 EDI
I	表示常数(0~31)

(3) 输入部分(Input):输入部分与输出部分相似,但没有"="。如果输入部分一个操作数所要求使用的寄存器,与前面输出部分某个约束所要求的是同一个寄存器,那就把对应操作数的编号(如"1","2"等)放在约束条件中,在后面的例子中,会看到这种情况。

(4) 修改部分(Modify):这部分常常以 memory 为约束条件,以表示操作完成后内存中的内容已有改变,如果原来某个寄存器的内容来自内存,那么现在内存中这个单元的内容已经改变了。

注意,指令部分为必选项,而输入部分、输出部分及修改部分为可选项,当输入部分存在,而输出部分不存在时,冒号“:”要保留。当 memory 存在时,三个分号都要保留。例如 system.h 中的宏定义_cli():

```
#define _cli()     _asm_ _volatile_("cli": : :"memory")
```

2. Linux 源代码中嵌入式汇编举例

Linux 源代码中,在 arch 目录下的.h 和.c 文件中,很多文件都涉及嵌入式汇编,下面以 system.h 中的 C 函数为例,说明嵌入式汇编的应用。

(1) 简单应用

```
#define _save_flags(x)  _asm_ _volatile_("pushfl ; popl %0":"=g" (x): /* no input */)
#define _restore_flags(x)  _asm_ _volatile_("pushl %0 ; popfl": /* no output */
                                    :"g" (x):"memory", "cc")
```

第一个宏是保存标志寄存器的值,第二个宏是恢复标志寄存器的值。第一个宏中的 pushfl 指令是把标志寄存器的值压栈。而 popl 是把栈顶的值(刚压入栈的 flags)弹出到 x 变量中,这个变量可以存放在一个寄存器或内存中。这样,读者可以很容易地读懂第二个宏。

(2) 较复杂应用

```
static inline unsigned long get_limit(unsigned long segment)
{
        unsigned long _limit;
        _asm_("lsll %1,%0"
                :"=r" (_limit):"r" (segment));
        return _limit+1;
}
```

这是一个设置段界限的函数,汇编代码段中的输出参数为_limit(即%0),输入参数为 segment(即%1)。lsll 是加载段界限的指令,即把 segment 段描述符中的段界限字段装入某个寄存器(这个寄存器与_limit 结合)中,函数返回_limit 加 1,即段长。

(3) 复杂应用

在 Linux 内核代码中,有关字符串操作的函数都是通过嵌入式汇编完成的,因为内核及用户程序对字符串函数的调用非常频繁,因此,用汇编代码实现主要是为了提高效率(当然是以牺牲可读性和可维护性为代价的)。在此,仅列举一个字符串比较函数 strcmp,其代码在 arch/i386/string.h 中。

```
static inline int strcmp(const char * cs,const char * ct)
{
int d0, d1;
register int _res;
_asm_ _volatile_(
        "1:\tlodsb\n\t"
```

```
            "scasb\n\t"
            "jne 2f\n\t"
            "testb %%al, %%al\n\t"
            "jne 1b\n\t"
            "xorl %%eax, %%eax\n\t"
            "jmp 3f\n"
            "2:\tsbbl %%eax, %%eax\n\t"
            "orb $1, %%al\n"
            "3:"
            :"=a" (_res), "=&S" (d0), "=&D" (d1)
                        :"1" (cs),"2" (ct));
    return _res;
    }
```

其中的\n是换行符,\t是Tab符,在每条命令结束时加上这两个符号,是为了让GCC把嵌入式汇编代码翻译成一般的汇编代码时能够保证换行和留有一定的空格。例如,上面的嵌入式汇编会被翻译成:

```
1:    lodsb            //装入串操作数,即从[esi]传送到AL寄存器,然后ESI指向串中下一个元素
      scasb            //扫描串操作数,即从AL中减去es:[EDI],不保留结果,只改变标志
      jne2f            //如果两个字符不相等,则转到标号2
      testb %al   %al
      jne 1b
      xorl %eax %eax
      jmp 3f
2:    sbbl %eax %eax
      orb $1 %al
3:
```

这段代码看起来非常熟悉,读起来也不困难。其中1f表示往前(Forward)找到第一个标号为1的那一行,相应地,1b表示往后找。其中嵌入式汇编代码中输出和输入部分的结合情况为:

- 返回值_res,放在AL寄存器中,与%0相结合;
- 局部变量d0,与%1相结合,也与输入部分的cs参数相对应,也存放在寄存器ESI中,即ESI中存放源字符串的起始地址;
- 局部变量d1,与%2相结合,也与输入部分的ct参数相对应,也存放在寄存器EDI中,即EDI中存放目的字符串的起始地址。

通过对这段代码的分析我们应当体会到,万变不离其宗,嵌入式汇编与一般汇编的区别仅仅是形式,本质依然不变。

2.6 Linux系统地址映射举例

Linux采用分页存储管理。虚拟地址空间划分成固定大小的“页”,由MMU在运行时将虚拟地址映射(变换)成某个物理页面中的地址。从80x86系列的历史演变过程可知,分段管理在分页管理之前出现,因此,80x86的MMU对程序中的虚拟地址先进行段式映射(虚拟地址转换为线性地址),然后才能进行页式映射(线性地址转换为物理地址)。既然硬

件结构是这样设计的，Linux 内核在设计时只好服从这种选择，只不过，Linux 巧妙地使段式映射实际上不起什么作用。

本节通过一个程序的执行来说明地址的映射过程。

假定有一个简单的 C 程序 hello.c

```
# include <stdio.h>
greeting ()
{
        printf("Hello,world!\n");
}
main()
 {
      greeting();
 }
```

之所以把这样简单的程序写成两个函数，是为了说明指令的转移过程。可用 GCC 和 ld 对其进行编译和连接，得到可执行代码 hello。然后，用 Linux 的实用程序 objdump 对其进行反汇编：

```
% objdump - d hello
```

得到的主要片段为：

```
08048568 <greeting>:
8048568:     pushl    %ebp
8048569:     movl     %esp, %ebp
804856b:     pushl    $0x809404
8048570:     call     8048474  <_init+0x84>
8048575:     addl     $0x4, %esp
8048578:     leave
8048579:     ret
804857a:     movl     %esi, %esi
0804857c <main>:
804857c:     pushl    %ebp
804857d:     movl     %esp, %ebp
804857f:     call     8048568  <greeting>
8048584:     leave
8048585:     ret
8048586:     nop
8048587:     nop
```

最左边的数字是连接程序 ld 分配给每条指令或标识符的虚拟地址，其中分配给 greeting()这个函数的起始地址为 0x08048568。Linux 最常见的可执行文件格式为 ELF（Executable and Linkable Format）。在 ELF 格式的可执行代码中，ld 总是从 0x8000000 开始安排程序的“代码段”，对每个程序都是这样。至于程序执行时在物理内存中的实际地址，则由内核为其建立内存映射时临时分配，具体地址取决于当时所分配的物理内存页面。

假定该程序已经开始运行，整个映射机制都已经建好，并且 CPU 正在执行 main()中的“call 08048568”这条指令，于是转移到虚地址 0x08048568。Linux 内核设计的段式映射机制把这个地址原封不动地映射为线性地址，接着就进入页式映射过程。

每当调度程序选择一个进程运行时，内核就要为即将运行的进程设置好控制寄存器CR3，而MMU的硬件总是从CR3中取得指向当前页目录的指针。

当程序转移到地址0x08048568时，进程正在运行中，CR3指向这个进程的页目录。根据线性地址0x08048568最高10位，就可以找到相应的目录项。把08048568按二进制展开：

```
0000 1000 0000 0100 1000 0101 0110 1000
```

最高10位为0000 1000 00，即十进制32，这样以32为下标在页目录中找到其目录项。这个目录项中的高20位指向一个页表，CPU在这20位后填12个0就得到该页表的物理地址。

找到页表之后，CPU再来找线性地址的中间10位，为0001001000，即十进制72，于是CPU就以此为下标在页表中找到相应的页表项，取出其高20位，假定为0x840，然后与线性地址的最低12位0x568拼接起来，就得到greeting()函数的入口物理地址为0x840568，greeting()的执行代码就存储在这里。

2.7 小结

本章从寻址方式的演变入手，给出与操作系统设计密切相关的概念，比如，实模式、保护模式、各种寄存器、物理地址、虚拟地址以及线性地址等。然后对保护模式的分段机制和分页机制给予简要描述，并从Linux设计的角度分析了这些机制的具体落实。接着介绍了Linux中的汇编以及嵌入式汇编，最后给出了Linux系统的地址映射示例。在第2章引入内存寻址的根本目的，就是介绍操作系统如何借助硬件把虚地址转化为物理地址。

习题

1. Intel微处理器从4位、8位、16位到32位的演变过程中，什么起了决定作用？其演变过程继承了什么？同时又突破了什么？

2. 在80x86的寄存器中，哪些寄存器供一般用户使用？哪些寄存器只能被操作系统使用？

3. 什么是物理地址？什么是虚地址？什么又是线性地址？举例说明。

4. 在保护模式下，MMU如何把一个虚地址转换为物理地址？

5. 请用C语言描述段描述符表。

6. 为什么把80x86下的段寄存器叫作段选择符？

7. 保护模式主要保护什么？通过什么进行保护？

8. Linux是如何利用段机制又巧妙地绕过段机制的？在内核代码中如何表示各种段，查找最新源代码并进行阅读和分析。

9. 页的大小是由硬件设计者决定还是操作系统设计者决定？过大或过小会带来什么问题？

10. 为什么对32位线性地址空间要采用两级页表？

11. 编写程序，模拟页表的初始化。

12. 为什么在设计两级页表的线性地址结构时，给页目录和页表各分配10位？如果不是这样，举例说明会产生什么样的结果？

13. 页表项属性中各个位的定义是由硬件设计者决定还是操作系统设计者决定？如何通过页表项的属性对页表及页中的数据进行保护？

14. 深入理解图2.12，并结合图叙述线性地址到物理地址的转换。

15. 假定一个进程分配的线性地址范围为0x00e80000～0xc0000000，又假定这个进程要读取线性地址0x00faf000中的内容，试按分页原理描述其处理过程。

16. 页面高速缓存起什么作用？如何置换其中的内容，以使其命中率尽可能高？

17. Linux为什么主要采用分页机制来实现虚拟存储管理？它为什么采用三级分页而不是两级？

18. Intel的汇编语言与AT&T的汇编语言有何主要区别？

19. 分析源代码文件system.h中read_cr3()函数和string_32.h中的memcpy()函数。

第3章 进程

计算机系统中CPU个数少，多个程序在执行时都想占有它并独自在上面运行，但CPU本身并没有分身术，因此互不相让的程序之间可能会厮打起来。作为管理者的操作系统，决不能袖手旁观。于是，操作系统的设计者发明了进程这一概念。

3.1 进程介绍

现在所有计算机都能同时做几件事情。例如，用户一边运行浏览器程序上网浏览信息，一边运行字处理程序编辑文档。在一个多程序系统中，CPU由这道程序向那道程序切换，使每道程序运行几十毫秒或几百毫秒。然而严格地说，在一个瞬间，CPU只能运行一道程序。但在一段时期内，它却可能轮流运行多个程序，这样就给用户一种并行的错觉。有时人们称其为伪并行——就是指CPU在多道程序之间快速地切换，以此来区分它与多处理机(两个或更多的CPU共享物理存储器)系统是真正的硬件在并行。由于人们很难对多个并行的活动进行跟踪。因此，经过多年的探索，操作系统的设计者抽象出了进程这样一个逻辑概念，使得并行更容易被理解和处理。

3.1.1 程序和进程

程序是一个普通文件，是机器代码指令和数据的集合，这些指令和数据存储在磁盘上的一个可执行映像(Executable Image)中。所谓可执行映像就是一个可执行文件的内容，例如，我们编写了一个C语言源程序，最终这个源程序要经过编译、连接成为一个可执行文件后才能运行。源程序中要定义许多变量，在可执行文件中，这些变量就组成了数据段的一部分；源程序中的许多语句，例如"i＋＋; for (i＝0;i＜10;i＋＋) "等，在可执行文件中，它们对应着许多不同的机器代码指令，这些机器代码指令经CPU执行后，就完成了我们所期望的工作。可以这么说，程序代表我们期望完成某工作的计划和步骤，它还浮在纸面上，等待具体实现。而具体的实现过程就是由进程来完成的，可以认为进程是运行中的程序，它除了包含程序中的所有内容外，还包含一些额外的数据。

我们知道，程序装入内存后才得以运行。在程序计数器的控制下，指令被不断地从内存取至CPU中运行。实际上，程序的执行过程可以说是一个执行环境的总和，这个执行环境除了包括程序中各种指令和数据外，还有一些额外数据，比如寄存器的值、用来保存临时数据(例如传递给某个函数的参数、函数的返回地址、保存的临时变量等)的堆栈、被打开的文件及输入/输出设备的状态等。上述执行环境的动态变化表征了程序的运行。为了对这个动态变化的过程进行描述,程序这个概念已经远远不够,于是就引入了“进程”的概念。进程代表程序的执行过程,它是一个动态的实体,随着程序中指令的执行而不断地变化。在某个时刻进程的内容被称为进程映像(Process Image)。

Linux 是多任务操作系统,也就是说可以有多个程序同时装入内存并运行,操作系统为每个程序建立一个运行环境即创建进程。从逻辑上说,每个进程都拥有它自己的虚拟 CPU。当然,实际上真正的 CPU 在各进程之间来回切换。但如果为了想研究这种系统而去跟踪 CPU 如何在程序间来回切换将会是一件相当复杂的事情。于是换个角度,集中考虑在(伪)并行情况下运行的进程集就使问题变得简单、清晰得多。这种快速的切换称作多道程序执行。在一些 UNIX 书籍中,又把“进程切换”(Process Switching)称为“环境切换”或“上下文切换”(Context Switching)。这里“进程的上下文”就是指进程的执行环境。

进程运行过程中,还需要其他一些系统资源,例如,要用 CPU 来运行它的指令、要用系统的物理内存来容纳进程本身以及和它有关的数据、要在文件系统中打开和使用文件、并且可以直接或间接的使用系统的物理设备,例如打印机、扫描仪等。由于这些系统资源是由所有进程共享的,所以操作系统必须监视进程和它所拥有的系统资源,使它们可以公平地拥有系统资源以得到运行。

由此,本文给出进程的明确定义:所谓进程是由正文段(Text)、用户数据段(User Segment)以及系统数据段(System Segment)共同组成的一个执行环境,如图 3.1 所示。

(1) 正文段:存放被执行的机器指令。这个段是只读的,它允许系统中正在运行的两个或多个进程之间能够共享这一代码。例如,有几个用户都在使用文本编辑器,在内存中仅需要该程序指令的一个副本,他们全都共享这一副本。

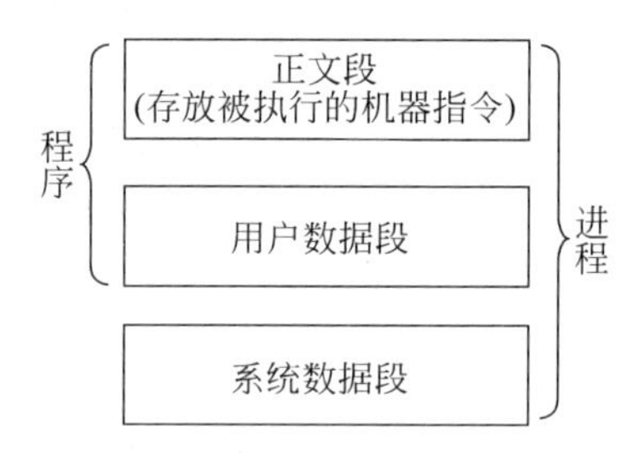

图 3.1 进程的组成

(2) 用户数据段:存放进程在执行时直接进行操作的所有数据,包括进程使用的全部变量在内。显然,这里包含的信息可以被改变。虽然进程之间可以共享正文段,但是每个进程需要有它自己的专用用户数据段。例如同时编辑文本的用户,虽然运行着同样的程序——编辑器,但是每个用户都有不同的数据,如正在编辑的文本。

(3) 系统数据段:该段有效地存放程序运行的环境。事实上,这正是程序和进程的区别所在。如前所述,程序是由一组指令和数据组成的静态事物,它们是进程最初使用的正文段和用户数据段。作为动态事物,进程是正文段、用户数据段和系统数据段的信息的交叉综合体,其中系统数据段是进程实体最重要的一部分。之所以说它有效地存放程序运行的环境,是因为这一部分存放有进程的控制信息。系统中有许多进程,操作系统要管理它们、调度它们运行,就是通过这些控制信息。Linux 为每个进程建立了 task_struct 数据结构来容纳这些控制信息。

假设有三道程序 A,B,C 在系统中运行。程序一旦运行起来,就称它为进程,因此称它们为三个进程 Pa,Pb,Pc。假定进程 Pa 执行到一条输入语句,因为这时要从外设读入数据,于是进程 Pa 主动放弃 CPU。此时操作系统中的调度程序就要选择一个进程投入运行,假设选中 Pc,就会发生进程切换,从 Pa 切换到 Pc。同理,在某个时刻可能切换到进程 Pb。从某一时间段看，三个进程在同时执行，从某一时刻看，只有一个进程在运行，我们把这几个进程的伪并行执行叫做进程的并发执行。

在 Linux 系统中还可以使用 ps 命令来查看当前系统中的进程和进程的一些相关信息。使用这个命令可以查看系统中所有进程的状态。该命令可以确定有哪些进程正在运行和运行的状态、进程是否结束、进程有没有僵死、哪些进程占用了过多的资源等。例如：ps －e

```
$ ps -e
  PID  TTY          TIME       CMD
    1  ?            00:00:00   init
    2  ?            00:00:00   kthreadd
 2102  ?            00:04:04   firefox-bin
 2206  pts/0        00:00:00   bash
 2211  pts/0        00:00:05   fcitx
 2809  ?            00:00:01   stardict
 3317  ?            00:00:05   qq
 ⋮
```

这里只是截取了部分进程和部分信息，即进程的进程号、进程相关的终端(? 表示进程不需要终端)、进程已经占用 CPU 的时间和启动进程的程序名。在后面的学习中还要使用这个命令来查看进程的其他信息。

3.1.2　进程的层次结构

进程是一个动态的实体，它具有生命周期，系统中进程的生死随时发生。因此，对操作系统中进程的描述模仿人类的活动。一个进程不会平白无故的诞生，它总会有自己的父母。在 Linux 中，通过调用 fork 系统调用来创建一个新的进程。新创建的子进程同样也能执行 fork，所以，有可能形成一棵完整的进程树。注意，每个进程只有一个父进程，但可以有 0 个、1 个、2 个或多个子进程。

从身边的例子体验进程树的诞生，比如 Linux 的启动。Linux 在启动时就创建一个称为 init 的特殊进程。顾名思义，它是起始进程，是祖先，以后诞生的所有进程都是它的后代——或是它的儿子，或是它的孙子。init 进程为每个终端(TTY)创建一个新的管理进程，这些进程在终端上等待着用户的登录。当用户正确登录后，系统再为每一个用户启动一个 shell 进程，由 shell 进程等待并接收用户输入的命令信息，图 3.2 是一棵进程树。

此外，init 进程还负责管理系统中的“孤儿”进程。如果某个进程创建子进程之后就终止，而子进程还“活着”，则子进程成为孤儿进程。init 进程负责“收养”该进程，即孤儿进程会立即成为 init 进程的儿子，也就说，init 进程承担着养父的角色。这是为了保持进程树的完整性。

在 Linux 系统中可以使用 pstree 命令来查看系统中的树状结构；pstree 将所有进程显示为树状结构，以清楚地表达程序间的相互关系。从该命令的显示结果可以看到，init 进程是系统中唯一一个没有父进程的进程，它是系统中的第一个进程，其他进程都是由它和它的子进程产生的。

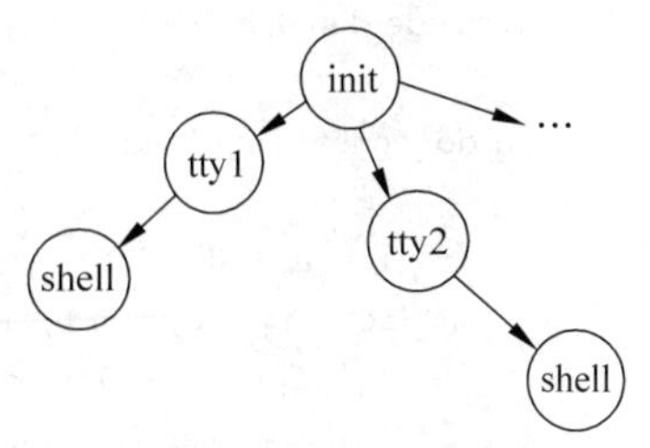

图 3.2　进程树

另外 ps 命令也可以显示进程的树状结构，例如：

```
$ps -elH
```

3.1.3 进程状态

为了对进程从产生到消亡的这个动态变化过程进行捕获和描述，就需要定义进程各种状态并制定相应的状态转换策略，以此来控制进程的运行。

因为不同的操作系统对进程的管理方式和对进程的状态解释可以不同，所以不同的操作系统中描述进程状态的数量和命名也会有所不同，但最基本的进程状态有以下三种：

(1) 运行态：进程占有 CPU，并在 CPU 上运行。

(2) 就绪态：进程已经具备运行条件，但由于 CPU 忙而暂时不能运行。

(3) 阻塞态(或等待态)：进程因等待某种事件的发生而暂时不能运行(即使 CPU 空闲，进程也不可运行)。

进程在生命周期内处于且仅处于三种基本状态之一，如图 3.3 所示。

这三种状态之间有以下 4 种可能的转换关系。

(1) 运行态→阻塞态：进程发现它不能运行下去时发生这种转换。这是因为进程发生 I/O 请求或等待某件事情。

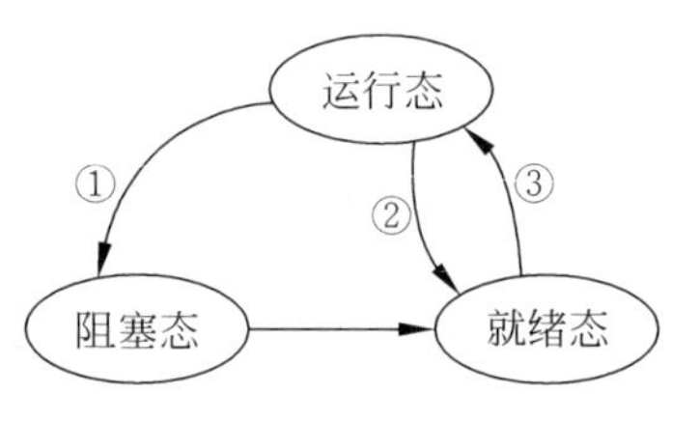

图 3.3 进程的状态及其转换

(2) 运行态→就绪态：在系统认为运行进程占用 CPU 的时间已经过长，决定让其他进程占用 CPU 时发生这种转换。这是由调度程序引起的。调度程序是操作系统的一部分，进程甚至感觉不到它的存在。

(3) 就绪态→运行态：运行进程已经用完分给它的 CPU 时间，调度程序从处于就绪态的进程中选择一个投入运行。

(4) 阻塞态→就绪态：当一个进程等待的一个外部事件发生时(例如输入数据到达)，则发生这种转换。如果这时没有其他进程运行，则转换(3)立即被触发，该进程便开始运行。

3.1.4 进程举例

Linux 系统中，用户在程序中可以通过调用 fork 系统调用来创建进程。调用进程叫父进程(Parent)，被创建的进程叫子进程(Child)。现在举一个简单的 C 程序 forktest.c，说明进程的创建及进程的并发执行。

```
#include <sys/types.h>        /* 提供类型 pid_t 的定义,在 PC 上与 int 型相同 */
#include <unistd.h>           /* 提供系统调用的定义 */
#include <stdio.h>            /* 提供基本输入输出函数,如 printf */

void do_something(long t)
{
        int i = 0;
        for (i = 0; i < t; i++)
            for (i = 0; i < t; i++)
                for (i = 0; i < t; i++)
                        ;
```

```
}
int main()
{
    pid_t pid;

    /* 此时仅有一个进程 */
    printf("PID before fork(): %d\n", getpid());
    pid = fork();

    /* 此时已经有两个进程在同时运行 */
    pid_t npid = getpid();
    if (pid < 0 )
        perror("fork error\n");
    else if (pid == 0) { /* pid == 0 表示子进程 */
        while (1) {
            printf("I am child process, PID is %d\n", npid);
            do_something(10000000);
        }
    } else if (pid >= 0) { /* pid > 0 表示父进程 */
        while (1) {
            printf("I am father process, PID is %d\n", npid);
            do_something(10000000);
        }
    }
    return 0;
}
```

在 Linux 上运行的每个进程都有一个唯一的进程标识符 PID(Process Identifier)。从进程 ID 的名字就可以看出，它就是进程的身份证号码。每个人的身份证号码都不会相同，每个进程的进程 ID 也不会相同。系统调用 getpid()就是获得进程标识符。pid_t 是用于定义进程 PID 的一个类型，而实际上就是 int 型。

先来编译并运行这个程序：

```
$ ./fork_test
PID before fork():3991
I am child process, PID is 3992
I am child process, PID is 3992
I am father process, PID is 3991
I am child process, PID is 3992
I am father process, PID is 3991
I am child process, PID is 3992
…
```

可以看到这里输出了“child process”和“father process”，它们的 PID 是不一样的，而且是在“不规则”的交替出现。这其实这就是进程的创建和并发执行了。

从概念上讲，fork()就像细胞的裂变，调用 fork()的进程就是父进程，而新裂变出的进程就是子进程。新创建的进程与父进程几乎完全相同，只有少量属性必须不同，例如，每个进程的 PID 必须是唯一的。调用 fork()后，子进程被创建，此时父进程和子进程都从这个系统调用内部继续运行。为了区分父进程和子进程，fork()给两个进程返回不同的值。对父进程,fork()返回新创建子进程的进程标识符(PID),而对子进程,fork()返回值为0,这一概念表示在图3.4中。

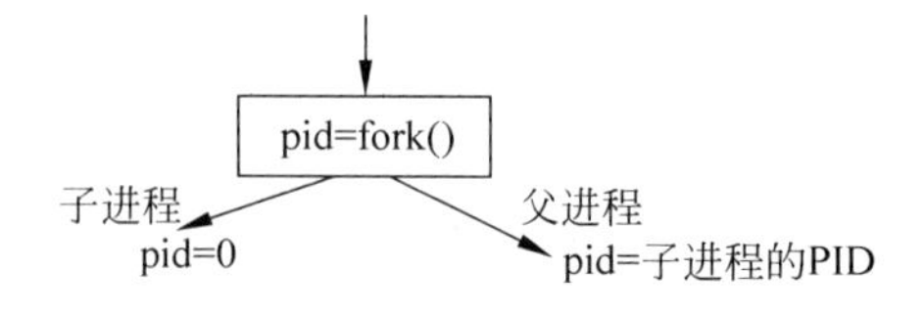

图3.4 fork()产生子进程

当上面那个程序运行时,它会不断地输出信息。第一行将显示fork()被执行前进程的PID,其余的输出行将在fork()执行后由父进程和子进程产生,也就是说,当执行到fork()这个系统调用时,一个进程裂变为两个进程,这两个进程并发执行,到底哪个进程先执行,在这里没有控制,不过,系统一般默认子进程先执行。

再输入ps命令查看一下目前系统中进程的状态和关系:

```
$ ps lf
  UID   PID  PPID PRI  NI  STAT  TTY   TIME  COMMAND
 1000  3836  2204  20   0   Ss  pts/2    0:00 bash
 1000  4008  3836  20   0   R+   pts/2    0:00  \_ ps lf
 1000  2206  2204  20   0   Ss  pts/0    0:00 bash
 1000  3391  2206  20   0   R+   pts/0    0:00  \_ ./fork_test
 1000  3392  3391  20   0   R+   pts/0    0:00      \_ ./fork_test
…
```

为了清晰起见,删除了部分列。这里主要说明其中的PID和PPID列,它们分别表示本进程的PID和父进程的PID。可以看到PID为3391的fork_test和PID为3392的fork_test,尽管名字相同,因PID不同实际上是两个不同的进程。3391的父进程是PID为2206的bash进程,3392的父进程就是3391.

通过这个简单的例子可以使读者对进程有初步的认识,尤其是初步感受一下进程的并发执行。对这个例子的进一步理解请看3.6节。

3.2 Linux系统中的进程控制块

操作系统为了对进程进行管理,就必须对每个进程在其生命周期内涉及的所有事情进行全面的描述。例如,进程当前处于什么状态,它的优先级是什么,它是正在CPU上运行还是因某些事件而被阻塞,给它分配了什么样的地址空间,允许它访问哪个文件等。所有这些信息在内核中可以用一个结构体来描述——Linux中把对进程的描述结构叫做task_struct:

```
struct task_struct {
  …
  …
  };
```

传统上,这样的数据结构被叫做进程控制块PCB(Process Control Block)。Linux中

PCB是一个相当庞大的结构体，将它的所有域按其功能可分为以下几类。

(1) 状态信息——描述进程动态的变化，如就绪态、等待态、僵死态等。

(2) 链接信息——描述进程的亲属关系，如祖父进程、父进程、养父进程、子进程、兄进程、孙进程等。

(3) 各种标识符——用简单数字对进程进行标识，如进程标识符、用户标识符等。

(4) 进程间通信信息——描述多个进程在同一任务上协作工作，如管道、消息队列、共享内存、套接字等。

(5) 时间和定时器信息——描述进程在生存周期内使用CPU时间的统计、计费等信息。

(6) 调度信息——描述进程优先级、调度策略等信息，如静态优先级、动态优先级、时间片轮转、高优先级以及多级反馈队列等的调度策略。

(7) 文件系统信息——对进程使用文件情况进行记录，如文件描述符、系统打开文件表、用户打开文件表等。

(8) 虚拟内存信息——描述每个进程拥有的地址空间，也就是进程编译连接后形成的空间。

(9) 处理器环境信息——描述进程的执行环境(处理器的各种寄存器及堆栈等)，这是体现进程动态变化最主要的场景。

在进程的整个生命周期中，系统(也就是内核)总是通过PCB对进程进行控制的，也就是说，系统是根据进程的PCB感知进程的存在的。例如，当内核要调度某进程执行时，要从该进程的PCB中查出其运行状态和优先级；在某进程被选中投入运行时，要从其PCB中取出其处理机环境信息，恢复其运行现场；进程在执行过程中，当需要和与之合作的进程实现同步、通信或访问文件时，也要访问PCB；当进程因某种原因而暂停执行时，又需将其断点的处理机环境保存在PCB中。所以说，PCB是进程存在和运行的唯一标志。

当系统创建一个新的进程时，就为它建立了一个PCB；进程结束时又收回其PCB，进程随之也消亡。PCB是内核中被频繁读写的数据结构，故应常驻内存。

进程的另外一个名字是任务(Task)。Linux内核通常把进程也叫任务，在本书中交替使用这两个术语。另外，在Linux内核中，对进程和线程也不做明显的区别，也就是说，进程和线程的实现采取了同样的方式。

下面主要讨论PCB中进程的状态、标识符和进程间的父子关系。

3.2.1 进程状态

从操作系统的原理知道，进程一般有三种基本状态——执行态、就绪态和等待态，但是在具体操作系统的实现中，设计者根据具体需要可以设置不同的状态。在Linux的设计中，考虑到任一时刻在CPU上运行的进程最多只有一个，而准备运行的进程可能有若干个，为了管理上的方便，把就绪态和运行态合并为一个状态叫就绪态，这样系统把处于就绪态的进程放在一个队列中，调度程序从这个队列中选中一个进程投入运行。而等待态又被划分为两种，除此之外，还有暂停状态和僵死状态，这几个主要状态描述如下。

(1) 就绪态(TASK_RUNNING)：正在运行或准备运行，处于这个状态的所有进程组成就绪队列。

(2) 睡眠(或等待)态：分为浅度睡眠态和深度睡眠态。

① 浅度睡眠态(TASK_INTERRUPTIBLE)：进程正在睡眠(被阻塞)，等待资源有效时被唤醒，不仅如此，也可以由其他进程通过信号[①]或时钟中断唤醒。

② 深度睡眠态(TASK_UNINTERRUPTIBLE)：与前一个状态类似，但其他进程发来的信号和时钟中断并不能打断它的熟睡。

(3) 暂停状态(TASK_STOPPED)：进程暂停执行，比如，当进程接收到如下信号后，进入暂停状态。

① SIGSTOP——停止进程执行。

② SIGTSTP——从终端发来信号停止进程。

③ SIGTTIN——来自键盘的中断。

④ SIGTTOU——后台进程请求输出。

(4) 僵死状态(TASK_ZOMBIE)：进程执行结束但尚未消亡的一种状态。此时，进程已经结束且释放大部分资源，但尚未释放其 PCB。

图 3.5 给出了 Linux 进程状态的转换及其所调用的内核函数。

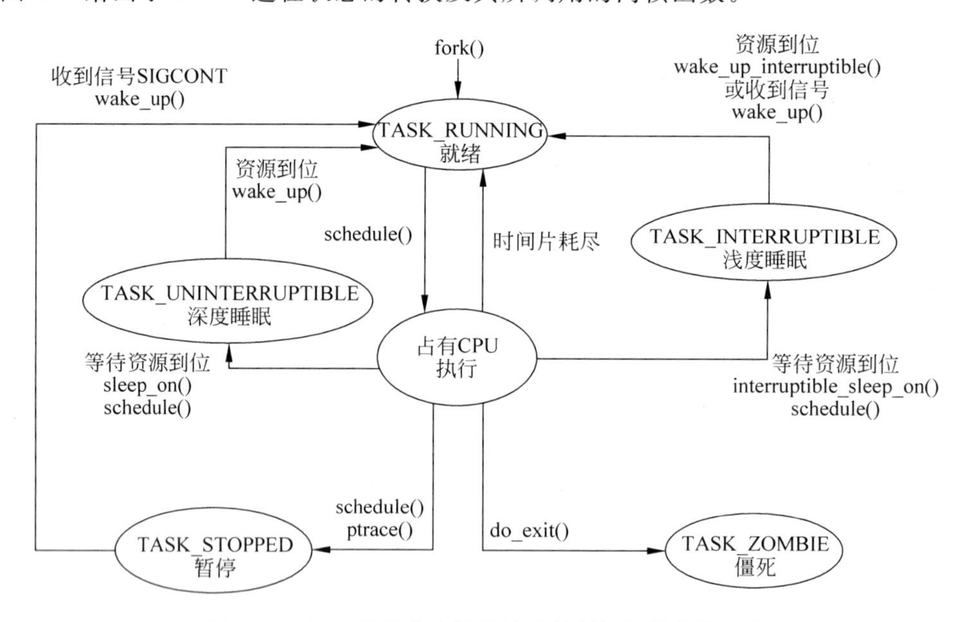

图 3.5 Linux 进程状态的转换及其所调用的内核函数

如图 3.5 所示，通过 fork()创建的进程处于就绪状态，其 PCB 进入就绪队列。如果调度程序 schedule()运行，则从就绪队列中选择一进程投入运行而占有 CPU。在进程执行的过程中，因为输入/输出等原因调用 interruptible_sleep_on()或者 sleep_on()，则进程进入浅度睡眠或者深度睡眠。由于进程进入睡眠状态放弃 CPU，因此调用调度程序 schedule()重新从就绪队列中调用一个进程运行。以此类推，读者可以自己理解图 3.5 中调用其他函数的意义。

在 task_struct 结构中(定义为 shed.h)，状态域定义为：

① 信号是一个很短的信息，通常用来通知进程产生了异步事件。

```
struct tast_struct{
  volatile long state;     /* -1 unrunnable, 0 runnable, >0 stopped */
  …
  };
```

其中 volatile 是一种类型修饰符,它告诉编译程序不必优化,从内存读取数据而不是寄存器,以确保状态的变化能及时地反映出来。

对每个具体的状态赋予一个常量,有些状态是在新的内核中增加的:

```
#define TASK_RUNNING            0
#define TASK_INTERRUPTIBLE      1
#define TASK_UNINTERRUPTIBLE    2
#define __TASK_STOPPED          4
#define __TASK_TRACED           8     /* 由调试程序暂停进程的执行 */
/* in tsk->exit_state */
#define EXIT_ZOMBIE             16
#define EXIT_DEAD               32    /* 最终状态,进程将被彻底删除,但需要父进程来回收 */
/* in tsk->state again */
#define TASK_DEAD               64    /* 与 EXIT_DEAD 类似,但不需要父进程回收 */
#define TASK_WAKEKILL           128   /* 接收到致命信号时唤醒进程,即使深度睡眠 */
```

也可以使用 ps 命令查看进程的状态。

3.2.2 进程标识符

每个进程都有进程标识符、用户标识符、组标识符。

不管对内核还是普通用户来说,怎么用一种简单的方式识别不同的进程呢?这就引入了进程标识符(PID),每个进程都有一个唯一的标识符,内核通过这个标识符来识别不同的进程,同时,进程标识符 PID 也是内核提供给用户程序的接口,用户程序通过 PID 对进程发号施令。PID 是 32 位的无符号整数,它被顺序编号:新创建进程的 PID 通常是前一个进程的 PID 加 1。在 Linux 上允许的最大 PID 号是由变量 pid_max 来指定,可以在内核编译的配置界面里配置 0x1000 和 0x8000 两种值,即在 4096 以内或是 32 768 以内。当内核在系统中创建进程的 PID 大于这个值时,就必须重新开始使用已闲置的 PID 号。

```
#define PID_MAX_DEFAULT (CONFIG_BASE_SMALL ? 0x1000 : 0x8000)
int pid_max = PID_MAX_DEFAULT;
```

这个最大值很重要,因为它实际上就是系统中允许同时存在的进程的最大数目。尽管最大值对于一般的桌面系统足够用了,但是大型服务器可能需要更多进程。这个值越小,转一圈就越快。如果确实需要,可以不考虑与老式系统的兼容,由系统管理员通过修改/proc/sys/kernel/pid_max 来提高上限。可以通过 cat 命令查看系统 pid_max 的值。

```
$ cat /proc/sys/kernel/pid_max
$ 32768
```

另外,每个进程都属于某个用户组。task_struct 结构中定义有用户标识符 UID(User Identifier)和组标识符 GID(Group Identifier)。它们同样是简单的数字,这两种标识符用于系统的安全控制。系统通过这两种标识符控制进程对系统中文件和设备的访问。

3.2.3 进程之间的亲属关系

系统创建的进程具有父子关系。因为一个进程能创建几个子进程,所以子进程之间有兄弟关系。在PCB中引入几个域来表示这些关系。如前所述,进程1(init)是所有进程的祖先,系统中的进程形成一棵进程树。为了描述进程之间的父子及兄弟关系,在进程的PCB中就要引入几个域。假设P表示一个进程,首先要有一个域描述它的父进程;其次,有一个域描述P的子进程,因为子进程不止一个,因此让这个域指向年龄最小的子进程;最后,P可能有兄弟,于是用一个域描述P的长兄进程(Old Sibling),一个域描述P的弟进程(Younger Sibling)。

通过上面对进程状态、标识符及亲属关系的介绍,我们可以把这些域描述如下:

```
struct task_struct{
    volatile long state;                    /* 进程状态 */
    int pid,uid,gid;                        /* 一些标识符 */
    struct task_struct * real_parent;       /* 真正创建当前进程的进程,相当于亲生父亲 */
    struct task_struct * parent;            /* 相当于养父 */
    struct list_head children;              /* 子进程链表 */
    struct list_head sibling;               /* 兄弟进程链表 */
    struct task_struct * group_leader;      /* 线程组的头进程 */
    …
    };
```

这里说明一点,一个进程可能有两个父亲,一个为亲生父亲,一个为养父。因为父进程有可能在子进程之前销毁,就得给子进程重新找个养父,但大多数情况下,生父和养父是相同的,如图3.6所示。

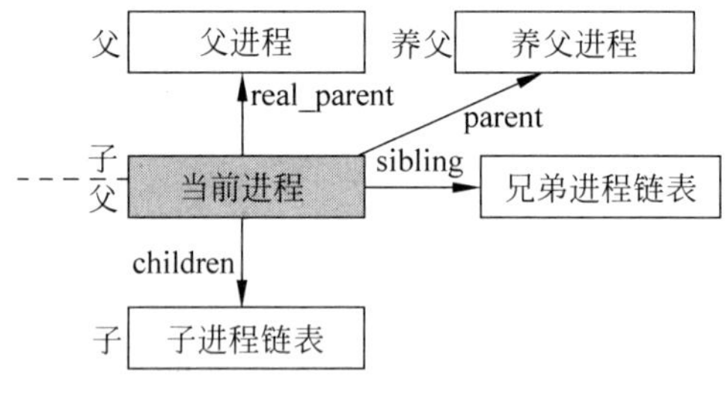

图3.6 Linux父子进程之间关系图

3.2.4 进程控制块的存放

当创建一个新的进程时,内核首先要为其分配一个PCB(task_struct结构)。那么,这个PCB存放在何处?怎样找到这个PCB?

每当进程从用户态进入内核态后都要使用栈,这个栈叫做进程的内核栈。当进程一进入内核态,CPU就自动设置该进程的内核栈,这个栈位于内核的数据段上。为了节省空间,Linux把内核栈和一个紧挨近PCB的小数据结构thread_info放在一起,占用8KB的内存区,如图3.7所示。

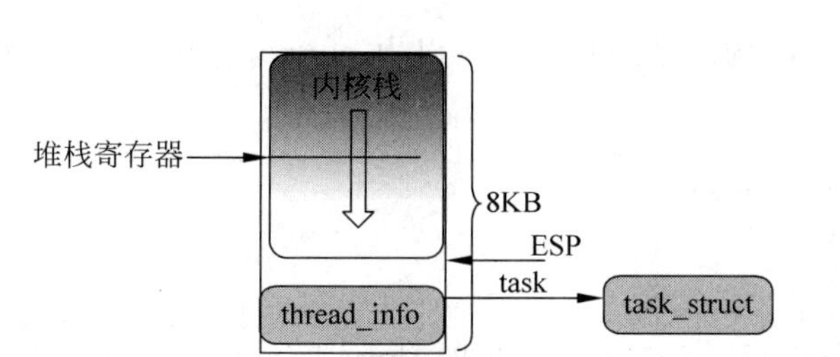

图 3.7 PCB 和内核栈的存放

在 Intel 系统中,栈起始于末端,并朝这个内存区开始的方向增长。从用户态刚切换到内核态以后,进程的内核栈总是空的,因此,堆栈寄存器 ESP 直接指向这个内存区的顶端。在图 3.7 中,从用户态切换到内核态后,只要把数据写进栈中,堆栈寄存器的值就朝箭头方向递减,*p* 表示 thread_info 的起始地址。而 task 是 thread_info 的第一个数据项,所以只要找到 thread_info 就能很容易找到当前运行的 task_struct 了。

C 语言使用下面的联合结构表示这样一个混合结构:

```
union thread_union {
    struct thread_info thread_info;
    unsigned long stack[THREAD_SIZE/sizeof(long)];     /* 大小一般是 8KB,但也可以配置为
4KB.本书以 8KB 来叙述。 */
};
```

从这个结构可以看出,内核栈占 8KB 的内存区。实际上,进程的 PCB 所占的内存是由内核动态分配的,更确切地说,内核根本不给 PCB 分配内存,而仅仅给内核栈分配 8KB 的内存,并把其中的一部分让给 PCB 使用。

在 x86 上,其中 thread_info 结构在文件 asm/thread_info.h 中定义如下:

```
struct thread_info{
   struct task_sturct   * task;
   struct exec_domain   * exec_domain;
   …
};
```

thread_info 结构并不代表与线程相关信息,而是表示和硬件关系更紧密的一些数据。thread_info 和 task_struct 结构中都有一个域指向对方,因此是一一对应的关系。之所以定义一个 thread_info 结构,原因之一可能是,进程控制块的所有成员中被引用最频繁的是 thread_info。另一个原因可能是,随着 Linux 版本的变化,进程控制块的内容越来越多,所需空间越来越大,这样就使得留给内核栈的空间越来越小,因此把部分进程控制块的内容移出这个空间,只保留访问频繁的 thread_info。

3.2.5 当前进程

从效率的观点来看,刚才所讲的 thread_info 结构与内核栈放在一起的最大好处是,内核很容易从 ESP 寄存器的值获得当前在 CPU 上正在运行的 thread_info 结构的地址。事实上,如果 thread_union 结构长度是 8KB(2^{13} 字节),则内核屏蔽 ESP 的低 13 位有效位就

可以获得 thread_info 结构的基地址；这可以由 current_thread_info()函数来完成，它产生如下一些汇编指令：

```
movl $0xffffe000, %ecx
andl %esp, %ecx
movl %ecx, p
```

这三条指令执行以后，*p* 就指向进程的 thread_info 结构的指针。

进程最常用的是 task_struct 结构的地址而不是 thread_info 结构的地址，为了获得当前在 CPU 上运行进程的 PCB 指针，内核要调用 current 宏，该宏本质上等价于 current_thread_info()->task。

可以把 current 作为全局变量来使用，例如，current->pid 返回当前正在执行的进程的标识符。对于当前进程，可以通过下面的代码获得其父进程的 PCB。

```
struct  task_struct *my_parent = current->parent;
```

3.3 Linux 系统中进程的组织方式

在一个系统中，通常可以拥有数十个、数百个乃至数千个进程，相应地就有这么多 PCB。为了能有效地对它们加以管理，应该用适当的方式将这些 PCB 组织起来。

3.3.1 进程链表

为了对给定类型的进程(例如在可运行状态的所有进程)进行有效的搜索，内核建立了几个进程链表。每个进程链表由指向进程 PCB 的指针组成。在 task_struct 结构中有如下的定义：

```
struct task_struct {
...
    struct list_head tasks;
    char comm[TASK_COMM_LEN];/*可执行程序的名字(带路径)*/
...
};
```

因此，图 3.8 中通过一个双向循环链表把所有进程联系起来，我们叫它为进程链表。

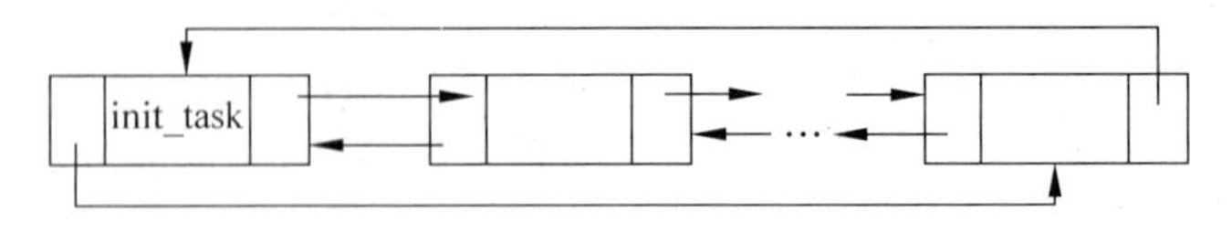

图 3.8　进程链表

链表的头和尾都为 init_task。init_task 是 0 号进程的 PCB，0 号这个进程永远不会被撤销，它的 PCB 被静态地分配到内核数据段中，也就是说 init_task 的 PCB 是预先由编译器分配的，在运行的过程中保持不变，而其他 PCB 是在运行的过程中，由系统根据当前的内存状况随机分配的，撤销时再归还给系统。

自己可编写一个内核模块，打印进程的 PID 和进程名，模块中主要函数的代码如下：

```
static int print_pid( void)
{
        struct task_struct * task, * p;
        struct list_head * pos;
        int count = 0;
        printk("Hello World enter begin:\n");
        task = &init_task;
        list_for_each(pos,&task->tasks)
                {
                p = list_entry(pos, struct task_struct, tasks);
                count++;
                printk(" % d---> % s\n",p->pid,p->comm);
                }
        printk(the number of process is: % d\n",count);
        return 0;
}
```

需要注意的是，在一个拥有大量进程的系统中通过重复来遍历所有的进程是非常耗时的。

3.3.2 哈希表

在有些情况下，内核必须能根据进程的 PID 导出对应的 PCB。顺序扫描进程链表并检查 PCB 的 PID 域是可行但相当低效的。为了加速查找，引入了哈希表，于是要有一个哈希函数把 PID 转换成表的索引，Linux 用一个叫做 pid_hashfn 的宏来实现：

```
#define pid_hashfn(x) \
    ((((x) >> 8) ^ (x)) & (PIDHASH_SZ - 1))
```

其中，PIDHASH_SZ 为表中元素的最大个数，通过 pid_hashfn()这个函数，可以把进程的 PID 均匀地散列在哈希表中。

对于一个给定的 PID，可以通过 find_task_by_pid()函数快速地找到对应的进程：

```
static inline struct task_struct * find_task_by_pid(int pid)
{
        struct task_struct * p, * * htable = &pidhash[pid_hashfn(pid)];
        for(p = * htable; p && p->pid != pid; p = p->pidhash_next);

        return p;
};
```

其中 pidhash 是哈希表，其定义为：struct task_struct * pidhash[PIDHASH_SZ]。

在数据结构课程中我们已经了解到，哈希函数并不总能确保 PID 与表的索引一一对应，两个不同的 PID 散列到相同的索引上称为冲突。

Linux 利用链地址法来处理冲突的 PID，也就是说，每一个表项是由冲突的 PID 组成的双向链表，task_struct 结构中由两个域 pidhash_next 和 pidhash_prev 来实现这个链表，同一链表中 PID 由小到大排列，如图 3.9 所示。

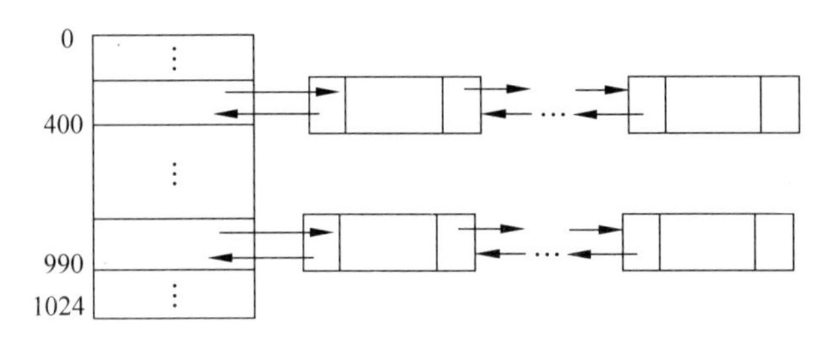

图 3.9 链地址法处理冲突时的哈希表

3.3.3 就绪队列

当内核要寻找一个新的进程在CPU上运行时,必须只考虑处于就绪状态的进程,因为扫描整个进程链表是相当低效的,所以把可运行状态的进程组成一个双向循环链表,也叫就绪队列(runqueue)。

就绪队列容纳了系统中所有准备运行的进程,在task_struct结构中定义了双向链表。

```
struct task_struct{
 …
struct list_head run_list;
…
};
```

就绪队列的定义以及相关操作在/kernel/sched.c文件中:

```
static LIST_HEAD(runqueue_head);      /* 定义就绪队列头指针为 runqueue_head */

    add_to_runqueue()函数向就绪队列中插入进程的 PCB.
static inline void add_to_runqueue(struct task_struct * p)
{           list_add_tail(&p->run_list, &runqueue_head);
           nr_running++;               /* 就绪进程数加 1 */
}

    move_last_runqueue()函数从就绪队列中删除进程的 PCB.
static inline void move_last_runqueue(struct task_struct * p)
{
    list_del(&p->run_list);
   list_add_tail(&p->run_list, &runqueue_head);
};
```

以上讲述的进程组织方式,实际上大多数是数据结构中数据的组织方式,因此,读者在阅读本书或者源代码的过程中,首先要抓住事物的本质,找出熟悉的知识,然后,再去体会或应用已有的知识解决问题。

另外,以上是Linux 2.4版本中就绪队列简单的组织方式。为了让读者尽可能先掌握原理,因此本章在讨论相关内容的时候将会去繁存简,将其中最核心的调度理论和算法做阐述。

3.3.4 等待队列

如前说述，睡眠有两种相关的进程状态：TASK_INTERRUPTIBLE 和 TASK_UNINTERRUPTIBLE。它们的唯一区别是处于 TASK_UNINTERRUPTIBLE 的进程会忽略信号，而处于 TASK_INTERRUPTIBLE 状态的进程如果接收到一个信号会被提前唤醒并响应该信号。两种状态的进程位于同一个等待队列上，等待某些事件，不能够运行。

等待队列在内核中有很多用途，尤其对中断处理、进程同步及定时用处更大。因为这些内容在以后的章节中会讨论，我们只在这里说明。进程经常等待某些事件的发生，例如，等待一个磁盘操作的终止，等待释放系统资源，或等待时间走过固定的间隔。等待队列实现在事件上的条件等待，也就是说，希望等待特定事件的进程把自己放进合适的等待队列，并放弃控制权。因此，等待队列是一组睡眠的进程，当某一条件变为真时，由内核唤醒它们。

1. 等待队列的数据结构

在 include/linux/wait.h 中，对等待队列的定义如下：

```
struct _wait_queue {
    unsigned int flags;
  #define WQ_FLAG_EXCLUSIVE     0x01
    void * private;
    wait_queue_func_t func;
    struct list_head task_list;
  };
typedef struct _ _wait_queue wait_queue_t;
```

在内核代码中，以两个下划线为开头的标识符一般都是内核内部定义的。typedef 对内部定义重新封装。

在这个结构中，最主要的域是 task_list，它把处于睡眠状态的进程链接成双向链表。睡眠是暂时的，把它唤醒继续运行才是目的。为此，设置了 func 域，该域指向唤醒函数，用于把等待队列中的进程唤醒：

```
typedef int ( * wait_queue_func_t)(wait_queue_t * wait, unsigned mode, int flags, void * key);
```

如何唤醒等待队列中的进程？还需进一步根据等待的原因进行归类。比如，因为争夺某个临界资源，有一组进程由此睡眠，那么在唤醒时，是把这一组全部唤醒还是唤醒其中一个？如果全部唤醒，但实际上只能有一个进程使用临界资源，其他进程还得继续回到睡眠状态，因此仅唤醒等待队列中的一个进程才有意义。结构中的 flags 域就是为了区分睡眠时的互斥进程和非互斥进程。对于互斥进程，flags 的取值为 1(#define WQ_FLAG_EXCLUSIVE0x01)，反之，取值为 0。还有一个 private 域，是传递给 func 函数的参数。

2. 等待队列头

每个等待队列都有一个等待队列头(wait queue head)，定义如下：

```
struct _ _wait_queue_head {
    spinlock_t lock;
```

```
    struct list_head task_list;
};
typedef struct _ _wait_queue_head wait_queue_head_t;
```

因为等待队列是由中断处理程序和主要内核函数修改的,因此必须对其双向链表保护以免对其进行同时访问,因为同时访问会导致不可预测的后果(参见第7章)。通过lock自旋锁域进行同步,而task_list域是等待进程链表的头。图3.10是等待队列以及队列头形成的双向链表。

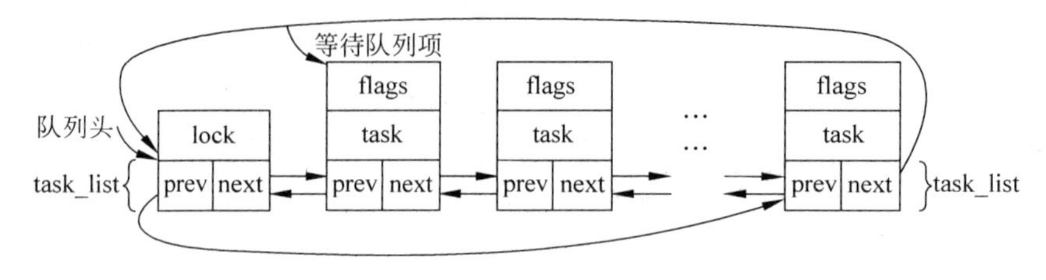

图3.10 等待队列

3. 等待队列的操作

在使用一个等待队列前,首先需要对等待队列头和等待队列进行初始化,wait.h中定义了如下宏:

```
#define _WAIT_QUEUE_HEAD_INITIALIZER(name) {                          \
    .lock            = _SPIN_LOCK_UNLOCKED(name.lock),              \
  .task_list         = { &(name).task_list, &(name).task_list } }

#define DECLARE_WAIT_QUEUE_HEAD(name) \
    wait_queue_head_t name = _WAIT_QUEUE_HEAD_INITIALIZER(name)
```

这两个宏声明并初始化等待队列头name。

初始化等待队列中的一个元素,则调用如下函数:

```
static inline void init_waitqueue_entry(wait_queue_t *q, struct task_struct *p)
{
        q->flags = 0;
        q->private = p;
        q->func = default_wake_function;
}
```

default_wake_function()唤醒睡眠非互斥进程 *p*,然后从等待队列链表中将其删除.

定义了一个等待进程后,必须把它插入等待队列。add_wait_queue()把一个非互斥进程插入等待队列链表的第一个位置。add_wait_queue_exclusive()把一个互斥进程插入等待队列链表的最后一个位置。remove_wait_queue()从等待队列链表中删除一个进程。waitqueue_active()检查一个给定的等待队列是否为空。

如何让等待特定条件的进程去睡眠,内核提供了多个函数。下面介绍最基本的睡眠函数

```
sleep_on():
```

```
void sleep_on(wait_queue_head_t * wq)
{
    wait_queue_t wait;
    init_waitqueue_entry(&wait, current);
    current->state = TASK_UNINTERRUPTIBLE;
    add_wait_queue(wq,&wait); /*  wq指向当前队列的头  */
    schedule();
    remove_wait_queue(wq, &wait);
}
```

该函数把当前进程的状态设置为 TASK_UNINTERRUPTIBLE,并把它插入到特定的等待队列。然后,调用调度程序,而调度程序重新调度另一个进程开始执行。当睡眠的进程被唤醒时,调度程序接着执行 sleep_on(),也就是用紧接 schedule()的 remove_wait_queue()函数,把该进程从等待队列中删除。

如果要把等待的进程唤醒,就调用唤醒函数 wake_up(),它让待唤醒的进程进入 TASK_RUNNING 状态。内核代码中,wake_up 定义为一个宏,实际上等价于下列代码片段:

```
void wake_up(wait_queue_head_t * q)
{
    struct list_head * tmp;
    wait_queue_t * curr;
    list_for_each(tmp, &q->task_list) {
        curr = list_entry(tmp, wait_queue_t, task_list);
        if (curr->func(curr,
            TASK_INTERRUPTIBLE|TASK_UNINTERRUPTIBLE,
             0, NULL) && curr->flags)
             break;
    }
}
```

list_for_each 宏扫描双向链表 q－>task_list 中的所有项,即等待队列中的所有进程。对每一项,list_entry 宏都计算 wait_queue_t 型变量(curr)对应的地址。这个变量的 func 域存放 wake_up 函数的地址,它试图唤醒由等待队列中的 task_list 域标识的进程。如果一个进程已经被有效地唤醒(函数返回 1)并且进程是互斥的(curr－>flags 等于 1),则循环结束。因为所有的非互斥进程总是在双向链表的开始位置,而所有的互斥进程在双向链表的尾部,所以函数总是先唤醒非互斥进程然后再唤醒互斥进程。

3.4 进程调度

在多进程的操作系统中,进程调度是一个全局性、关键性的问题,它对系统的总体设计、系统的实现、功能设置以及各个方面的性能都有着决定性的影响。进程调度算法的设计,还对系统的复杂性有着极大的影响,常常会由于实现的复杂程度而在功能与性能方面作出必要的权衡和让步。在 Linux 2.6 中为了提高性能,对调度算法进行了大幅度改进,其实现复杂度也随之增加。为了简单起见,这里以 Linux 2.4 中的调度算法来说明进程调度原理。后面附加说明 Linux 2.6 中进程调度的改进方法。

3.4.1 基本原理

从前面可以看到,进程运行时需要各种各样的系统资源,如内存、文件、打印机和最宝贵的 CPU 等,所以说,调度的实质就是资源的分配。系统通过不同的调度算法来实现这种资源的分配。通常来说,选择什么样的调度算法取决于资源的分配策略,一个好的调度算法应当考虑以下几个方面。

(1) 公平:保证每个进程得到合理的 CPU 时间。

(2) 高效:使 CPU 保持忙碌状态,即总是有进程在 CPU 上运行。

(3) 响应时间:使交互用户的响应时间尽可能短。

(4) 周转时间:使批处理用户等待输出的时间尽可能短。

(5) 吞吐量:使单位时间内处理的进程数量尽可能多。

很显然,这 5 个目标不可能同时达到,所以,不同的操作系统会在这几个方面作出相应的取舍,从而确定自己的调度算法,例如 UNIX 采用动态优先数调度、BSD 采用多级反馈队列调度、Windows 采用抢先式多任务调度等。

下面来了解一下主要的调度算法及其基本原理。

1. 时间片轮转调度算法

时间片(Time Slice)就是分配给进程运行的一段时间。

在分时系统中,为了保证人机交互的及时性,系统使每个进程依次地按时间片轮流地执行,此时应采用时间片轮转法进行调度。在通常的轮转法中,系统将所有的可运行(即就绪)进程按先来先服务的原则,排成一个队列,每次调度时把 CPU 分配给队首进程,并令其执行一个时间片。时间片的大小从几毫秒到几百毫秒不等。当执行的时间片用完时,系统发出信号,通知调度程序,调度程序便根据此信号来停止该进程的执行,并将它送到运行队列的末尾,等待下一次执行;然后,把处理机分配给就绪队列中新的队首进程,同时也让它执行一个时间片。这样就可以保证就绪队列中的所有进程,在一个给定的时间(人所能接受的等待时间)内,均能获得一个时间片的处理机执行时间。

2. 优先权调度算法

为了照顾到紧迫型进程在进入系统后便能获得优先处理,引入了最高优先权调度算法。当将该算法用于进程调度时,系统将把处理机分配给运行队列中优先权最高的进程,这时,又可进一步把该算法分成两种方式。

1) 非抢占式优先权算法(又称不可剥夺调度:Nonpreemptive Scheduling)

在这种方式下,系统一旦将处理机(CPU)分配给运行队列中优先权最高的进程后,该进程便一直执行下去,直至完成;或因发生某事件使该进程放弃处理机时,系统方可将处理机分配给另一个优先权高的进程。这种调度算法主要用于批处理系统中,也可用于某些对实时性要求不严的实时系统中。

2) 抢占式优先权调度算法(又称可剥夺调度:Preemptive Scheduling)

该算法的本质就是系统中当前运行的进程永远是可运行进程中优先权最高的那个。

在这种方式下,系统同样是把处理机分配给优先权最高的进程,使之执行。但是只要一出现另一个优先权更高的进程，调度程序就暂停原最高优先权进程的执行，而将处理机分配给新出现的优先权最高的进程，即终止当前进程的运行。因此，在采用这种调度算法时，每当出现新的可运行进程时，就将它和当前运行进程进行优先权比较，如果高于当前进程，将触发进程调度。

这种方式的优先权调度算法，能更好地满足紧迫型进程的要求，故而常用于实时性要求比较严格的系统中，以及对性能要求较高的批处理和分时系统中。Linux 目前也采用这种调度算法。

3. 多级反馈队列调度

这是一种折中的调度算法。其本质是综合了时间片轮转调度和抢占式优先权调度的优点，即优先权高的进程先运行给定的时间片，相同优先权的进程轮流运行给定的时间片。

4. 实时调度

最后看一下实时系统中的调度。什么叫实时系统？就是系统对外部事件有求必应、尽快响应。在实时系统中存在有若干个实时进程或任务，它们用来反应或控制某个(些)外部事件，往往带有某种程度的紧迫性，因而一般采用抢占式调度方式。

3.4.2 时间片

时间片表明进程在被抢占前所能持续运行的时间。调度策略必须规定一个默认的时间片，但这并不是件简单的事。时间片过长会导致系统对交互的响应表现欠佳，让人觉得系统无法并发执行应用程序。时间片太短会明显增大进程切换带来的处理器时间，因为肯定会有相当的一部分系统时间用在进程切换上，而用来运行的时间片却很短。从上面的争论中可以看出，长时间片将导致系统交互表现欠佳。很多操作系统中都特别重视这点，所以默认的时间片很短——如 20ms。

Linux 调度程序提高交互式程序的优先级，让它们运行得更频繁。于是，调度程序提供较长的默认时间片给交互式程序。此外，Linux 调度程序还根据进程的优先级动态调整分配给它的时间片。从而保证了优先级高的进程，也应该是重要性高的进程，执行的频率高，执行时间长。通过实现这样一种动态调整优先级和时间片长度的机制，Linux 调度性能不但非常稳定而且也很强健。

3.4.3 Linux 进程调度时机

Linux 的调度程序是一个叫 schedule()的函数，这个函数被调用的频率很高，由它来决定是否要进行进程的切换，如果要切换，切换到哪个进程等。我们先来看在什么情况下要执行调度程序，Linux 调度时机主要有以下几种。

(1) 进程状态转换的时刻：进程终止、进程睡眠；

(2) 当前进程的时间片用完时；

(3) 设备驱动程序运行时；

(4) 从内核态返回到用户态时。

时机(1),进程要调用 sleep_on()或 exit()等函数时,这些函数会主动调用调度程序。

时机(2),由于进程的时间片用完时要放弃 CPU,因此也是主动调用调度程序。

时机(3),当设备驱动程序执行长而重复的任务时,直接调用调度程序。在每次反复循环中,驱动程序都检查调度标志,如果必要,则调用调度程序 schedule()主动放弃 CPU。

时机(4),不管是从中断、异常还是系统调用返回,都要对调度标志进行检测,如果必要,则调用调度程序。那么,为什么从系统调用返回时要调用调度程序呢?这当然是从提高效率考虑的。从系统调用返回意味着要离开内核态而返回到用户态,而状态的转换要花费一定的时间,因此,在返回到用户态前,系统把在内核态该处理的事全部做完。

3.4.4 进程调度的依据

调度程序运行时,要在所有处于可运行状态的进程之中选择最值得运行的进程投入运行。选择进程的依据是什么呢?在进程的 task_struct 结构中有以下几个与调度相关的域。

(1) need_resched:调度标志,决定是否调用 schedule()函数。

(2) counter:进程处于可运行状态时所剩余的时钟节拍数,每次时钟中断到来时,这个值就减 1。这个值将作为进程调度的依据,因此,也把这个域叫做进程的“动态优先级”,这就巧妙地把时间片和优先级结合起来了。

(3) nice:进程的基本优先级,或叫做“静态优先级”。它的值决定 counter 的初值。这个域包含的值在−20～19 之间;负值对应“高优先级”进程,正数对应“低优先级”进程。缺省值 0 对应普通进程。这个值也可以由用户通过 nice 系统调用进行改变。

(4) policy:调度的类型,允许的取值是有以下几种。

① SCHED_FIFO:先入先出的实时进程。

② SCHED_RR:时间片轮转的实时进程。当调度程序把 CPU 分配给一个进程时,把这个进程的 PCB 就放在运行队列的末尾。这种策略确保了把 CPU 时间公平地分配给具有相同优先级的所有 SCHED_RR 实时进程。

③ SCHED_OTHER:普通的分时进程。

(5) rt_priority:实时进程的优先级。

这里要说明的是,与其他分时操作系统一样,Linux 的时间单位是“时钟节拍”,Linux 设计者将一个时钟节拍定义为 10ms(在内核 2.6 版以后最小可以定义为 1ms)。在这里,把 counter 叫做进程的时间片,系统用时钟节拍数来表示,例如,若 counter 为 2,则分配给该进程的时间片就为 2 个时钟节拍,也就是 2×10ms=20ms。

以下代码片段取自 Linux 2.4。

Linux 中有一个 goodness()函数用来衡量一个处于可运行状态的进程值得运行的程度。该函数综合使用了上面提到的几个域,给每个处于可运行状态的进程赋予一个权值(Weight),调度程序以这个权值作为选择进程的唯一依据。函数主体如下(为了便于理解,笔者对函数做了一些改写和简化,只考虑单处理机的情况):

```
static inline int goodness(struct task_struct * p, struct mm_struct * this_mm)
{    int weight;              /* 权值,作为衡量进程是否运行的唯一依据 *

  weight =- 1;
```

```
  if (p->policy&SCHED_YIELD)
    goto out;                /* 如果该进程愿意"礼让(Yield)",则让其权值为-1 */
switch(p->policy)
    {
      /* 实时进程 */
      case SCHED_FIFO:
      case SCHED_RR:
           weight = 1000 + p->rt_priority;

      /* 普通进程 */
      case SCHED_OTHER:
           {     weight = p->counter;
             if(!weight)
              goto out
           /* 做细微的调整 */
           if (p->mm = this_mm||!p->mm)
                    weight = weight + 1;
              weight += 20 - p->nice;
           }
     }
out:
    return weight;           /* 返回权值 */
    }
```

其中,在 sched.h 中对调度策略定义如下:

```
#define SCHED_OTHER            0
#define SCHED_FIFO             1
#define SCHED_RR               2
#define SCHED_YIELD            0x10
```

这个函数比较简单。首先,根据 policy 区分实时进程和普通进程。实时进程的权值取决于其实时优先级,其至少是 1000,与 counter 和 nice 无关。普通进程的权值需特别说明以下两点。

(1) 为什么进行细微的调整？如果 p->mm 为空,则意味着该进程无用户空间(例如内核线程),则无须切换到用户空间。如果 p->mm＝this_mm,则说明该进程的用户空间就是当前进程的用户空间,该进程完全有可能再次得到运行。对于以上两种情况,都给其权值加 1,算是对它们小小的奖励。

(2) 进程的优先级 nice 是从早期 UNIX 沿用下来的负向优先级,其数值标志"谦让"的程度,其值越大,就表示其越"谦让",也就是优先级越低,其取值范围为－20～＋19,因此,(20－p->nice)的取值范围就是 0～40。可以看出,普通进程的权值不仅考虑了其剩余的时间片,还考虑了其优先级,优先级越高,其权值越大。

有了衡量进程是否应该运行的标准,选择进程就是轻而易举的事情了,弱肉强食,谁的权值大谁就先运行。

根据进程调度的依据,调度程序就可以控制系统中所有处于可运行状态的进程并在它们之间进行选择。

3.4.5 调度函数 schedule()的实现

调度程序在内核中就是一个函数,为了讨论方便,同样对其进行简化,略其对 SMP 的实现部分。

```
asmlinkage void schedule(void)
{
    struct task_struct *prev, *next, *p;      /* prev 表示调度之前的进程, next 表示调度之
                                                 后的进程 */
    struct list_head *tmp;                    /* 定义一个临时指针,指向双向链表 */
    int this_cpu, c;

  if (!current->active_mm) BUG();             /* 如果当前进程的 active_mm 为空,出错 */
need_resched_back:
      prev = current;                         /* 让 prev 成为当前进程 */
      this_cpu = prev->processor;

  if (in_interrupt()) {                       /* 如果 schedule 是在中断服务程序内部执行,
                                                 就说明发生了错误 */
          printk("Scheduling in interrupt\n");
            BUG();
      }
    release_kernel_lock(prev, this_cpu);      /* 释放全局内核锁,并开 this_cpu 的中断 */
        spin_lock_irq(&runqueue_lock);        /* 锁住运行队列,并且同时关中断 */
         if (prev->policy == SCHED_RR)        /* 将一个时间片用完的 SCHED_RR 实时
              goto move_rr_last;                 进程放到队列的末尾 */
 move_rr_back:
         switch (prev->state) {               /* 根据 prev 的状态做相应的处理 */
            case TASK_INTERRUPTIBLE:          /* 此状态表明该进程可以被信号中断 */
                 if (signal_pending(prev)) {     /* 如果该进程有未处理的信号,则让其变
                                                    为可运行状态 */
                       prev->state = TASK_RUNNING;
                        break;
                 }
                default:                      /* 如果为可中断的等待状态或僵死状态 */
                 del_from_runqueue(prev);     /* 从运行队列中删除 */
               case TASK_RUNNING:;            /* 如果为可运行状态,继续处理 */
      }
      prev->need_resched = 0;

       /* 下面是调度程序的正文 */
  repeat_schedule:                            /* 真正开始选择值得运行的进程 */
     next = idle_task(this_cpu);              /* 缺省选择空闲进程 */
    c = -1000;
       if (prev->state == TASK_RUNNING)
            goto still_running;
  still_running_back:
      list_for_each(tmp, &runqueue_head) {      /* 遍历运行队列 */
         p = list_entry(tmp, struct task_struct, run_list);
            if (can_schedule(p, this_cpu)) {    /* 单 CPU 中,该函数总返回 1 */
             int weight = goodness(p, this_cpu, prev->active_mm);
                 if (weight > c)
                      c = weight, next = p;
            }
       }
```

```
/* 如果c为0,说明运行队列中所有进程的权值都为0,也就是分配给各个进程的时间片都已用完,需重新计算各个进程的时间片 */
if (!c) {
            struct task_struct *p;
            spin_unlock_irq(&runqueue_lock);        /* 锁住运行队列 */
             read_lock(&tasklist_lock);             /* 锁住进程的双向链表 */
            for_each_task(p)                        /* 对系统中的每个进程 */
            p->counter = (p->counter >> 1) + NICE_TO_TICKS(p->nice);
            read_unlock(&tasklist_lock);
           spin_lock_irq(&runqueue_lock);
              goto repeat_schedule;
      }

    spin_unlock_irq(&runqueue_lock);                /* 对运行队列解锁,并开中断 */

  if (prev == next) {                               /* 如果选中的进程就是原来的进程 */
          prev->policy &= ~SCHED_YIELD;
             goto same_process;
      }

    /* 下面开始进行进程切换 */
     kstat.context_swtch++;                         /* 统计上下文切换的次数 */

       {
             struct mm_struct *mm = next->mm;
             struct mm_struct *oldmm = prev->active_mm;
            if (!mm) {           /* 如果是内核线程,则借用prev的地址空间 */
                    if (next->active_mm) BUG();
                    next->active_mm = oldmm;

            } else {             /* 如果是一般进程,则切换到next的用户空间 */
                     if (next->active_mm != mm) BUG();
                     switch_mm(oldmm, mm, next, this_cpu);
             }

          if (!prev->mm) {                         /* 如果切换出去的是内核线程 */
                prev->active_mm = NULL;            /* 归还它所借用的地址空间 */
                  mmdrop(oldmm);                   /* mm_struct中的共享计数减1 */
              }
   }

      switch_to(prev, next, prev);                 /* 进程的真正切换,即堆栈的切换 */
      __schedule_tail(prev);                       /* 置prev->policy的SCHED_YIELD为0 */

 same_process:
      reacquire_kernel_lock(current);              /* 针对SMP */
       if (current->need_resched)                  /* 如果调度标志被置位 */
             goto need_resched_back;               /* 重新开始调度 */
       return;
 }
```

以上就是调度程序的主要内容，为了对该程序形成一个清晰的思路，我们对其再给出进一步的解释。

(1) 如果当前进程既没有自己的地址空间，也没有向别的进程借用地址空间，那肯定出错。另外，如果 schedule()在中断服务程序内部执行，那也出错。

(2) 对当前进程做相关处理，为选择下一个进程做好准备。当前进程就是正在运行的进程。可是，当进入 schedule()时，其状态却不一定是 TASK_RUNNIG。例如，在 exit()系统调用中，当前进程的状态可能已被改为 TASK_ZOMBIE；又例如，在 wait4()系统调用中，当前进程的状态可能被置为 TASK_INTERRUPTIBLE。因此，如果当前进程处于这些状态中的一种，就要把它从运行队列中删除。

(3) 从运行队列中选择最值得运行的进程，也就是权值最大的进程。

(4) 如果已经选择的进程其权值为 0，说明运行队列中所有进程的时间片都用完了(队列中肯定没有实时进程，因为其最小权值为 1000)，因此，重新计算所有进程的时间片，其中宏操作 NICE_TO_TICKS 就是把优先级 nice 转换为时钟节拍。

(5) 进程地址空间的切换。如果新进程有自己的用户空间，也就是说，如果 next->mm 与 next->active_mm 相同，那么，switch_mm()函数就把该进程从内核空间切换到用户空间，也就是加载 next 的页目录。如果新进程无用户空间(next->mm 为空)，也就是说，如果它是一个内核线程，那它就要在内核空间运行。因此，需要借用前一个进程(prev)的地址空间，因为所有进程的内核空间都是共享的。因此，这种借用是有效的。

(6) 宏 switch_to()进行真正的进程切换。

注意，从 schedule()退出的 return 语句并不是由 next 进程立即执行，而是稍后一点在调度程序又选择 prev 执行时由 prev 进程执行。

switch_to()的实现比较复杂，与具体的硬件体系结构有关，感兴趣的读者可以阅读相关的参考书。

3.4.6 Linux 2.6 调度程序的改进

Linux 2.4 之前的版本，用较为简单的调度算法实现了进程调度。但是，随着 Linux 服务器上多处理器(SMP)的采用以及进程数量的增加，以前的调度算法存在以下问题。

(1) 单就绪队列问题。不管进程的时间片是否耗完，都放在一个就绪队列中，这就使得时间片耗完的进程在不可能被调度的情况下，还参与调度，这是其一。其二，调度算法与系统进程数量密切相关，队列越长，选中一个进程的时间亦愈长，不适合用在硬实时系统中。

(2) 多处理器问题。多个处理器上的进程放在一个就绪队列中，使得这个就绪队列成为临界资源，各个处理器因为等待进入就绪队列而降低了系统效率。

(3) 内核态不可抢占问题。只要一个进程进入了内核态，即使有另一个非常紧迫的任务到来，它也只能等着，只有那个进程从内核态返回到用户态时，紧迫的任务才能占有处理机，这使得紧迫任务无法及时完成。

从以上分析可以看出，单就绪队列是影响调度性能的主要问题之一，因此改进就绪队列就成为改进调度算法的入口点。

1. 就绪队列

针对多处理器问题，每个 CPU 设置一个就绪队列。针对单就绪队列问题，设置两个队列组：活跃(Active)队列组和时间片到期(Expired)队列组。每个队列组中的元素以优先级再进行分类，相同优先级的进程为一个队列，最多可以有 140 个优先级，也就是对应 140 个队列，如图 3.11 所示。

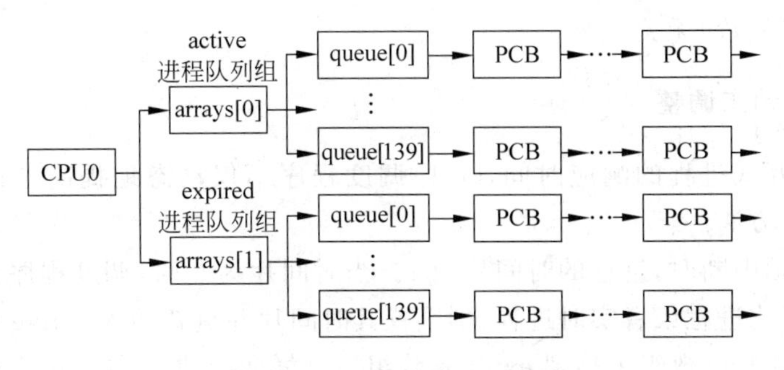

图 3.11 两组就绪进程队列

如图 3.11 所示，没有耗完时间片的进程位于活跃队列组，耗完时间片的进程存放在到期队列组，该组进程不再参与本轮调度，从而节省处理器时间。当一轮调度结束，活跃队列组变为空，所有进程时间片耗完从而进入到期队列组。这时，指向活跃队列组和到期队列组的两个指针互换，从而进入下一轮调度。

为了描述上述队列结构，同时考虑到 SMP，Linux 2.6 中为每个 CPU 定义了一个 struct runqueue 数据结构：

```
struct runqueue {
    …
    prio_array  * active, * expired, array[2];
    …
  }
```

其中，prio_array 定义为：

```
struct prio_array {
        unsigned int nr_active;                    /* 进程总数 */
        struct list_head queue[MAX_PRIO];          /* 进程链表头指针数组 */
        unsigned long bitmap[BITMAP_SIZE];         /* 进程就绪队列位图 */
};
```

runqueue 中的两个指针 active，expired 分别指向 array 数组的 array[0]和 array[1]，而这两个元素又分别指向队列数组 queue[]，进一步，queue[]数组中的每个元素存放的是就绪进程的链表头，其中每个链表中的就绪进程具有相同的优先级。

2. 就绪队列位图

从图 3.11 可以看出，一个 CPU 上就绪队列最多可达 280 个。如何从中快速选中要运行的进程成为关系系统性能的一个关键因素。为此，Linux 2.6 为这两个进程组设置了以优先级为序的就绪队列位图，该位图的每一位对应一个就绪队列，只要队列中有一个就绪进程，则对应的位被置为 1，否则置为 0。这样，调度程序无须遍历所有的就绪队列，而只需遍历位图就可选中要运行的进程。例如，当前所有进程中最高优先级为 50(换句话说，系统中没有任何进程的优先级大于50)。则调度程序先查找位图,如果找到优先级为38的队列有就绪进程,则直接读取active[37],得到优先级为38的进程队列指针。该队列头上的第一个进程就是被选中的进程。这种算法的时间复杂度为$O(1)$,从而使得调度程序的开销与系统当前的负载(进程数)无关。

3. 优先级的动态调整

为了提高交互式进程的响应时间,$O(1)$调度程序不仅动态地提高了该类进程的优先级,还采用了以下方法。

每次时钟节拍中断时,进程的时间片减1。当时间片为0时,调度程序判断当前进程的类型,如果是交互式进程或者实时进程,则重置其时间片并重新插入active数组。如果不是交互式进程则从active数组中移到expired数组。这样实时进程和交互式进程就总能优先获得CPU。然而这些进程不能始终留在active数组中,否则进入expired数组的进程就会产生饥饿现象。当进程已经占用CPU时间超过一个固定值后,即使它是实时进程或交互式进程也会被移到expired数组中。

当active数组中的所有进程都被移到expired数组中后,调度程序交换active数组和expired数组。当进程被移入expired数组时,调度程序会重置其时间片,因此新的active数组又恢复了初始情况,而expired数组为空,从而开始新的一轮调度。

4. 调度程序的再改进

为了解决优先级动态调整等问题,大量难以维护和阅读的复杂代码被加入到Linux 2.6.0的调度模块中,虽然很多性能问题因此得到了解决,但是另外一个严重问题始终困扰着许多内核开发者,那就是代码的复杂度问题。

在2004年,Con Kolivas提出了一个改进调度程序设计的补丁——楼梯调度程序(Staircase Scheduler,SD)。为调度程序设计提供了一种新的思路。

楼梯算法(SD)在思路上和$O(1)$算法的不同在于,它抛弃了动态优先级的概念,而采用了一种完全公平的思路。$O(1)$算法的主要复杂性来自动态优先级的计算,调度程序根据平均睡眠时间和一些很难理解的经验公式来修正进程的优先级并区分交互式进程。这样的代码很难阅读和维护。

楼梯算法思路简单,但是实验证明它对交互式进程的响应比$O(1)$算法更好,而且极大地简化了代码。

楼梯算法和$O(1)$算法一样,也同样为每一个优先级维护一个进程队列,并将这些队列组织在active数组中。当选取下一个被调度进程时,SD算法也同样从active数组中直接读取进程。

与$O(1)$算法不同在于,当进程用完了自己的时间片后,并不是被移到expired数组中,而是被加入active数组的低一优先级队列中,即将其降低一个级别。不过请注意这里只是将该任务插入低一级优先级任务队列中,任务本身的优先级并没有改变。当时间片再次用完,任务被再次放入更低一级优先级任务队列中。就像一部楼梯,任务每次用完了自己的时间片之后就下一级楼梯。

任务下到最低一级楼梯时,如果时间片再次用完,它会回到初始优先级的下一级任务队列中。比如某进程的优先级为1,当它到达最后一级台阶140后,再次用完时间片时将回到优先级为2的任务队列中,即第二级台阶。不过此时分配给该任务的时间片将变成原来的2倍。比如原来该任务的时间片为10ms,则现在变成了20ms。基本的原则是,当任务下到楼梯底部时,再次用完时间片就回到上次下楼梯的起点的下一级台阶。并给予该任务相同于其最初分配的时间片。

以上描述的是普通进程的调度算法,实时进程还是采用原来的调度策略,即FIFO或者Round Robin。

楼梯算法能避免进程饥饿现象,高优先级的进程最终会和低优先级的进程竞争,使得低优先级进程最终获得执行机会。

对于交互式应用,当进入睡眠状态时,与它同等优先级的其他进程将一步一步地走下楼梯,进入低优先级进程队列。当该交互式进程再次唤醒后,它还留在高处的楼梯台阶上,从而能更快地被调度程序选中,加速了响应时间。

楼梯算法的优点在于,从实现角度看,SD基本上还是沿用了$O(1)$的整体框架,只是删除了$O(1)$调度程序中动态修改优先级的复杂代码,淘汰了expired数组,从而简化了代码。

3.5 进程的创建

进程创建是UNIX类操作系统中发生最频繁的活动之一。例如,只要用户输入一条命令,shell进程就创建一个新进程,新进程执行shell的另一个拷贝。

很多操作系统都提供了产生进程的机制,其采取的方式是首先在新的地址空间里创建进程,然后读可执行文件,最后开始执行。UNIX采用了与众不同的实现方式,它把上述步骤分为创建和执行两步,也就是fork()和exec()两个函数。首先,fork()通过拷贝当前进程创建一个子进程。然后,exec()函数负责读取可执行文件并将其载入进程的地址空间开始运行。把这两个函数组合起来使用效果跟其他系统使用单一函数的效果类似。

传统的fork()系统调用直接把所有的资源复制给新创建的进程。这种实现过于简单并且效率低。Linux的fork()使用写时复制(Copy-on-write)来实现。也就是在调用fork()时内核并没有把父进程的全部资源给子进程复制一份,而是将这些内容设置为只读状态,当父进程或子进程试图修改某些内容时,内核才在修改之前将被修改的部分进行拷贝。因此,fork()的实际开销就是复制父进程的页表以及给子进程创建唯一的PCB。

3.5.1 创建进程

新进程是通过克隆父进程(当前进程)而建立的。fork() 和 clone()(用于线程)系统调用可用来建立新的进程。当这两个系统调用结束时,内核在内存中为新的进程分配新的PCB,同时为新进程要使用的堆栈分配物理页。Linux还会为新进程分配新的进程标识符。然后,新的PCB地址保存在链表中,而父进程的PCB内容被复制到新进程的PCB中。该部分也是对Linux 2.4的内核代码的说明。

在克隆进程时,Linux允许父进程和子进程共享相同的资源。可共享的资源包括文件、信号处理程序和进程地址空间等。当某个资源被共享时,该资源的引用计数值会增加1,从而只有在两个进程均终止时,内核才会释放这些资源。

不管是 fork() 还是 clone()系统调用,最终都调用了内核中的 do_fork()函数,该函数的主要操作如下。

(1) 调用 alloc_task_struct()函数以获得 8KB 的 union task_union 内存区,用来存放进程的 PCB 和新进程的内核栈。

(2) 让当前指针指向父进程的 PCB,并把父进程 PCB 的内容拷贝到刚刚分配的新进程的 PCB 中,此时,子进程和父进程的 PCB 是完全相同的。

(3) 检查新创建这个子进程后,当前用户所拥有的进程数目有没有超出给他分配的资源的限制。

(4) 现在, do_fork()已经获得它从父进程能利用的几乎所有的东西;剩下的事情就是集中建立子进程的新资源,并让内核知道这个新进程已经诞生。

(5) 接下来,子进程的状态被设置为 TASK_UNINTERRUPTIBLE 以保证它不会马上投入运行。

(6) 调用 get_pid()为新进程获取一个有效的 PID。

(7) 然后,更新不能从父进程继承的 PCB 的其他所有域,例如,进程间亲属关系的域。

(8) 根据传递给 clone()的参数标志,拷贝或共享打开的文件、文件系统信息、信号处理函数、进程的虚拟地址空间(参见第 4 章)等。如果进程包含有线程,则其所有线程共享这些资源,无须拷贝;否则,这些资源对每个进程是不同的,因此被拷贝。

(9) 把新的 PCB 插入进程链表,以确保进程之间的亲属关系。

(10) 把新的 PCB 插入 pidhash 哈希表。

(11) 把子进程 PCB 的状态域设置成 TASK_RUNNING,并调用 wake_up_process()把子进程插入到运行队列链表。

(12) 让父进程和子进程平分剩余的时间片。

(13) 返回子进程的 PID,这个 PID 最终由用户态下的父进程读取。

现在有了处于可运行状态的完整子进程,但是,它还没有实际运行,由调度程序来决定何时把 CPU 交给这个子进程。在 fork()或 clone()系统调用结束时,新创建的子进程将开始执行。内核有意选择子进程首先执行,这是因为一般子进程都会马上调用 exec()函数,这样可以避免写时复制的额外开销,如果父进程首先执行,有可能会开始向地址空间写入。

子进程创建结束后,就该从内核态返回用户态了。用户态进程根据 fork()的返回值分别安排父进程和子进程执行不同的代码。

3.5.2 线程及其创建

线程是现代编程技术中常用的一种机制。该机制提供了在同一程序内可以运行多个线程,这些线程共享内存地址空间,除此之外还可以共享打开的文件和其他资源。

Linux 实现线程的机制非常独特。从内核的角度来说,它并没有线程这个概念。Linux 把所有的线程都当作进程来实现。内核并没有准备特别的调度算法或是定义特别的数据结构来表征线程。相反,线程仅仅被视为一个使用某些共享资源的进程。每个线程都拥有唯一隶属于自己的 task_struct,所以在内核中,它看起来就像是一个普通的进程,只是该进程和其他一些进程共享某些资源,如地址空间。

Linux 的内核线程是由 kernel_thread()函数在内核态下创建的,这个函数在内核中的实现是 C 语言中嵌套着汇编语言,但在某种程度上等价于下面的代码:

```
int kernel_thread(int ( * fn)(void * ), void * arg, unsigned long flags)
{
    pid_t p;
    p = clone( 0, flags | CLONE_VM );
    if ( p )                /* 父 */
        return p;
    else {                  /* 子 */
        fn(arg);
        exit();
    }
}
```

clone()有很多标志,其中 CLONE_VM 表示父进程和子进程共享的地址空间。在 kernel_thread()返回时,父线程退出,并返回一个指向子线程的 PID。子线程开始运行 fn 指向的函数,arg 是运行时需要用到的参数。

一般情况下,内核线程会把在创建时得到的函数永远执行下去(除非系统重启)。该函数通常由一个循环构成,在需要的时候,这个内核线程就会被唤醒和执行,完成任务后,它会自动睡眠。

内核线程也可以叫内核任务,它们周期性地执行,例如,磁盘高速缓存的刷新、网络连接的维护、页面的换入换出等。在 Linux 中,内核线程与普通进程有一些本质的区别,从以下几个方面可以看出二者之间的差异。

(1) 内核线程执行的是内核中的函数,而普通进程只有通过系统调用才能执行内核中的函数。

(2) 内核线程只运行在内核态,而普通进程既可以运行在用户态,也可以运行在内核态。

(3) 因为内核线程只运行在内核态,因此,它只能使用大于 PAGE_OFFSET(3GB)的地址空间。另一方面,不管在用户态还是内核态,普通进程可以使用 4GB 的地址空间(参见第 4 章)。

下面描述几个特殊的内核线程。

1. 进程 0

内核是一个大程序,它可以控制硬件,并创建、运行、终止及控制所有进程。内核被加载到内存后,首先由完成内核初始化工作的 start_kernel()函数从无到有地创建一个内核线程 swap,并设置其 PID 为 0。因为 Linux 对进程和线程统一编号,也把它叫进程 0,又叫闲逛进程(Idle Process)。进程 0 执行的是 cpu_idle()函数,该函数中只有一条 hlt 汇编指令,hlt 指令在系统闲置时不仅能降低电力的使用还能减少热的产生。如前所述,进程 0 的 PCB 叫做 init_task,在很多链表中起链表头的作用。当就绪队列没有其他进程时,闲逛进程 0 就被调度程序选中,以此达到省电的目的。

2. 进程 1

如前所述,init 进程是 1 号进程,实际上,Linux 2.6 在初始化阶段首先把它建为一个内

核线程 kernel_init:

```
kernel_thread(kernel_init, NULL, CLONE_FS |CLONE_FILE S| CLONE_SIGHAND);
```

参数 CLONE_FS | CLONE_FILES | CLONE_SIGHAND 表示 0 号线程和 1 号线程分别共享文件系统(CLONE_FS)、打开的文件(CLONE_FILES)和信号处理程序(CLONE_SIGHAND)。当调度程序选择到 kernel_init 内核线程时,kernel_init 就开始执行内核的一些初始化函数将系统初始化。

那么,kernel_init()内核线程是怎样变为用户进程的呢? 实际上,kernel_init()内核函数中调用了 execve()系统调用,该系统调用装入用户态下的可执行程序 init(/sbin/init)。注意,内核函数 kernel_init()和用户态下的可执行文件 init 是不同的代码,处于不同的位置,也运行在不同的状态,因此,init 是内核线程启动起来的一个普通的进程,这也是用户态下的第一个进程。init 进程从不终止,因为它创建和监控操作系统外层所有进程的活动。

3.6 与进程相关的系统调用及其应用

以上介绍的是操作系统内核对进程所进行的管理。下面从编程者的角度来说明开发人员如何利用内核提供的系统调用进行程序的开发。这一方面有助于读者对操作系统内部有进一步了解,另一方面有助于读者在应用程序的开发中充分利用系统调用来提升程序的质量。

前面我们已经对 getpid,fork,exec 等系统调用有了初步了解,下面在对这些系统调用进一步了解的基础上,另外介绍几个系统调用。

此外,在这里要说明的是每个系统调用在返回时除了返回正常值外,还要返回错误码。Linux 为了防止与正常的返回值混淆,并不直接返回错误码,而是将错误码放入一个名为 errno 的全局变量中。如果一个系统调用失败,就可以读出 errno 的值来确定问题所在。errno 不同数值所代表的错误消息定义在 errno. h 中,可以通过命令"man 3 errno"来察看它们。

3.6.1 fork 系统调用

如前所述,fork 系统调用的作用是复制一个进程。当一个进程调用它时,就出现两个几乎一模一样的进程,我们也由此得到了一个新进程。据说 fork 的名字就是来源于与叉子的形状颇有几分相似的工作流程。

回头看 2.1.4 节的进程举例。再次看到这个程序的时候,必须明确知道,在语句 pid=fork()之前,只有一个进程在执行这段代码。当执行到 fork()时,就陷入内核,具体说就是执行内核中的 do_fork()函数。于是,在这条语句之后,就变成两个进程在执行了。

fork 可能有以下三种不同的返回值。

(1) 父进程中,fork 返回新创建子进程的进程 ID;

(2) 子进程中,fork 返回 0;

(3) 如果出现错误,fork 返回一个负值。

fork 出错可能有两种原因:①当前的进程数已经达到了系统规定的上限,这时 errno

的值被设置为 EAGAIN；②系统内存不足，这时 errno 的值被设置为 ENOMEM。fork 系统调用出错的可能性很小，而且如果出错，一般都为第一种错误。如果出现第二种错误，说明系统已经没有可分配的内存，正处于崩溃的边缘，这种情况对 Linux 来说是很罕见的。

3.6.2 exec 系统调用

如果调用 fork 后，子进程和父进程几乎完全一样，而系统中产生新进程唯一的方法就是 fork，那岂不是系统中所有的进程都要一模一样吗？那要执行新的应用程序时候怎么办？多数情况下，执行完 fork 后，子进程需要执行与父进程不同的代码。例如，对于一个 shell，它首先从终端读取命令，然后创建一个子进程来执行该命令，shell 进程等待子进程执行完毕，然后再读取下一条命令。为了等待子进程结束，父进程执行一条 wait 系统调用。该系统调用使父进程阻塞，直到它的任一个子进程结束。

现在再来看 shell 如何使用 fork。当输入一条命令时，shell 首先创建一个子进程。用户的命令就是由该子进程执行，这是通过调用 exec 系统调用实现的。一个高度简化的 shell 框架如下：

```
while(TURE)                                      /* TURE 为 1,无限循环 */
  read_command(command, parameters);             /* 从终端读取命令 */
  if (fork()! = 0){                              /* 创建子进程 */
    /* Parent code */
    wait(NULL);                                  /* 等待子进程结束 */
  } else {
   /* Child code */
      exec(command, parameters,0);               /* 执行命令 */
      }
  }
```

wait 系统调用等待子进程的结束。exec 有三个参数：待执行的文件名、指向参数数组的指针和指向环境变量的指针。系统提供了若干例程来简化这些参数的使用，包括 execl，execv，execle 和 execve。本书采用 exec 来泛指所有这些系统调用。

exec 函数族的作用是根据指定的文件名找到可执行文件，换句话说，就是在调用进程内部执行一个可执行文件。这里的可执行文件既可以是二进制文件，也可以是 Linux 下任何可执行的脚本文件。

与一般情况不同，exec 函数族的函数执行成功后不会返回，因为调用进程的实体都已经被新的内容取代，只留下进程 ID 等一些表面上的信息仍保持原样，颇有些神似“三十六计”中的“金蝉脱壳”。看上去还是旧的躯壳，却已经注入了新的灵魂。只有调用失败了，它们才会返回一个－1，从原程序的调用点接着往下执行。

现在应该明白 Linux 下是如何执行新程序的了，每当有进程认为自己不能为系统和用户做出任何贡献时，它就可以发挥最后一点余热，调用任何一个 exec，让自己以新的面貌重生；或者，更普遍的情况是，如果一个进程想执行另一个程序，它就可以 fork 出一个新进程，然后调用任何一个 exec，这样看起来就好像通过执行应用程序而产生了一个新进程一样。

事实上第二种情况被应用得非常普遍，以至于 Linux 专门为其做了优化，这就是前面所说的"写时复制"技术,使得 fork 结束后并不立刻复制父进程的内容,而是到了真正实用的时候才复制,这样如果下一条语句是 exec,它就不会白白作无用功了,也就提高了效率。

3.6.3 wait 系统调用

进程一旦调用了 wait,就立即阻塞自己,由 wait 自动分析是否当前进程的某个子进程已经退出,如果它找到了这样一个已经变成僵尸的子进程,wait 就会收集这个子进程的信息,释放其 PCB,并把它彻底销毁后返回;如果没有找到这样一个子进程,wait 就会一直阻塞在这里,直到有一个出现为止。

1. 参数为空

wait 的函数原型为:pid_t wait(int * status)。

其中参数 status 用来保存被收集进程退出时的一些状态,它是一个指向 int 类型的指针。但如果我们对这个子进程是如何死掉的毫不在意,只想把这个僵尸进程消灭(事实上绝大多数情况下,都会这样想),就可以设定这个参数为 NULL,就像下面这样:

```
pid = wait(NULL);
```

如果成功,wait 会返回被收集的子进程的进程 ID,如果调用进程没有子进程,调用就会失败,此时 wait 返回-1,同时 errno 被置为 ECHILD。

下面就用一个例子来实战应用一下 wait 调用:

```
/* wait1.c */
#include <sys/types.h>
#include <sys/wait.h>
#include <unistd.h>
#include <stdlib.h>
main()
{
        pid_t pc, pr;
        pc = fork();
        if(pc < 0)                          /* 如果出错 */
            printf("error ocurred!\n");
            else if(pc == 0){               /* 如果是子进程 */
            printf("This is child process with pid of %d\n",getpid());
        sleep(10);                          /* 睡眠 10s */
        }
        else{                               /* 如果是父进程 */
            pr = wait(NULL);                /* 在这里等待 */
            printf("I catched a child process with pid of %d\n",pr);
        }
        exit(0);
}
```

编译并运行该程序:

```
$ cc wait1.c -o wait1
$ ./wait1
```

```
This is child process with pid of 1508
I catched a child process with pid of 1508
```

运行时可以明显注意到，在第 2 行结果打印出来前有 10s 的等待时间，这就是我们设定的让子进程睡眠的时间，只有子进程从睡眠中苏醒过来，它才能正常退出，也就才能被父进程捕捉到。其实不管设定子进程睡眠的时间有多长，父进程都会一直等待下去，读者如果有兴趣，可以试着自己修改一下这个数值，看看会出现怎样的结果。

另外，某些时候，父进程要等待子进程算出结果后才进行下一步的运算，或者子进程的功能是为父进程提供了下一步执行的先决条件（例如子进程建立文件，而父进程写入数据），此时父进程就必须在某一个位置停下来，等待子进程运行结束，而如果父进程不等待而直接执行下去，可能会出现极大的混乱。这种情况称为进程之间的同步，更准确地说，这是进程同步的一种特例。进程同步就是要协调好两个以上的进程，使之以安排好的次序依次执行。解决进程同步问题有更通用的方法，将在以后介绍，但对于我们假设的这种情况，则完全可以用 wait 系统调用简单地予以解决。

前面这段程序还说明，当 fork 调用成功后，父进程和子进程各做各的事情，但当父进程的工作告一段落，需要用到子进程的结果时，它就调用 wait 等待，一直到子进程运行结束，然后利用子进程的结果继续执行，这样就圆满地解决了进程同步问题。

2. 参数不为空

如果参数 status 的值不是 NULL，wait 就会把子进程退出时的状态取出并存入其中，这是一个整数值（int），指出了子进程是正常退出还是被非正常结束的（一个进程也可以被其他进程用信号结束），以及正常结束时的返回值，或被哪一个信号结束的等信息。由于这些信息被存放在一个整数的不同二进制位中，所以用常规的方法读取会非常麻烦，人们就设计了一套专门的宏（macro）来完成这项工作，下面说明其中最常用的两个。

(1) WIFEXITED(status)：这个宏用来指出子进程是否为正常退出的，如果是，它会返回一个非零值（注意，这里的 status 为整数，而 wait 的参数为指向整数的指针）。

(2) WEXITSTATUS(status)：当 WIFEXITED 返回非零值时，这个宏用来提取子进程的返回值。

3.6.4 exit 系统调用

从 exit 的名字可以看出，这个系统调用是用来终止一个进程的。无论 exit 在程序中处于什么位置，只要执行到该系统调用就陷入内核，执行该系统调用对应的内核函数 do_exit()。该函数回收与进程相关的各种内核数据结构，把进程的状态置为 TASK_ZOMBIE，并把其所有的子进程都托付给 init 进程，最后调用 schedule()函数，选择一个新的进程运行。

```
exit 的函数原型为: void exit(int status);
```

exit 系统调用带有一个整数类型的参数 status，可以利用这个参数传递进程结束时的状态，比如说，该进程是正常结束的，还是出现某种意外而结束的，一般来说，0 表示没有意外的正常结束；其他的数值表示进程非正常结束，出现了错误。在实际编程时，可以用 wait 系统调用接收子进程的返回值，从而针对不同的情况进行不同的处理。

这里要说明的是,在一个进程调用了 exit 之后,该进程并非马上就消失,而是仅仅变为僵尸状态。僵尸状态的进程(称其为僵死进程)是非常特殊的,虽然它已经放弃了几乎所有内存空间,没有任何可执行代码,也不能被调度,但它的 PCB 还没有被释放。

僵尸进程的 PCB 中保存着对程序员和系统管理员非常重要的很多信息,比如,这个进程是怎么死亡的?是正常退出呢,还是出现了错误,还是被其他进程强迫退出的?其次,这个进程占用的总系统 CPU 时间和总用户 CPU 时间分别是多少?发生缺页中断的次数和收到信号的数目又是多少?这些信息都被存放在其 PCB 中。试想如果没有僵尸状态的进程,进程一退出,所有与之相关的信息都立刻归于无形,而此时程序员或系统管理员想知道这些信息时就束手无策了。

当一个进程调用 exit 已退出,但其父进程还没有调用系统调用 wait 对其进行收集之前的这段时间里,它会一直保持僵尸状态,利用这个特点,下面给出一个简单的小程序:

```
#include <sys/types.h>
#include <unistd.h>
main()
{
        pid_t pid;
        pid = fork();
        if(pid < 0)
                printf("error occurred!\n");
        else if(pid == 0)
                exit(0);
        else
                { sleep(60);          /* 睡眠60s,这段时间里,父进程什么也干不了 */
                wait(NULL);           /* 收集僵尸进程的信息 */
            }
}
```

sleep 的作用是指定让进程睡眠的秒数,在这 60s 内,子进程已经退出,而父进程正忙着睡觉,不可能对它进行收集,这样,就能保持子进程 60s 的僵尸状态。

那么,如何收集这些信息,并终结这些僵尸的进程呢?这就要靠前面讲到的 wait 系统调用。其作用就是收集僵尸进程留下的信息,同时使这个进程彻底消失。

3.6.5 进程的一生

下面用一些形象的比喻,来对进程短暂的一生做一个小小的总结。

随着一句 fork,一个新进程呱呱落地,但这时它只是老进程的一个克隆。然后,随着 exec,新进程脱胎换骨,离家独立,开始了独立工作的职业生涯。

人有生老病死,进程也一样,它可以是自然死亡,即运行到 main 函数的最后一个"}",从容地离我们而去;也可以是中途退场,退场有两种方式,一种是调用 exit 函数,一种是在 main 函数内使用 return,无论哪一种方式,它都可以留下留言,放在返回值里保留下来;甚至它还可能被谋杀,被其他进程通过另外一些方式结束它的生命。

进程死掉以后,会留下一个空壳,wait 站好最后一班岗,打扫战场,使其最终归于无形。这就是进程完整的一生。

3.7 系统调用及应用

以下是用户态下模拟执行命令的一个示例程序。父进程打印控制菜单,并且接收命令,然后创建子进程,让子进程去处理任务,而父进程继续打印菜单并接收命令。

```
#include <stdio.h>
#include <stdlib.h>
#include <signal.h>
#include <sys/types.h>
#include <sys/wait.h>
#include <string.h>

int main(int argc, char *argv[])
{
        pid_t pid;
        char cmd;
        char *arg_psa[] = {"ps", "-a", NULL};
        char *arg_psx[] = {"ps", "-x", NULL};

        while (1) {
                printf("----------------------------------\n");
                printf("输入 a 执行'ps -a'命令\n");
                printf("输入 x 执行'ps -x'命令\n");
                printf("输入 q 退出\n");
                cmd = getchar();              /*接收输入命令字符*/
                getchar();

                if ((pid = fork()) < 0){      //创建子进程
                        perror("fork error:");
                        return -1;
                }//进程创建成功
                if(pid == 0) {                /*子进程*/
                        switch (cmd) {
                                case 'a':
                                        execve("/bin/ps", arg_psa, NULL);
                                        break;
                                        case 'x':
                                        execve("/bin/ps", arg_psx, NULL);
                                        break;
                                        case 'q':
                                        break;
                                        default:
                                        perror("wrong cmd:\n");
                                        break;
                        }                     /*子进程到此结束*/
                        exit(0);  /*此处有意设置子进程提前结束,因为它的任务已
经完成
                } else if (pid > 0) {         /*父进程*/
```

```
                    if ( cmd == 'q' )
                            break;
                }
        }  /*进程退出循环*/
        while(waitpid(-1,NULL,WNOHANG) > 0);/*父进程等待回收子进程*/
        return 0;
}
```

3.8 小结

本章从进程的引入开始,阐述了进程的各个方面,包括进程上下文、进程层次结构、进程状态,尤其是对进程控制块进行了比较全面的介绍。task_struct 结构作为描述 Linux 进程的核心数据结构,熟悉和掌握它是深入了解进程的入口点。另外,进程控制块的各种组织方式如链表、散列表、队列等数据结构是管理和调度进程的基础。在这些基础上,对核心内容进程调度进行了代码级的描述,并给出了 Linux 新版本中改进的方法和思路。最后,以进程系统调用的剖析和应用来结束本章。

习题

1. 通过一个程序的执行过程说明程序和进程两个概念的区别。
2. 为什么要引入进程?
3. 什么是进程控制块?它包含哪些基本信息?打开源代码,查看 sched.h 文件中对 task_struct 的定义,确认一下你已经认识哪些域。
4. Linux 内核的状态有哪些?请画出状态转换图,查看最新源代码,以确认有哪些状态。
5. 自己定义一个进程控制块,其中只包含状态信息、标识符及进程的亲属关系信息,写两个函数,一个函数向进程树中插入一个进程,另一个函数从进程树中删除一个进程。
6. Linux 的进程控制块如何存放?为什么?假设 ESP 中存放的是栈顶指针,请用三句汇编语句描述如何获得 current 的 PCB 的地址。
7. PCB 的组织方式有哪几种?为什么要采取这些组织方式?
8. 请编写内核模块,打印系统中各进程的名字以及 PID,同时统计系统中进程的个数。
9. 一个好的调度算法要考虑哪些方面?为什么?
10. 查看 2.4 版本内核中 Sched.c 文件中 schedule()的实现代码,画出实现 schedule()的流程图。
11. 什么是写时复制技术,这种技术在什么情况下最能发挥其优势?
12. 查看 fork.c 中 fork 的实现代码,画出实现 fork()的流程图。
13. 0 号进程在什么时候被创建?在什么情况下才被调度执行?
14. init 内核线程与 init 进程是一回事吗?它们有什么本质的区别?
15. 用 fork 写一个简单的测试程序,从父进程和子进程中打印信息。信息应该包括父进程和子进程的 PID。执行程序若干次,看两个信息是否以同样的次序打印。

16. 把 wait()和 exit()系统调用加到前一个练习中,使子进程的退出状态返回给父进程,并将它包含在父进程的打印信息中。执行若干次,观察结果。

17. 根据 3.7 节给出的例子,自己写出一个完整的程序,其中调用了进程相关的系统调用。

第4章 内存管理

存储器是一种必须仔细管理的重要资源。在理想的情况下，每个程序员都喜欢无穷大、快速并且内容不易变(即掉电后内容不会丢失)的存储器，同时又希望它是廉价的。但不幸的是，当前技术没有能够提供这样的存储器，因此大部分的计算机都有一个存储器层次结构，即少量的非常快速、昂贵、易变的高速缓存(Cache)；若干兆字节的中等速度、中等价格、易变的主存储器(RAM)；数百兆或数千兆的低速、廉价、不易变的磁盘。这些资源的合理使用与否直接关系着系统的效率。

4.1 Linux 的内存管理概述

Linux 是为多用户多任务设计的操作系统，所以存储资源要被多个进程有效共享；且由于程序规模的不断膨胀，要求的内存空间比从前大得多。Linux 内存管理的设计充分利用了计算机系统所提供的虚拟存储技术，真正实现了虚拟存储器管理。

第 2 章介绍的 80x86 的段机制和页机制是操作系统实现虚拟存储管理的一种硬件平台。实际上，Linux 不仅仅可以运行在 Intel 系列个人计算机上，还可以运行在 Apple、DEC Alpha、MIPS 和 Motorola 68K 等系列上，这些平台都支持虚拟存储器管理，而我们之所以选择 80x86，是因为它更具代表性和普遍性。

关于内存管理，读者可能对以下问题比较困惑。

(1) 一个源程序编译链接后形成的地址空间是虚地址空间还是物理地址空间？如何管理？

(2) 程序装入内存的过程中，虚地址如何被转换为物理地址？

本章将围绕这两大问题展开讨论，在讨论的过程中，会涉及其他方面的技术问题。

4.1.1 虚拟内存、内核空间和用户空间

从第 2 章我们知道，Linux 简化了分段机制，使得虚地址与线性地址总是一致的。线性空间在 32 位平台上为 4GB 的固定大小，也就是 Linux 的虚拟地址空间也这么大。Linux 内核将这 4GB 的空间分为两部分。最高的 1GB(从虚地址 0xC0000000 到 0xFFFFFFFF)供内核使用，称为"内核空间"。而较低的 3GB(从虚地址 0x00000000 到 0xBFFFFFFF)，供各个进程使用，称为"用户空间"。因为每个进程可以通过系统调用进入内核，因此，Linux 内核空间由系统内的所有进程共享。于是，从具体进程的角度来看，每个进程可以拥有 4GB

的虚拟地址空间(也叫虚拟内存)。图 4.1 中给出了进程虚拟地址空间示意图。

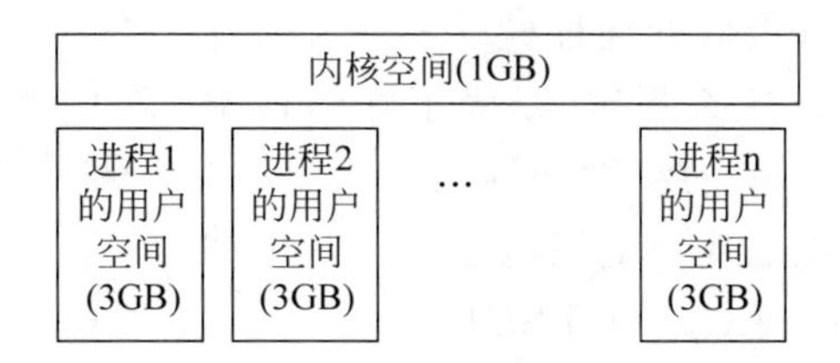

图 4.1 进程虚拟地址空间

从图 4.1 中可以看出,每个进程有各自的私有用户空间(0～3GB),这个空间对系统中的其他进程是不可见的。最高的 1GB 内核空间则为所有进程以及内核所共享。另外,进程的"用户空间"也叫"地址空间",在后面的叙述中,对这两个术语不再区分。

图 4.1 也说明,用户空间不是被进程共享的,而是被进程隔离的。每个进程最大可以有 3GB 的用户空间。一个进程对其中一个地址的访问,与其他进程对于同一地址的访问绝不冲突。比如,一个进程从其用户空间的地址 0x1234ABCD 处可以读出整数 8,而另外一个进程从其用户空间的地址 0x1234ABCD 处可以读出整数 20,这取决于进程自身的逻辑。

任意一个时刻,在一个 CPU 上只有一个进程在运行。所以对于此 CPU 来讲,在这一时刻,整个系统只存在一个 4GB 的虚拟地址空间,这个虚拟地址空间是面向此进程的。当进程发生切换的时候,虚拟地址空间也随着切换。由此可以看出,每个进程都有自己的虚拟地址空间,只有此进程运行的时候,其虚拟地址空间才被运行它的 CPU 所知。在其他时刻,其虚拟地址空间对于 CPU 来说,是不可知的。所以尽管每个进程都可以有 4 GB 的虚拟地址空间,但在 CPU 眼中,只有一个虚拟地址空间存在。虚拟地址空间的变化,随着进程切换而变化。

从第 2 章我们知道,一个程序编译链接后形成的地址空间是一个虚拟地址空间,但是程序最终还是要运行在物理内存中。因此,应用程序所给出的任何虚地址最终必须被转化为物理地址,所以,虚拟地址空间必须被映射到物理内存空间中,这个映射关系需要通过硬件体系结构所规定的数据结构来建立。这就是第 2 章所描述的段描述符表和页表,Linux 主要通过页表来进行映射。

于是,我们得出一个结论,如果给出的页表不同,那么 CPU 将某一虚拟地址空间中的地址转化成的物理地址就会不同。所以我们为每一个进程都建立其页表,将每个进程的虚拟地址空间根据自己的需要映射到物理地址空间上。既然某一时刻在某一 CPU 上只能有一个进程在运行,那么当进程发生切换的时候,将页表也更换为相应进程的页表,这就可以实现每个进程都有自己的虚拟地址空间而互不影响。所以,在任意时刻,对于一个 CPU 来说,只需要有当前进程的页表,就可以实现其虚拟地址到物理地址的转化。

1. 内核空间到物理内存的映射

内核空间对所有的进程都是共享的,其中存放的是内核代码和数据,而进程的用户空间中存放的是用户程序的代码和数据。不管是内核程序还是用户程序,它们被编译和链接以后,所形成的指令和符号地址都是虚地址(参见 2.5 节中的例子),而不是物理内存中的物理地址。

虽然内核空间占据了每个虚拟空间中的最高1GB，但映射到物理内存却总是从最低的地址(0x00000000)开始的，如图4.2所示，之所以这么规定，是为了在内核空间与物理内存之间建立起简单的线性映射关系。其中，3GB(0xC0000000)就是物理地址与虚拟地址之间的位移量，在Linux代码中就叫做PAGE_OFFSET。

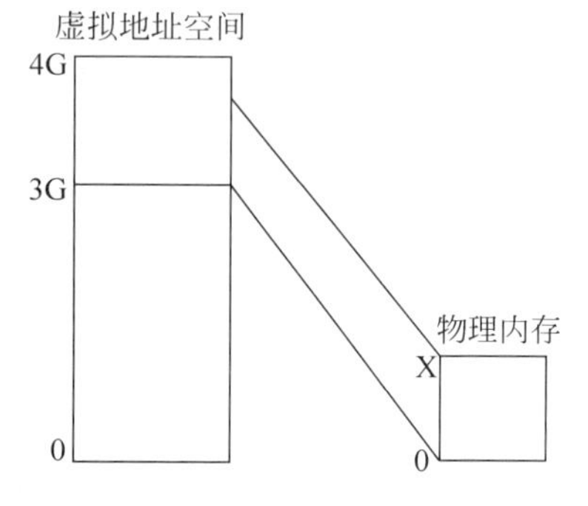

图4.2 内核的虚拟地址空间到物理地址空间的映射

在page.h头文件中对内核空间中地址映射的说明及定义如下。

```
#define __PAGE_OFFSET           (0xC0000000)
......
#define PAGE_OFFSET             ((unsigned long)__PAGE_
OFFSET)
#define __pa(x)                 (unsigned long)(x) - PAGE_OFFSET)
#define __va(x)                 ((void *)((unsigned long)(x) + PAGE_OFFSET))
```

对于内核空间而言，给定一个虚地址 x，其物理地址为 $x-$ PAGE_OFFSET，给定一个物理地址 x，其虚地址为 $x+$ PAGE_OFFSET。

例如，进程的页目录PGD(Page Global Directory)就处于内核空间中。在进程切换时，要将寄存器CR3设置成指向新进程的页目录PGD，而该目录的起始地址在内核空间中是虚地址，但CR3所需要的是物理地址，这时要用__pa()进行地址转换：

```
asm volatile("movl %0, %%cr3": :"r" (__pa(next->pgd));
```

这是一行嵌入式汇编代码，其含义是将下一个进程的页目录起始地址next_pgd，通过__pa()转换成物理地址，存放在某个寄存器中，然后用movl指令将其写入CR3寄存器中。经过这行语句的处理，CR3就指向新进程next的页目录PGD。

这里再次说明，宏__pa()仅仅把一个内核空间的虚地址映射到物理地址，而决不适用于用户空间，用户空间的地址映射要复杂得多，它通过分页机制完成。

2. 内核映像

在下面的描述中，我们把内核的代码和数据叫做内核映像(Kernel Image)。当系统启动时，Linux内核映像被装入在物理地址0x00100000开始的地方，即1MB开始的区间，这1M用来存放一些与系统硬件相关的代码和数据，如图4.3所示，内核只占用从0x100000开始到start_mem结束的一段区域。从start_mem到end_mem这段区域叫动态内存，是用户程序和数据使用的内存区。

0　　0x100000　　start_mem　　end_mem

图4.3 系统启动后的物理内存布局

然而，在正常运行时，整个内核映像应该在虚拟内存的内核空间中，因为链接程序在链接内核映像时，在所有的符号地址上加了一个偏移量PAGE_OFFSET，这样，内核映像在内核空间的起始地址就为0xC0100000。

4.1.2 虚拟内存实现机制间的关系

Linux 虚拟内存的实现需要多种机制的支持，因此，本章将围绕以下几种核心机制进行介绍。

- 地址映射机制；
- 请页机制；
- 内存分配和回收机制；
- 交换机制；
- 缓存和刷新机制。

这几种机制的关系如图 4.4 所示。

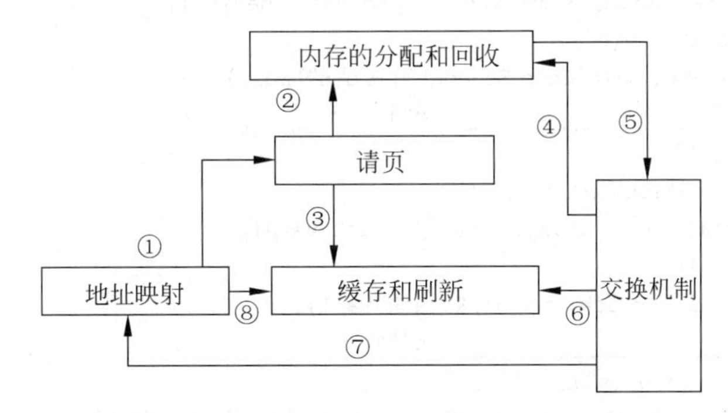

图 4.4 虚拟内存实现机制及之间的关系

首先内核通过映射机制把进程的虚拟地址映射到物理地址，在进程运行时，如果内核发现进程要访问的页没有在物理内存时，就发出了请页要求①；如果有空闲的内存可供分配，就请求分配内存②（于是用到了内存的分配和回收），并把正在使用的物理页记录在页缓存中③（使用了缓存机制）。如果没有足够的内存可供分配，那么就调用交换机制，腾出一部分内存④⑤。另外在地址映射中要通过 TLB（翻译后援存储器）来寻找物理页⑧；交换机制中也要用到交换缓存⑥，并且把物理页内容交换到交换文件中后也要修改页表来映射文件地址⑦。

4.2 进程的用户空间管理

如前所述，每个进程最大可以拥有 3GB 的私有虚存空间。那么，这 3GB 的空间是如何划分的？概括地说，用户程序经过编译、链接后形成的二进制映像文件有一个代码段和数据段，其中代码段在下，数据段在上。数据段中包括了所有静态分配的数据空间，即全局变量和所有声明为 static 的局部变量，这些空间是进程所必需的基本要求，是在建立一个进程的运行映像时就分配好的。除此之外，堆栈使用的空间也属于基本要求，所以也是在建立进程时就分配好的，如图 4.5 所示。

由图 4.5 可以看出，堆栈段安排在用户空间的顶部，运行时由顶向下延伸；代码段和数据段则在底部，运行时并不向上延伸。从数据段的顶部到堆栈段地址的下沿这个区间是一个巨大的空洞,这就是进程在运行时调用 malloc()可以动态分配的空间,也叫动态内存或堆。BSS(Block Started by Symbol)是未初始化的数据段。

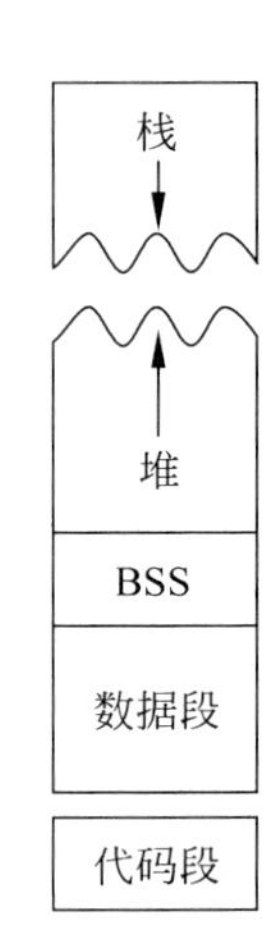

图 4.5 进程用户空间的划分

可以写一个用户态下的程序 example.c 来打印出各个区间的起始地址:

```
#include<stdio.h>
#include<malloc.h>
#include<unistd.h>
int bss_var;
int data_var0 = 1;
int main(int argc,char * * argv)
{
  printf("below are addresses of types of process's mem\n");
  printf("Text location:\n");
  printf("\tAddress of main(Code Segment): %p\n",main);
  printf("____________________________\n");
  int stack_var0 = 2;
  printf("Stack Location:\n");
  printf("\tInitial end of stack: %p\n",&stack_var0);
  int stack_var1 = 3;
  printf("\tnew end of stack: %p\n",&stack_var1);
  printf("____________________________\n");
  printf("Data Location:\n");
  printf("\tAddress of data_var(Data Segment): %p\n",&data_var0);
  static int data_var1 = 4;
  printf("\tNew end of data_var(Data Segment): %p\n",&data_var1);
  printf("____________________________\n");
  printf("BSS Location:\n");     /*未初始化代码段*/
  printf("\tAddress of bss_var: %p\n",&bss_var);
  printf("____________________________\n");
  char *b = sbrk((ptrdiff_t)0);
  printf("Heap Location:\n");
  printf("\tInitial end of heap: %p\n",b);
  brk(b + 4);
  b = sbrk((ptrdiff_t)0);
  printf("\tNew end of heap: %p\n",b);
  return 0;
}
```

其中,sbrk() 函数用来增加分配给程序的数据段的空间。

该程序的结果如下。

```
below are addresses of types of process's mem
Text location:
   Address of main(Code Segment):0x8048388
____________________________
Stack Location:
   Initial end of stack:0xbffffab4
   new end of stack:0xbffffab0
____________________________
```

```
Data Location:
   Address of data_var(Data Segment):0x8049758
   New end of data_var(Data Segment):0x804975c
______________________________
BSS Location:
   Address of bss_var:0x8049864
______________________________
Heap Location:
   Initial end of heap:0x8049868
   New end of heap:0x804986c
```

利用 size 命令也可以看到程序各段的大小，比如执行 size example 会得到：

```
text data bss dec hex filename
1654 280   8 1942 796 example
```

但这些数据是程序编译的静态统计，而上面显示的是进程运行时的动态值，两者是对应的。

前面的例子中我们看到的地址 0x804xxxx 是虚地址。尽管每个进程拥有 3GB 的用户空间，但是其中的地址都是虚地址。因此，用户进程在这个虚拟内存中并不能真正地运行起来，必须把用户空间中的虚地址最终映射到物理存储空间才行，而这种映射的建立和管理是由内核完成的。所谓向内核申请一块空间，实际上是指请求内核分配一块虚存区间(如，数据段区间从 0x8049758 到 0x804975c)和相应的若干物理页面，并建立映射关系。

内核在创建进程时并不是为整个用户空间都分配好相应的物理空间，而是根据需要才真正分配一些物理页面并建立映射。在后面会看到，系统利用了请页机制来避免对物理内存的过分使用。因为进程访问的用户空间中的页可能当前不在物理内存中，这时，操作系统通过请页机制把数据从磁盘装入到物理内存。为此，系统需要修改进程的页表，以便标志用户空间中的页已经装入到物理页面中。由于上面这些原因，Linux 采用了比较复杂的数据结构跟踪进程的用户地址空间。

4.2.1 进程用户空间的描述

一个进程的用户地址空间主要由两个数据结来描述。一个是 mm_struct 结构，它对进程的整个用户空间进行描述，简称内存描述符；另一个是 vm_area_structs 结构，它对用户空间中各个区间(简称虚存区)进行描述(这里的虚存区就是上例中的代码区，未初始化数据区，数据区以及堆栈区等)。Linux 内核版本不同，对这些结构的定义也可能稍有不同，为了简单起见，给出这些结构主要域的定义。

1. mm_struct 结构

mm_strcut 用来描述一个进程的虚拟地址空间，在/include/linux/mm_types. h 中主要域描述如下。

该结构用来描述进程的整个用户空间，具体定义如下：

```
struct mm_struct {
        struct vm_area_struct * mmap;
```

```
        rb_root_t mm_rb;
        struct vm_area_struct * mmap_cache;
        pgd_t * pgd;
        atomic_t mm_users;
        atomic_t mm_count;
        int map_count;
        struct rw_semaphore mmap_sem;
        spinlock_t page_table_lock;
        struct list_head mmlist;
        unsigned long start_code, end_code, start_data, end_data;
        unsigned long start_brk, brk, start_stack;
        unsigned long arg_start, arg_end, env_start, env_end;
        unsigned long rss, total_vm, locked_vm;
        unsigned long def_flags;
        …
};
```

对主要域的解释如表 4.1 所示。

表 4.1 对 mm_struct 结构中主要域的说明

域 名	说 明
mmap	指向线性区对象的链表头
mm_rb	指向线性区对象的红黑树的根
mmap_cahce	最近一次用到的虚存区很可能下一次还要用到，因此，把最近用到的虚存区结构放入高速缓存，这个虚存区就由 mmap_cache 指向
pgd	进程的页目录基地址，当调度程序调度一个进程运行时，就将这个地址转成物理地址，并写入控制寄存器(CR3)
mm_user	表示共享地址空间的进程数目
mm_count	对 mm_struct 结构的引用进行计数。为了在 Linux 中实现线程，内核调用 clone 派生一个线程，线程和调用进程共享用户空间，即 mm_struct 结构，派生后系统会累加 mm_struct 中的引用计数
map_count	在进程的整个用户空间中虚存区的个数
mmap_sem	线性区的读写信号量
page_table_lock	线性区的自旋锁和页表的自旋锁
mmlist	所有 mm_struct 通过 mmlist 域链接成双向链表，链表的第一个元素是 idle 进程的 mm_struct 结构
start_code，end_code start_data，end_data	进程的代码段和数据段的起始地址和终止地址
start_brk，brk start_stack	每个进程都有一个特殊的地址区间，这个区间就是所谓的堆，也就是图 4.5 中的空洞。前两个域分别描述堆的起始地址和终止的地址，最后一个域描述堆栈段的起始地址
arg_start，arg_end env_start，env_end	命令行参数所在的堆栈部分的起始地址和终止地址；环境串所在的堆栈部分的起始地址和终止地址
Rss，total_vm locked_vm	进程驻留在物理内存中的页面数，进程所需的总页数，被锁定在物理内存中的页数
def_flags	线性区默认的访问标志

对该结构进一步说明如下。

(1) 在内核代码中，指向这个数据结构的变量常常是 mm。

(2) 每个进程只有一个 mm_struct 结构，在每个进程的 task_struct 结构中，有一个指向该结构的指针。可以说，mm_struct 结构是对整个用户空间的描述。

(3) 一个进程的虚拟空间中可能有多个虚拟区间(参见下面对 vm_area_struct 的描述)，对这些虚拟区间的组织方式有两种，当虚拟区间较少时采用单链表，由 mmap 指针指向这个链表，当虚拟区间多时采用树结构。在 2.4.10 以前的版本中，采用的是 AVL 树结构，之后采用的是红黑树结构，因为与 AVL 树相比，对红黑树进行操作的效率更高。

(4) 因为程序中用到的地址常常具有局部性，因此，最近一次用到的虚拟区间很可能下一次还要用到，因此，把最近用到的虚拟区间结构应当放入高速缓存，这个虚拟区间就是由 mmap_cache 指向的。

(5) 指针 pgt 指向该进程的页目录(每个进程都有自己的页目录，注意同内核页目录的区别)，当调度程序调度一个程序运行时，就将这个地址转换成物理地址，并写入控制寄存器(CR3)。

(6) 由于进程的虚拟空间及其下属的虚拟区间有可能在不同的上下文中受到访问，而这些访问又必须互斥，所以在该结构中设置了用于 P、V 操作的信号量 mmap_sem。此外，page_table_lock 也是为类似的目的而设置的。

(7) 虽然每个进程只有一个虚拟地址空间，但这个地址空间可以被别的进程来共享，如，子进程共享父进程的地址空间(也即共享 mm_struct 结构)。所以，用 mm_user 和 mm_count 进行计数。类型 atomic_t 实际上就是整数，但对这种整数的操作必须是"原子"的。

(8) 另外，还描述了代码段、数据段、堆栈段、参数段以及环境段的起始地址和结束地址。这里的段是对程序的逻辑划分，与前面所描述的段机制是不同的。

2. VM_AREA_STRUCT 结构

vm_area_struct 用来描述进程用户空间的一个虚拟内存区间(Virtual Memory Area，VMA)，其定义如下：

```
struct vm_area_struct {
        struct mm_struct * vm_mm;
        unsigned long vm_start;
        unsigned long vm_end;
        struct vm_area_struct * vm_next;
        pgprot_t vm_page_prot;
        unsigned long vm_flags;
        struct rb_node_t vm_rb;
        struct vm_operations_struct * vm_ops;
        unsigned long vm_pgoff;
        struct file * vm_file;
        void * vm_private_data;
        …
};
```

对其主要域的解释如表 4.2 所示。

表 4.2 对 vm_area_struct 结构主要域的说明

域　名	说　明
vm_mm	指向虚存区所在的 mm_struct 结构的指针
vm_start,vm_end	虚存区的起始地址和终止地址
vm_page_prot	虚存区的保护权限
vm_flags	虚存区的标志
vm_next	构成线性链表的指针,按虚存区基址从小到大排列
vm_rb	用于红黑树结构
vm_ops	对虚存区进行操作的函数。这些给出了可以对虚存区中的页所进行的操作
vm_pgoff	映射文件中的偏移量。对匿名页,它等于 0、vm_start 或 PAGE_SIZE
vm_file	指向映射文件的文件对象
vm_private_data	指向内存区的私有数据

另外,与磁盘文件相关的域有 vm_pgoff 及 vm_file 等,为什么要设置这些域?这是因为在两种情况下虚存区中的页(或区间)会与磁盘发生关系。一种是磁盘交换区(Swap),当内存不够分配时,一些久未使用的页面可以被交换到磁盘的交换区,腾出物理页面以供急需的进程使用,这就是分页管理的"交换机制"。另一种情况是,将一个磁盘文件映射到进程的用户空间中,Linux 提供的 mmap()系统调用可以将一个打开的文件映射到进程的用户空间,此后就可以像访问内存中的字符数组那样来访问这个文件,而不必通过 lseek()、read()或 write()等进行文件操作。

为什么把进程的用户空间要划分为一个个区间?这是因为每个虚存区可能来源不同,有的可能来自可执行映像,有的可能来自共享库,而有的则可能是动态分配的内存区,对不同的区间可能具有不同的访问权限,也可能有不同的操作。因此 Linux 把进程的用户空间分割管理,并利用了虚存区处理函数(vm_ops)来抽象对不同来源虚存区的处理方法。Linux 在这里利用了面向对象的思想,即把一个虚存区看成一个对象,用 vm_area_structs 描述了这个对象的属性,其中的 vm_operation 结构描述了在这个对象上的操作,其定义如下:

```
struct vm_operations_struct {
        void ( * open)(struct vm_area_struct * area);
        void ( * close)(struct vm_area_struct * area);
        struct page * ( * nopage)(struct vm_area_struct * area,unsigned long address, int
unused);
        …;
};
```

vm_operations 结构中包含的是函数指针;其中,open()、close()分别用于虚存区的打开、关闭,而 nopage()是当虚存页面不在物理内存而引起的"缺页异常"时所应该调用的函数。图 4.6 中给出了虚存区的操作函数。

3. 相关数据结构之间的关系

进程控制块是内核中的核心数据结构。在进程的 task_struct 结构中包含一个 mm 域,它是指向 mm_struct 结构的指针。而进程的 mm_struct 结构则包含进程的可执行映像信

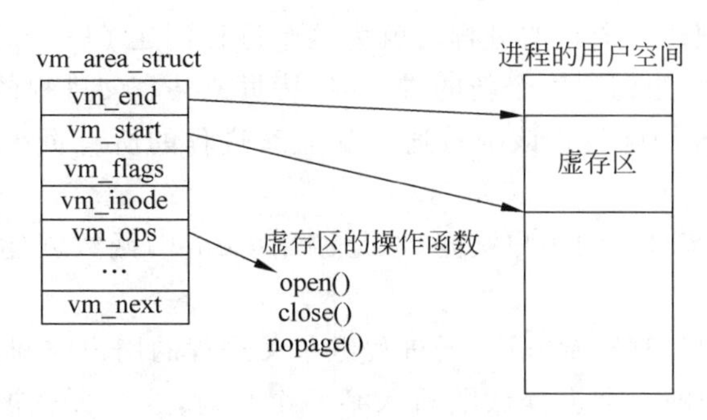

图 4.6 虚存区的操作函数

息以及进程的页目录指针 PGD 等。该结构还包含有指向 vm_area_struct 结构的几个指针，每个 vm_area_struct 代表进程的一个虚拟地址区间。这几个结构之间的关系如图 4.7 所示。

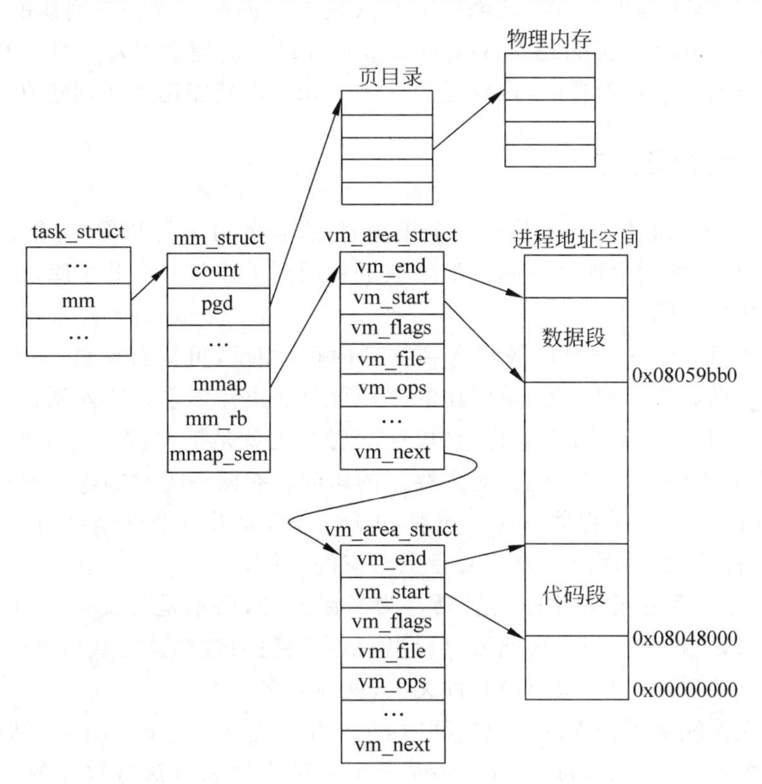

图 4.7 相关数据结构之间的关系示意图

从图 4.7 中可以看出，系统以用户虚拟内存地址的降序排列 vm_area_struct。在进程的运行过程中，Linux 要经常为进程分配虚存区，因此，vm_area_struct 结构的访问时间就成了性能的关键因素。为此，除链表结构外，Linux 还利用红黑树来组织 vm_area_struct。通过这种树结构，Linux 可以快速定位某个虚存区。

4.2.2 进程用户空间的创建

了解了以上数据结构后，读者会问进程的用户空间到底是什么时候创建的？实际上，在调用 fork()系统调用创建一个新的进程时就为这个进程创建了一个完整的用户空间。

在第 3.5 节中提到，当创建一个新的进程时，拷贝或共享父进程的用户空间，具体地说，就是内核调用 copy_mm()函数。该函数通过建立新进程的所有页表和 mm_struct 结构来创建进程的用户空间。

通常，每个进程都有自己的用户空间，但是调用 clone()函数创建内核线程时共享父进程的用户空间。

按照第 3 章讲述的写时复制方法，子进程继承父进程的用户空间：只要页是只读的，就依然共享它们。当其中的一个进程试图写入某一个页时，这个页就被复制一份；一段时间之后，所创建的进程通常获得与父进程不一样的完全属于自己的用户空间。而对于内核线程来说，它使用父进程的用户空间。因此创建内核线程比创建普通进程要快得多，而且只要父进程和子进程谨慎地调整它们的访问顺序，就可以认为页的共享是有益的。

由此可以看出，进程用户空间的创建主要依赖于父进程，而且，在创建的过程中所做的工作仅仅是 mm_struct 结构的建立、vm_area_struct 结构的建立以及页目录和页表的建立，并没有真正地复制一个物理页面，这也是为什么 Linux 内核能迅速地创建进程的原因之一。

4.2.3 虚存映射

当调用 exec()系统调用开始执行一个进程时，进程的可执行映像(包括代码段、数据段等)必须装入到进程的用户地址空间。如果该进程用到了任何一个共享库，则共享库也必须装入到进程的用户空间。

由此可看出，Linux 并不将映像装入到物理内存，相反，可执行文件只是被链接到进程的用户空间中。随着进程的运行，被引用的程序部分会由操作系统装入到物理内存，这种将映像链接到进程用户空间的方法被称为“虚存映射”，也就是把文件从磁盘映射到进程的用户空间，这样把对文件的访问转化为对虚存区的访问。有两种类型的虚存映射，如下。

(1) 共享的：有几个进程共享这一映射，也就是说，如果一个进程对共享的虚存区进行写，其他进程都能感觉到，而且会修改磁盘上对应的文件。

(2) 私有的：进程创建的这种映射只是为了读文件，而不是写文件，因此，对虚存区的写操作不会修改磁盘上的文件，由此可以看出，私有映射的效率要比共享映射的高。

除了这两种映射外，如果映射与文件无关，就叫匿名映射。

当可执行映像映射到进程的用户空间时，将产生一组 vm_area_struct 结构来描述各个虚拟区间的起始点和终止点，每个 vm_area_struct 结构代表可执行映像的一部分，可能是可执行代码，可能是初始化的变量或未初始化的数据，也可能是刚打开的一个文件，这些映射都是通过 mmap()系统调用对应的 do_mmap()内核函数来实现的。随着 vm_area_struct 结构的生成，这些结构所描述的虚拟内存区间上的标准操作函数也由 Linux 初始化。但要明确，在这一步还没有建立从虚拟内存到物理内存的映射。

这里要说明的是，do_mmap()主要建立了文件到虚存区的映射。那么，什么时候才建立虚存页面到物理页面的映射？其实，具体的映射是较复杂的，是一个动态变化的过程。因此，不管是从文件到虚存区的映射，还是虚存页面到物理页面映射，重要的并不是建立一个特定的映射，而是建立一套机制，一旦需要，可以根据当时的具体情况建立实际的映射。

当某个可执行映像映射到进程用户空间中并开始执行时，因为只有很少一部分虚存页面装入到了物理内存，可能会遇到所访问的数据不在物理内存。这时，处理器将向 Linux 报告一个页故障及其对应的故障原因，于是就用到了 4.3 节讲述的请页机制。

4.2.4 进程的虚存区举例

如前所述，进程的用户空间中包含代码段、数据段、堆栈段等程序段。mm_struct 结构中相应域描述了各个段的起始地址和终止地址。现在，通过一个简单的例子来描述 Linux 内核是如何把共享库及各个程序段映射到进程的用户空间的。假设用户进程的地址空间范围从 0x00000000 到 0xbfffffff，下面考虑一个最简单的 C 程序 exam.c。

例 4-1 查看进程的虚存区。

```
#include <stdio.h>
#include <stdlib.h>
#include <unistd.h>

int main(int argc, char **argv)
{
    int i;
    unsigned char *buff;

    buff = (char *)malloc(sizeof(char) * 1024);
    printf("My pid is : %d\n", getpid());
    for (i = 0; i < 60; i++) {
            sleep(60);
    }

    return 0;
}
```

编译：

```
$ gcc exam.c -o exam
$ ./exam&(在后台运行)
```

My pid is 9840（在用户的机器上可能是另一个 pid 值）

假定这个程序编译链接后的可执行代码位于/home/test/目录下，则这个进程对应的虚存区如表 4.3 所示（可以从/proc/9840/maps 得到这些信息）。注意，这里列出的所有区都是私有虚存映射（在许可权列出现的字母 p）。这是因为，这些虚存区的存在仅仅是为了给进程提供数据；当进程执行指令时，可以修改这些虚存区的内容，但与它们相关的磁盘上的文件保持不变，这就是私有虚存映射所起的保护作用。

从 0x8048000 开始的虚存区是/home/test/exam 文件的某一部分的虚存映射，范围从 0 到 0x1000 字节。许可权指定这个区域是可执行的（包含目标代码）、只读的（不可写，因为指令执行期间不能改变），并且是私有的，因此可以猜出这个区域映射了程序的代码段。

从 0x8049000 开始的虚存区是/home/test/exam 文件的另一部分的虚存映射，因为许可权指定这个私有区域可以被写，所以推断出它映射了程序的数据段。

表 4.3 exam 进程的虚存区

地 址 范 围	许 可 权	偏 移 量	所映射的文件
08048000-08049000	r-xp	00000000	/home/test/exam
08049000-0804a000	rw-p	00001000	/home/test/exam
40000000-40015000	r-xp	00000000	/lib/ld-2.3.2.so
40015000-40016000	rw-p	00015000	/lib/ld-2.3.2.so
40016000-40017000	rw-p	00000000	匿名
4002a000-40159000	r-xp	00000000	/lib/libc-2.3.2.so
40159000-4015e000	rw-p	0012f000	/lib/libc-2.3.2.so
4015e000-40160000	rw-p	00000000	匿名
bfffe000-c0000000	rwxp	fffff000	匿名

类似地，从 0x40000000、0x40015000 开始的虚存区分别对应动态连接库/lib/ld-2.3.2.so 的代码段和数据段。从 40016000 开始的虚存区是匿名的，也就是说，它与任何文件都无关，可以推断出它映射了链接程序的 BSS 段(未初始化的数据段)。紧接着的三个区映射了 C 库程序/lib/libc-2.3.2.so 的代码段、数据段和 BSS 段。最后一个虚存区是进程的堆栈。

另外，可以编写内核模块，查看某一进程的虚存区。

在进程的 task_struct(PCB)结构中，有如下定义：

```
struct task_struct {
    …
    struct mm_struct * mm; /* 描述进程的整个用户空间 */
…
};
```

在 mm_struct 结构中，又有如下定义：

```
struct mm_struct{
    …
    struct vm_area_struct * mmap; /* 描述进程的虚存区 */
    …
};
```

例 4-2 编写一个内核模块，打印进程的虚存区，其中通过模块参数把进程的 PID 传递给模块。

```
#include <linux/module.h>
#include <linux/init.h>
#include <linux/interrupt.h>
#include <linux/sched.h>

static int pid;

module_param(pid,int,0644);

static int __init memtest_init(void)
{
      struct task_struct * p;
```

```
        struct vm_area_struct *temp;

        printk("The virtual memory areas(VMA) are:\n");
        p = find_task_by_vpid(pid);                /*该函数因内核版本不同而稍有不同*/
        temp = p->mm->mmap;

        while(temp) {
                printk("start: %p\tend: %p\n", (unsigned long *)temp->vm_start,
(unsigned long *)temp->vm_end);
                temp = temp->vm_next;
        }

        return 0;
}
static void _exit memtest_exit(void)
{
        printk("Unloading my module.\n");
        return;
}
module_init(memtest_init);
module_exit(memtest_exit);
MODULE_LICENSE("GPL");
```

编译模块,运行例 4-1 中的程序,然后带参数插入模块,如下:

```
$ ./exam &
pid is :9413
$ sudo insmod mem.ko pid=9413
$ dmesg
```

可以看出,输出的信息与前面从 proc 文件系统中所读取的信息是一致的。

通过这个简单的例子可以看出,一个进程的虚拟地址空间是由一个个的虚存区组成。对进程用户空间的管理在很大程度上依赖于对虚存区的管理。

4.2.5 与用户空间相关的系统调用

对虚存区了解以后,我们来看一下哪些系统调用会对进程的用户空间及其虚存区产生影响,表 4.4 是几个主要的系统调用。

表 4.4 与用户空间相关的主要系统调用

系统调用	描述
fork()	创建具有新的用户空间的进程,用户空间中的所有页被标记为"写时复制",且由父进程和子进程共享,当其中的一个进程所访问的页不在内存时,这个页就被复制一份
mmap()	在进程的用户空间内创建一个新的虚存区
munmap()	销毁一个完整的虚存区或其中的一部分,如果要取消的虚存区位于某个虚存区的中间,则这个虚存区被划分为两个虚存区
exec()	装入新的可执行文件以代替当前用户空间中的内容
Exit()	销毁进程的用户空间及其所有的虚存区

对 fork()、exec()、exit()这几个系统调用在第 3 章已经介绍过，下面说明在用户程序中如何调用 mmap()，其原型为：

```
void * mmap (void * start , int length, int prot, int flags, int fd, int offset)
```

其中参数 fd 代表一个已打开的文件，offset 为文件的起点，而 start 为映射到用户空间的起始地址，length 则为长度(以字节为单位)。参数 prot 表示对所映射区间的访问模式，如可写、可读、可执行等，而 flags 用于以下控制目的。

MAP_SHARED：与子进程共享虚存区。

MAP_PRIVATE：子进程对这个虚存区是"写时复制"。

MAP_LOCKED：锁定这个虚存区，不能交换。

MAP_ANONYMOUS：匿名区，与文件无关。

例 4-3 映射一个 4 字节大小的匿名区，父进程和子进程共享这个匿名区。

```
#define N 10
int i,sum,fd;
int *result_ptr = mmap (0, 4, PROT_READ | PROT_WRITE,MAP_SHARED | MAP_ANONYMOUS, 0, 0);
int pid = fork();
If (pid==0) {              /* 子进程,进行计算 */
   for (sum=0,i=1; i<=N i++) sum+=i;
    *result_ptr = sum;
   } else {                /* 父进程,等待计算结果 */
     wait(0);
     printf("result = %d\n", *result_ptr);
   }
```

例 4-4 映射一个名为"test_data"的文件，文件包含的内容为"Hello，World!"。

```
int i,fd;
char * buf;
fd = open("test-data",O_RDONLY);
buf = mmap (0, 12, PROT_READ,
            MAP_PRIVATE, fd, 0);
for (i=0; i<12; i++)
printf ("%c\n",buf[i]);
```

把文件映射到进程的用户空间后，就可以像访问内存一样访问文件，如上例中把对文件的操作变为对数组的操作，而不必通过 lseek()、read()或 write()等进行文件操作。

4.3 请页机制

当一个进程运行时，CPU 访问的地址是用户空间的虚地址。Linux 采用请页机制来节约物理内存，也就是说，它仅仅把当前要使用的用户空间中的少量页装入物理内存。当访问的虚存页面尚未装入物理内存时，处理器将向 Linux 报告一个页故障及其对应的故障原因。页故障的产生有以下三种原因。

(1) 程序出现错误，例如，要访问的虚地址在 PAGE_OFFSET(3GB)之外，则该地址无效，Linux 将向进程发送一个信号并终止进程的运行；

(2) 虚地址有效，但其所对应的页当前不在物理内存中，即缺页异常[①]，这时，操作系统必须从磁盘或交换文件(此页被换出)中将其装入物理内存。这是本节要讨论的主要内容。

(3) 要访问的虚地址被写保护，即保护错误，这时，操作系统必须判断：如果是某个用户进程正在写当前进程的地址空间，则发送一个信号并终止进程的运行；如果错误发生在一旧的共享页上时，则处理方法有所不同，也就是要对这一共享页进行复制，这就是曾经描述过的"写时复制"技术。

4.3.1 缺页异常处理程序

当一个进程执行时，如果 CPU 访问到一个有效的虚地址，但是这个地址对应的页没有在内存中，则 CPU 产生一个缺页异常，同时将这个虚地址存入 CR2 寄存器(参见第 2 章)，然后调用缺页异常处理程序 do_page_fault()。Linux 的缺页异常处理程序必须对产生缺页的原因进行区分：是由编程错误所引起的异常，还是由访问进程用户空间的页尚未分配物理页面所引起的异常。

下面首先给出缺页异常处理程序的总体方案，如图 4.8 所示，随后给出其详细流程图，其中的"地址"指当前进程执行时引起缺页的虚地址，"虚存区"指该地址所处的虚存区。SIGSEGV 是当一个进程执行了一个无效的内存引用，或发生段错误时发送给它的信号。

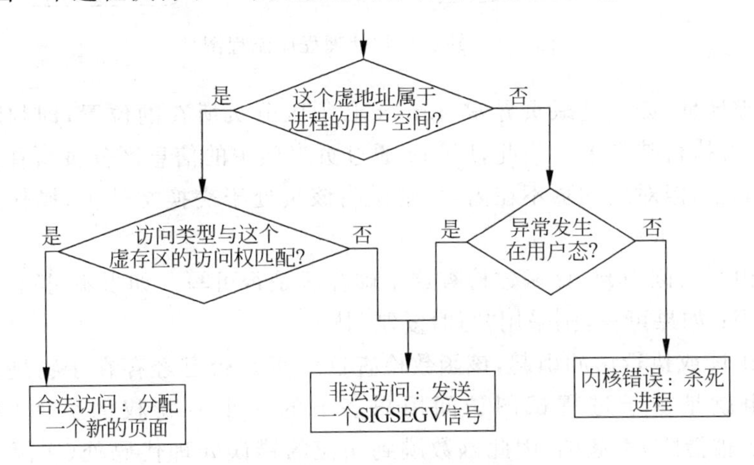

图 4.8　缺页异常处理程序的总体方案

实际上，缺页异常处理程序必须处理多种更细的特殊情况，它们不宜在总体方案中列出，详细流程图如图 4.9 所示。

do_page_fault()函数首先读取引起缺页的虚地址。如果没找到，则说明访问了非法虚地址，Linux 会发信号终止进程。否则，检查缺页类型，如果是非法类型(越界错误，段权限错误等)同样会发信号终止进程。

缺页异常肯定要发生在内核态，如果发生在用户态，则必定是错误的，于是把相关信息保存在进程的 PCB 中。

---

① 一般的操作系统教科书都叫做缺页中断，实际上，缺页是一种异常而不是中断。

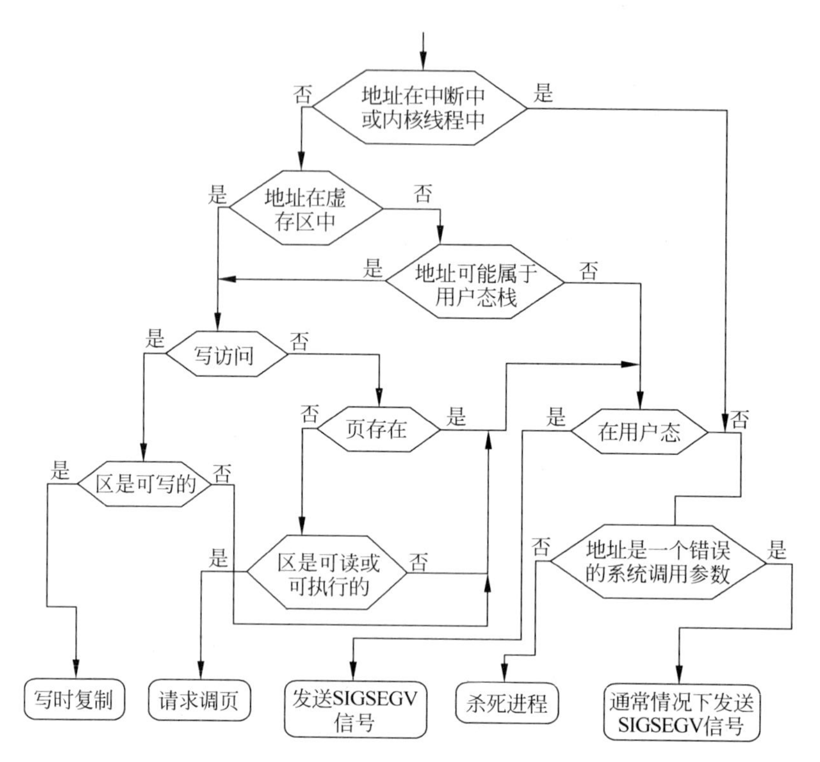

图 4.9 缺页异常处理程序流程图

对有效的虚地址,如果是缺页异常,Linux 必须区分页所在的位置,即判断页是在交换文件中,还是在可执行映像中。为此,Linux 通过页表项中的信息区分页所在的位置。如果该页的页表项非空,但对应的页不在内存,则说明该页处于交换文件中,操作系统要从交换文件装入页。

如果错误由写访问引起,该函数检查这个虚存区是否可写。如果不可写,则对这种错误进行相应的处理;如果可写,则采用"写时复制"技术。

如果错误由读或执行访问引起,该函数检查这一页是否已经存在于物理内存中。如果在,错误的发生就是由于进程试图访问用户态下的一个有特权的页面(页面的 User/Supervisor 标志被清除)引起的,因此函数跳到相应的错误处理代码处(实际上这种情况从不发生,因为内核根本不会给用户进程分配有特权的页面)。如果不在物理内存,函数还将检查这个虚存区是否可读或可执行。

如果这个虚存区的访问权限与引起缺页异常的访问类型相匹配,则调用 handle_mm_fault()函数,该函数确定如何给进程分配一个新的物理页面如下。

(1) 如果被访问的页不在内存,也就是说,这个页还没有被存放在任何一个物理页面中,那么,内核分配一个新的页面并适当地初始化,这种技术称为"请求调页"。

(2) 如果被访问的页在内存但是被标为只读,也就是说,它已经被存放在一个页面中,那么,内核分配一个新的页面,并把旧页面的数据拷贝到新页面来初始化它,这种技术称为"写时复制"。

4.3.2 请求调页

术语“请求调页”指的是一种动态内存分配技术，它把页面的分配推迟到不能再推迟为止，也就是说，一直推迟到进程要访问的页不在物理内存时为止，由此引起一个缺页异常。请求调页技术的引入主要是因为进程开始运行时并不访问其地址空间中全部地址；事实上，有一部分地址也许进程永远不使用。此外，程序的局部性原理保证了在程序执行的每个阶段，真正使用的进程页只有一小部分，因此临时用不着的页根本没必要调入内存。相对于全局分配（一开始就给进程分配所需要的全部页面，直到程序结束才释放这些页面）来说，请求调页是首选的，因为它增加了系统中空闲页面的平均数，从而更好地利用空闲内存。从另一个观点来看，在内存总数保持不变的情况下，请求调页从总体上能使系统有更大的吞吐量。

但是，系统为此也要付出额外的开销，这是因为由请求调页所引发的每个“缺页”异常必须由内核处理，这将浪费 CPU 的周期。幸运的是，局部性原理保证了一旦进程开始在一组页上运行，在接下来相当长的一段时间内它就会一直停留在这些页上而不去访问其他的页。这样就可以认为“缺页”异常是一种稀有事件。

基于以下两种原因，被寻址的页可以不在主存中。

(1) 进程永远也没有访问到这个页。内核能够识别这种情况，这是因为页表相应的表项被填充为 0。宏 pte_none(PTE 是 Page Table Entry 的缩写)用来判断这种情况，如果页表项为空，则返回 1，否则返回 0。

(2) 进程已经访问过这个页，但是这个页的内容被临时保存在磁盘上。内核也能够识别这种情况，这是因为页的表相应的表项没有被填充为 0（然而，由于页面不存在物理内存中，存在位 P 为 0）。

在其他情况下，当页从未被访问时则调用 do_no_page()函数。有两种方法可以装入所缺的页，采用哪种方法取决于这个页是否与磁盘文件建立了映射关系。该函数通过检查虚存区描述符的 nopage 域来确定这一点，如果页与文件建立了映射关系，则 nopage 域就指向一个函数，该函数把所缺的页从磁盘装入到内存。因此，可能有以下两种情况。

(1) nopage 域不为 NULL。在这种情况下，说明某个虚存区映射了一个磁盘文件，nopage 域指向从磁盘进行读入的函数。这种情况涉及磁盘文件的底层操作，暂不讨论。

(2) nopage 域为 NULL。在这种情况下，虚存区没有映射磁盘文件，也就是说，它是一个匿名映射。因此，do_no_page()调用 do_anonymous_page()函数获得一个新的页面。

do_anonymous_page()函数分别处理写请求和读请求。

当处理写访问时，该函数调用_get_free_page()分配一个新的页面，并把新页面填为 0。最后，把页表相应的表项置为新页面的物理地址，并把这个页面标记为可写和脏两个标志。

相反，当处理读访问时（所访问的虚存区可能是未初始化的数据段 BSS），因为进程正在对它进行第一次访问，因此页的内容是无关紧要的。给进程一个填充为 0 的页面要比给它一个由其他进程填充了信息的旧页面更为安全。Linux 在请求调页方面做得更深入一些。没有必要立即给进程分配一个填充为 0 的新页面，我们可以给它一个现有的称为“零页”的页，这样可以进一步推迟页面的分配。“零页”在内核初始化期间被静态分配，并存放在

empty_zero_page 变量中(一个有 1024 个长整数的数组,并用 0 填充),因此页表项被设为零页的物理地址。

由于"零页"被标记为不可写,如果进程试图写这个页,则写时复制机制被激活。当且仅当在这个时候,进程才获得一个属于自己的页面并对它进行写。

4.3.3 写时复制

第一代 UNIX 系统实现了一种傻瓜式的进程创建:当发出 fork()系统调用时,内核原样复制父进程的整个用户地址空间,并把复制的那一份分配给子进程。这种行为是非常耗时的,因为它需要以下操作。

(1) 为子进程的页表分配页面。

(2) 为子进程的页分配页面。

(3) 初始化子进程的页表。

(4) 把父进程的页复制到子进程相应的页中。

这种创建地址空间的方法涉及许多内存访问,消耗许多 CPU 周期,并且完全破坏了高速缓存中的内容。在大多数情况下,这样做是毫无意义的,因为许多子进程通过装入一个新的程序开始它们的运行,这样就完全丢弃了所继承的地址空间。

写时复制(Copy-on-write)是一种可以推迟甚至免除拷贝数据的技术。内核此时并不复制整个进程空间,而是让父进程和子进程共享同一个拷贝。只有在需要写入的时候,数据才会被复制,从而使各个进程拥有各自的拷贝。也就是说,资源的复制只有在需要写入的时候才进行,在此之前,以只读方式共享。这种技术使地址空间上页的拷贝被推迟到实际发生写入的时候。有时共享页根本不会被写入,例如,fork()后立即调用 exec(),就无须复制父进程的页了。fork()的实际开销就是复制父进程的页表以及给子进程创建唯一的 PCB。这种优化可以避免拷贝大量根本就不会使用的数据(地址空间里常常包含数十兆的数据)。

4.4 物理内存分配与回收

如前所述,在 Linux 中,CPU 所访问的地址不是物理内存中的实地址,而是虚拟地址空间的虚地址。因此,对于内存页面的管理,通常是先在虚存空间中分配一个虚存区间,然后才根据需要为此区间分配相应的物理页面并建立映射,也就是说,虚存区间的分配在前,而物理页面的分配在后。

4.4.1 页描述符

从虚拟内存的角度来看,页就是最小单位。体系结构不同,支持的页大小也不尽相同。有些体系结构甚至支持几种不同的页大小。大多数 32 位体系结构支持 4KB 的页,而 64 位体系结构一般会支持 8KB 的页。这就意味着,在支持 4KB 页大小并有 1GB 物理内存的机器上,物理内存会被划分为 262 144 个页。

内核用 struct page 结构表示系统中的每个物理页,也叫页描述符,该结构位于<linux/mm.h>中:

```
struct page {
        page_flags_t                flags;
        atomic_t                    _count;
        atomic_t                    _mapcount;
        unsigned long               private;
        struct address_space        * mapping;
        pgoff_t                     index;
        struct list_head            lru;
        void                        * virtual;
};
```

让我们看一下其中比较重要的域。flags域用来存放页的状态。这些状态包括页是不是脏的，是不是被锁定在内存中等。flags的每一位都单独表示一种状态，所以它至少可以同时表示出32种不同的状态。这些标志定义在<linux/page_flags.h>中。

_count域存放页的引用计数——也就是这一页被引用了多少次。当计数值变为0时，就说明当前内核并没有引用这一页，于是，在新的分配中就可以使用它。内核代码不应当直接检查该域，而是调用page_count()函数进行检查，该函数唯一的参数就是page结构。对page_count()函数而言，返回0表示页空闲，返回一个正整数表示页在使用。一个页可以由页缓存使用，这就是mapping域所指向的addresss_space对象；一个页也可以装有私有数据，这就由private域说明的。virtual域是页的虚拟地址。通常情况下，它就是页在虚拟内存中的地址。lru域存放的next和prev指针，指向最近最久未使用(LRU)链表中的相应结点。这个链表用于页面的回收。

必须要理解的一点是page结构与物理页相关，而并非与虚拟页相关。因此，该结构对页的描述只是短暂的。即使页中所包含的数据继续存在，但是由于交换等原因，它们可能并不再和同一个page结构相关联。内核仅仅用这个数据结构来描述当前时刻在相关的物理页中存放的东西。这种数据结构的目的在于描述物理内存本身，而不是描述包含在其中的数据。内核用这一结构来管理系统中所有的页，因为内核需要知道一个页是否空闲(也就是页有没有被分配)。如果页已经被分配，内核还需要知道谁拥有这个页。拥有者可能是用户空间进程、动态分配的内核数据、静态内核代码或页缓存等。

系统中的每个物理页都要分配一个这样的结构体。假定struct page占40字节的内存，系统的物理页为4KB，系统有128MB物理内存。那么，系统中所有page结构消耗的内存是1MB多。要管理系统中这么多物理页面，可以采用最简单的数组结构：

```
struct page * mem_map;
```

系统初始化时就建立page结构的数组mem_map，在内核代码中，mem_map是一个全局变量，它描述了系统中的全部物理页面。

随着用户程序的执行和结束，需要不断地为其分配和释放物理页面。内核应该为了分配一组连续的页面而建立一种稳定、高效的分配策略。但是，频繁地请求和释放不同大小的一组连续页面，必然导致在已分配的内存块中分散许多小块的空闲页面，即外碎片，由此带来的问题是，即使这些小块的空闲页面加起来足以满足所请求的页面，但是要分配一个大块的连续页面可能就根本无法满足。为此，Linux采用著名的伙伴(Buddy)算法来解决外碎片问题。

4.4.2 伙伴算法

Linux 的伙伴算法把所有的空闲页面分为 10 个块链表，每个链表中的一个块含有 2 的幂次个页面，我们把这种块叫做“页块”或简称“块”。例如，第 0 个链表中块的大小都为 2^0（1 个页面），第 1 个链表中块的大小都为 2^1（2 个页面），第 9 个链表中块的大小都为 2^9（512 个页面）。

伙伴系统所采用的数据结构是一个叫做 free_area 的数组，其示意图如图 4.10 所示。

```
struct free_area_struct {
        struct page * next;
    struct page * prev;
    unsigned int * map;
} free_area[10];
```

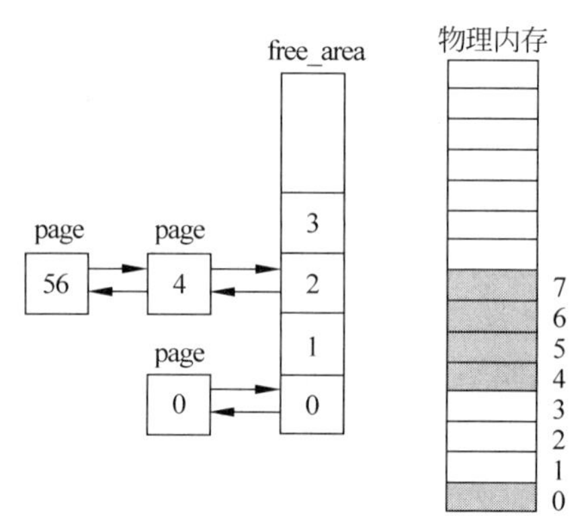

图 4.10 伙伴系统使用的数据结构

数组 free_area 的每项包含三个域：next，prev 和 map。指针 next，prev 用于将物理页面结构 struct page 链接成一个双向链表，其中的数字表示内存块的起始页面号，例如，图 4.10 中大小为 4 的页块有两块，一块从第 4 页开始，一块从 56 页开始。nr_free 表示 2^k 个空闲页块的个数，例如图 4.10 中大小为 1(2^0)的页块有 1 个，为 4 的页块有两个。其中的 map 域指向一个位图。

通过一个简单的例子来说明该算法的工作原理。

假设要求分配的块其大小为 128 个页面。该算法先在块大小为 128 个页面的链表中查找，看是否有这样一个空闲块。如果有，就直接分配；如果没有，该算法会查找下一个更大的块，具体地说，就是在块大小为 256 个页面的链表中查找一个空闲块。如果存在这样的空闲块，内核就把这 256 个页面分为两等份，一份分配出去，另一份插入到块大小为 128 个页面的链表中。如果在块大小为 256 个页面的链表中也没有找到空闲页块，就继续找更大的块，即 512 个页面的块。如果存在这样的块，内核就从 512 个页面的块中分出 128 个页面满足请求，然后从 384 个页面中取出 256 个页面插入到块大小为 256 个页面的链表中。然后把剩余的 128 个页面插入到块大小为 128 个页面的链表中。如果 512 个页面的链表中还没有空闲块，该算法就放弃分配，并发出出错信号。

以上过程的逆过程就是块的释放过程，这也是该算法名字的由来。满足以下条件的两个块称为伙伴。

- 两个块的大小相同；
- 两个块的物理地址连续。

伙伴算法把满足以上条件的两个块合并为一个块，该算法是迭代算法，如果合并后的块还可以跟相邻的块进行合并，那么该算法就继续合并。

4.4.3 物理页面的分配

Linux 使用伙伴算法有效地分配和回收物理页块。该算法试图分配由一个或多个连续物理页面组成的内存块，其大小为 1 页，2 页或 4 页等。只要系统有满足需要的足够的空闲页面，就会在 free_area 数组中查找满足需要大小的一个页块。函数 _get_free_pages 用于物理页块的分配，其定义如下：

```
unsigned long _get_free_pages(int gfp_mask, unsigned long order)
```

其中 gfp_mask 是分配标志，表示对所分配内存的特殊要求。常用的标志为 GFP_KERNEL 和 GFP_ATOMIC，前者表示在分配内存期间可以睡眠，在进程中使用；后者表示不可以睡眠，在中断处理程序中使用。

order 是指数，所请求的页块大小为 2 的 order 次幂个物理页面，即页块在 free_area 数组中的索引。

该函数所做的工作如下：

(1) 检查所请求的页块大小是否能够满足：

```
if (order >= 10)
    goto nopage; /* 说明 free_area 数组中没有这么大的块 */
```

(2) 检查系统中空闲物理页的总数是否已低于允许的下界：

```
if (nr_free_pages > freepages.min) {
    if (!low_on_memory)
        goto ok_to_allocate;
    if (nr_free_pages >= freepages.high) {
        low_on_memory = 0;
        goto ok_to_allocate;
    }
}
```

因为物理内存是十分紧张的系统资源，很容易被用完。而一旦内存被用完，当出现特殊情况时系统将无法处理，因此必须留下足够的内存以备急需。另外，当系统中空闲内存的数量太少时，要唤醒内核交换守护进程(kswapd)，让其将内核中的某些页交换到外存，从而保证系统中有足够的空闲页块。为此，Linux 系统定义了一个结构变量 freepages，其定义如下：

```
struct freepages_v1
{
    unsigned int        min;
    unsigned int        low;
    unsigned int        high;
} freepages_t;
freepages_t freepages ;
```

这里划定了三条线：min，low 和 high。系统中空闲物理页数绝对不要少于 freepages.min；当系统中空闲物理页数少于 freepages.low 时，开始加强交换；当空闲物理页数少于 freepages.high 时，启动后台交换；而当空闲物理页数大于 freepages.high 时，内核交换守护进程什么也不做。在系统初始化时，变量 freepages 被赋予了初值，其各个界限值的大小是根据实际的物理内存大小计算出来的。

全局变量 nr_free_pages 中记录的是系统中当前空闲的物理页数。

上面一段程序用来判断系统中空闲物理页数是否低于 freepages.min 的界限,如果空闲物理页数大于 freepages.min 的界限,则正常分配;否则,换页。

(3) 正常分配。从 free_area 数组的第 order 项开始。

① 如果该链表中有满足要求的页块,则执行以下操作。

a) 将其从链表中摘下;

b) 将 free_area 数组的位图中该页块所对应的位取反,表示页块已用;

c) 修改全局变量 nr_free_pages(减去分配出去的页数);

d) 根据该页块在 mem_map 数组中的位置,算出其起始物理地址,返回。

② 如果该链表中没有满足要求的页块,则在 free_area 数组中顺序向上查找。其结果有以下两种情况。

a) 整个 free_area 数组中都没有满足要求的页块,此次无法分配,返回。

b) 找到一个满足要求的页块,则执行以下操作。

(a) 将其从链表中摘下;

(b) 将 free_area 数组的位图中该页块所对应的位取反,表示页块已用;

(c) 修改全局变量 nr_free_pages(减去分配出去的页数);

(d) 因为页块比申请的页块要大,所以要将它分成适当大小的块。因为所有的页块都由 2 的幂次的页数组成,所以这个分割的过程比较简单,只需要将它平分就可以,其方法如下。

Ⅰ. 将其平分为两个伙伴,将小伙伴加入 free_area 数组中相应的链表,修改位图中相应的位;

Ⅱ. 如果大伙伴仍比申请的页块大,则转 Ⅰ,继续划分;

Ⅲ. 大伙伴的大小正是所要的大小,修改位图中相应的位,根据其在 mem_map 数组中的位置,算出它的起始物理地址,返回。

(4) 换页。通过下列语句调用函数 try_to_free_pages(),启动换页进程。

```
try_to_free_pages(gfp_mask);
```

该函数所做的工作非常简单,唤醒内核交换守护进程 kswapd:

```
wake_up_process(kswapd_process);
```

其中 kswapd_process 是指向内核交换守护进程 kswapd 的指针。

例如在图 4.10 中,如果请求 2 页的内存块,第一个 4 页块(起始于页编号 4)将会被分为两个 2 页块。起始于页号 6 的第二个 2 页块将会被返回给调用者,而第一个 2 页块(起始于页号 4)将会排在 free_area 数组下表 1 中大小为 2 页的空闲块链表中。

4.4.4 物理页面的回收

分配页块的过程中将大的页块分为小的页块,将会使内存更为零散。页回收的过程与页分配的过程相反,只要可能,它就把小页块合并成大的页块。

函数 free_pages 用于页块的回收,其定义如下:

```
void free_pages(unsigned long addr, unsigned long order)
```

其中 addr 是要回收的页块的首地址；

order 指出要回收的页块的大小为 2 的 order 次幂个物理页。

该函数所做的工作如下。

(1) 根据页块的首地址 addr 算出该页块的第一页在 mem_map 数组中的索引。

(2) 如果该页是保留的(内核在使用),则不允许回收。

(3) 将页块第一页对应的 page 结构中的_count 域减 1,表示引用该页的进程数减了 1 个。如果_count 域的值不是 0,说明还有别的进程在使用该页块,因此不能回收它,简单地返回。

(4) 清除页块第一页对应的 page 结构中 flags 域的 PG_referenced 位,表示该页块不再被引用。

(5) 调整全局变量 nr_free_pages,将其值加上回收的物理页数。

(6) 将页块加入到数组 free_area 的相应链表中。

要加入的链表由 order 参数指定,即将页块加入到 free_area[order]链表中。加入的过程如下。

检查 free_area[order]的位图 map,看该页块的伙伴是否已在链表中(在位图 map 中,两伙伴使用同一位)。对大小为 2 的 order 幂次的页块,假定其开始页在 mem_map 数组中的索引为 map_nr,则其伙伴在 mem_map 数组中的索引是：

```
map_nr ^ ( - ((~0)<< order)).
```

检查的结果有以下两种情况。

① 其伙伴不在链表中,说明该页块的伙伴还在使用,不需要合并。此时只需将位图中该页块相应的位取反,表示页块已经自由,将其加入到 free_area[order]链表的头部。

② 其伙伴在链表中,说明页块及其伙伴均获得自由,可以将它们合并成更大的页块。将页块的伙伴从链表中摘下,将它们在位图中对应的位取反,表示页块已不可用；计算新的大页块在 mem_map 数组中的索引(页块索引和伙伴索引的小者)；order++,转加入过程,将大页块加入到数组 free_area 的相应链表中。

例如,在图 4.10 中,如果第 1 页释放,因为此时它的伙伴(第 0 页)已经空闲,因此可以将它们合并成一个大小为 2 页的块(0、1),并将其加入到 free_area[1]的链表中；因为新块(0、1)的伙伴(2、3)不在 free_area[1]链表中,所以不需要进行进一步的合并。其结果是,第 0 块被从 free_area[0]链表中取下,合并成大小为 2 页的新块(0、1),新块被加到了 free_area[1]链表中。当然,相应的位图也做了修改以反映这种变化。

4.4.5 Slab 分配机制

采用伙伴算法分配内存时,每次至少分配一个页面。但当请求分配的内存大小为几十个字节或几百个字节时应该如何处理？如何在一个页面中分配小的内存区？小内存区的分配所产生的内碎片又如何解决？

Linux 2.0 采用的解决办法是建立 13 个空闲区链表,它们的大小从 32 字节到 132 056 字节。从 Linux 2.2 开始,内存管理的开发者采用了一种叫做 Slab 的分配模式,该模式早在 1994 年就被开发出来,用于 Sun Microsystem Solaris 2.4 操作系统中。Slab 的提出主要是基于以下几点考虑。

(1) 内核对内存区的分配取决于所存放数据的类型。例如，当给用户态进程分配页面时，内核调用_get_free_pages()函数，并用0填充所分配的页面。而给内核的数据结构分配页面时，事情没有这么简单。例如，要对数据结构所在的内存进行初始化、在不用时要收回它们所占用的内存。因此，Slab中引入了对象这个概念，所谓对象就是存放一组数据结构的内存区，其方法就是构造或析构函数，构造函数用于初始化数据结构所在的内存区，而析构函数收回相应的内存区。但为了便于理解，也可以把对象直接看作内核的数据结构。为了避免重复初始化对象，Slab分配模式并不丢弃已分配的对象，而是释放但把它们依然保留在内存中。当以后又要请求分配同一对象时，就可以从内存获取而不用进行初始化，这是在Solaris中引入Slab的基本思想。

Linux中对Slab分配模式有所改进，它对内存区的处理并不需要进行初始化或回收。出于效率的考虑，Linux并不调用对象的构造或析构函数，而是把指向这两个函数的指针都置为空。Linux中引入Slab的主要目的是为了减少对伙伴算法的调用次数。

(2) 实际上，内核经常反复使用某一内存区。例如，只要内核创建一个新的进程，就要为该进程相关的数据结构(PCB、打开文件对象等)分配内存区。当进程结束时，收回这些内存区。因为进程的创建和撤销非常频繁，因此，Linux的早期版本把大量的时间花费在反复分配或回收这些内存区上。从Linux 2.2开始，把那些频繁使用的页面保存在高速缓存中并重新使用。

(3) 可以根据对内存区的使用频率来对它分类。对于预期频繁使用的内存区，可以创建一组特定大小的专用缓冲区来进行处理，以避免内碎片的产生。对于较少使用的内存区，可以创建一组通用缓冲区来处理，即使这种处理模式产生碎片，也对整个系统的性能影响不大。

(4) 硬件高速缓存的使用，又为尽量减少对伙伴算法的调用提供了另一个理由，因为对伙伴算法的每次调用都会“弄脏”硬件高速缓存。因此，这就增加了对内存的平均访问次数。

Slab分配模式把对象分组放进缓冲区(尽管英文中使用了Cache这个词，但实际上指的是内存中的区域，而不是指硬件高速缓存)。因为缓冲区的组织和管理与硬件高速缓存的命中率密切相关，因此，Slab缓冲区并非由各个对象直接构成，而是由一连串的“大块(Slab)”构成。而每个大块中则包含了若干个同种类型的对象，这些对象或已被分配，或空闲，如图4.11所示。一般而言，对象分两种，一种是大对象，一种是小对象。所谓小对象，是指在一个页面中可以容纳下好几个对象的那种。例如，一个inode结构大约占300多个字节，因此，一个页面中可以容纳8个以上的inode结构，因此，inode结构就为小对象。Linux内核中把小于512字节的对象叫做小对象，大于512字节的对象叫做大对象。

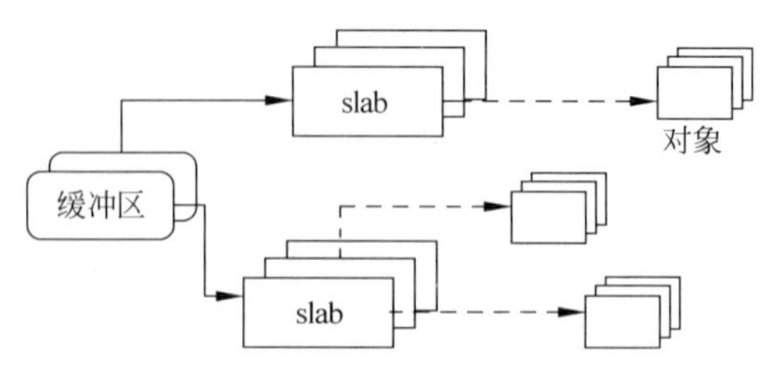

图4.11 Slab的组成

实际上，缓冲区就是主存中的一片区域，把这片区域划分为多个块，每块就是一个Slab，每个Slab由一个或多个页面组成，每个Slab中存放的就是对象。

Linux把缓冲区分为专用和通用，它们分别用于不同的目的，下面给予说明。

1. Slab专用缓冲区的建立和释放

专用缓冲区主要用于频繁使用的数据结构，如task_struct，mm_struct，vm_area_struct，file，dentry，inode等。缓冲区是用kmem_cache_t类型描述的，通过kmem_cache_create()来建立的，函数原型为：

```
kmem_cache_t * kmem_cache_create(const char * name, size_t size, size_t offset,
           unsigned long c_flags,
           void ( * ctor) (void * objp, kmem_cache_t * cachep, unsigned long flags),
           void ( * dtor) (void * objp, kmem_cache_t * cachep, unsigned long flags))
```

对其参数说明如下。

(1) name：缓冲区名（ 19个字符）。

(2) size：对象大小。

(3) offset：在缓冲区内第一个对象的偏移，用来确定在页内进行对齐的位置，缺省为0，表示标准对齐。

(4) c_flags：对缓冲区的设置标志如下。

① SLAB_HWCACHE_ALIGN：表示与第一个缓冲区中的缓冲行边界(16或32字节)对齐。

② SLAB_NO_REAP：不允许系统回收内存。

③ SLAB_CACHE_DMA：表示Slab使用的是DMA内存。

(5) ctor：构造函数(一般都为NULL)。

(6)dtor：析构函数(一般都为NULL)。

(7) objp：指向对象的指针。

(8) cachep：指向缓冲区。

但是，函数kmem_cache_create()所创建的缓冲区中还没有包含任何Slab，因此，也没有空闲的对象。只有以下两个条件都为真时，才给缓冲区分配Slab。

(1) 已发出一个分配新对象的请求。

(2) 缓冲区不包含任何空闲对象。

当从内核卸载一个模块时，同时应当撤销为这个模块中的数据结构所建立的缓冲区，这是通过调用kmem_cache_destroy()函数来完成的。

创建缓冲区之后，就可以通过下列函数从中获取对象：

```
void * kmem_cache_alloc(kmem_cache_t * cachep, int flags)
```

该函数从给定的缓冲区cachep中返回一个指向对象的指针。如果缓冲区中所有的Slab中都没有空闲的对象，那么Slab必须调用_get_free_pages()获取新的页面，flags是传递给该函数的值，一般应该是GFP_KERNEL或GFP_ATOMIC。

最后释放一个对象，并把它返回给原先的Slab，可以使用下面这个函数：

```
void kmem_cache_free(kmem_cache_t * cachep, void * objp)
```

这样就能把 cachep 中的对象 objp 标记为空闲了。

2. Slab 分配举例

下面考察一个实际的例子，这个例子用的是 task_struct 结构(进程控制块)，代码取自 kernel/fork.c。

首先，内核用一个全局变量存放指向 task_struct 缓冲区的指针：

```
kmem_cache_t *task_struct_cachep;
```

内核初始化期间，在 fork_init()中会创建缓冲区：

```
task_struct_cachep = kmem_cache_create("task_struct", sizeof(struct task_struct),
                        0, SLAB _HWCACHE_ALIGN,NULL,NULL)
if (!task_struct_cachep)
     printk("fork_init(): cannot create task_sturct SLAB cache");
```

这样就创建了一个名为 task_struct_cachep 的缓冲区，其中存放的就是类型为 struct task_struct 的对象。对象被创建在 Slab 中缺省的偏移量处，并完全按缓冲区对齐。没有构造函数或析构函数。注意要检查返回值是否为 NULL，NULL 表示失败。在这种情况下，如果内核不能创建 task_struct_cachep 缓冲区，它就会陷入混乱，因为这时系统操作一定要用到该缓冲区(没有进程控制块，操作系统自然不能正常运行)。

每当进程调用 fork()时，一定会创建一个新的进程控制块。这是在 dup_task_struct()中完成的，而该函数会被 do_fork()调用：

```
struct task_struct *tsk;

tsk = kmem_cache_alloc(task_struct_cachep, GFP_KERNEL);
if (!tsk) {
/* 不能分配进程控制块，清除，并返回错误码 */
…
 return NULL;
}
```

进程执行完后，如果没有子进程在等待，它的进程控制块就会被释放，并返回给 task_struct_cachep slab 缓冲区。这是在 free_task_struct()中执行的(这里，tsk 是现有的进程)：

```
kmem_cache_free(task_struct_cachep, tsk);
```

由于进程控制块是内核的核心组成部分，时刻都要用到，因此 task_struct_cachep 缓冲区绝不会被销毁。即使真要销毁，也要通过下列函数：

```
int err;
err = kmem_cache_destroy(task_struct_cachep);
if (err)
  /* 出错，撤销缓冲区 */
```

如果要频繁创建很多相同类型的对象，那么，就应该考虑使用 Slab 缓冲区。确切地说，不要自己去实现空闲链表。

3. 通用缓冲区

在内核中初始化开销不大的数据结构可以合用一个通用的缓冲区。通用缓冲区最小的为 32B,然后依次为 64B、128B、…直至 128KB(即 32 个页面),但是,对通用缓冲区的管理采用的是 Slab 方式。从通用缓冲区中分配和释放缓冲区的函数为:

```
void *kmalloc(size_t size, int flags);
Void  kfree(const void *ptr);
```

因此,当一个数据结构的使用不频繁,或其大小不足一个页面时,就没有必要给其分配专用缓冲区,而应该调用 kmalloc()进行分配。如果数据结构的大小接近一个页面,则通过 _get_free_pages()为它分配一个页面。

事实上,在内核中,尤其是驱动程序中,有大量的数据结构仅仅是一次性使用,而且所占内存只有几十个字节,因此,一般情况下调用 kmalloc()给内核数据结构分配内存就足够了。另外,因为在 Linux 2.0 以前的版本中一般都调用 kmalloc()给内核数据结构分配内存,所以,调用该函数的一个优点是让用户开发的驱动程序能保持向后兼容。

kfree()函数释放由 kmalloc()分配出来的内存块。如果想要释放的内存不是由 kmalloc()分配的,或者想要释放的内存早就被释放过了,比如说释放属于内核其他部分的内存,调用这个函数会导致严重的后果。与用户空间类似,分配和回收要注意配对使用,以避免内存泄漏和其他 bug。注意,调用 kfree(NULL)是安全的。

下面看一个在中断处理程序中分配内存的例子。在这个例子中,中断处理程序想分配一个缓冲区来保存输入数据。BUF_SIZE 预定义为缓冲区长度,它应该是大于两个字节的。

```
char *buf;
buf = kmalloc(BUF_SIZE, GFP_ATOMIC);
if (!buf)
/*内存分配出错*/
```

之后,当不需要这个内存时,别忘了释放它:

```
kfree(buf);
```

4.4.6 内核空间非连续内存区的分配

我们说,任何时候,CPU 访问的都是虚拟内存,那么,在我们编写驱动程序,或者编写模块时,Linux 给我们分配什么样的内存?它处于 4GB 空间的什么位置?这就是下面要讨论的非连续内存。

首先,非连续内存处于 3GB 到 4GB 之间,也就是处于内核空间,如图 4.12 所示。

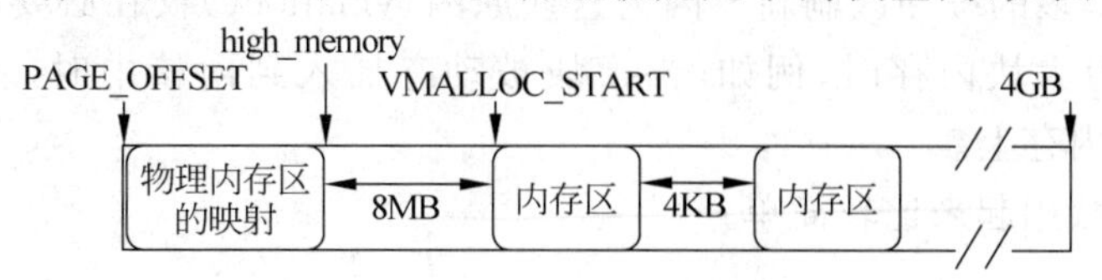

图 4.12 从 PAGE_OFFSET 开始的内核地址区间

图4.12中，PAGE_OFFSET为3GB，high_memory为保存物理地址最高值的变量，VMALLOC_START为非连续区的起始地址。

在物理地址的末尾与第一个内存区之间插入了一个8MB的区间，这是一个安全区，目的是为了“捕获”对非连续区的非法访问。出于同样的理由，在其他非连续的内存区之间也插入了4KB大小的安全区。每个非连续内存区的大小都是4KB的倍数。

描述非连续区的数据结构为struct vm_struct：

```
struct vm_struct {
        unsigned long flags;
        void * addr;
        unsigned long size;
        struct vm_struct * next;
};
```

addr域是每个内存区的起始地址；size是内存区的大小加4KB(安全区的大小)，非连续区组成一个单链表。

函数get_vm_area()创建一个新的非连续区结构，其中调用kmalloc()和kfree()函数分别为vm_struct结构分配和释放所需的内存。

vmalloc()函数给内核分配一个非连续的内存区，其原型为：

```
void * vmalloc (unsigned long size)
```

函数首先把size参数取整为页面大小(4KB)的一个倍数，也就是按页的大小进行对齐，然后进行有效性检查，如果有大小合适的可用内存，就调用get_vm_area()获得一个内存区的结构。最后调用函数vmalloc_area_pages()真正进行非连续内存区的分配，该函数实际上建立了非连续内存区到物理页面的映射。

vmalloc()与kmalloc()都是在内核代码中用来分配内存的函数，但二者有何区别？

从前面的介绍已经看出，这两个函数所分配的内存都处于内核空间，即从3GB～4GB；但位置不同，kmalloc()分配的内存处于3GB～high_memory之间，这一段内核空间与物理内存的映射一一对应，而vmalloc()分配的内存在VMALLOC_START～4GB之间，这一段非连续内存区映射到物理内存也可能是非连续的。

vmalloc()工作方式与kmalloc()类似，其主要差别在于前者分配的物理地址无须连续，而后者确保页在物理上是连续的(虚地址自然也是连续的)。

尽管仅仅在某些情况下才需要物理上连续的内存块，但是，很多内核代码都调用kmalloc()，而不是用vmalloc()获得内存。这主要是出于性能的考虑。vmalloc()函数为了把物理上不连续的页面转换为虚拟地址空间上连续的页，必须专门建立页表项。还有，通过vmalloc()获得的页必须一个一个地进行映射(因为它们物理上不是连续的)，这就会导致比直接内存映射大得多的缓冲区刷新。因为这些原因，vmalloc()仅在必要时才会使用——典型的就是为了获得大块内存时，例如，当模块被动态插入到内核中时，就把模块装载到由vmalloc()分配的内存上。

vmalloc()函数用起来比较简单：

```
char * buf;
buf = vmalloc(16 * PAGE_SIZE);     /* 获得16页 */
```

```
if (!buf)
/* 错误!不能分配内存 */
```

在使用完分配的内存之后，一定要释放它：

```
vfree(buf);
```

4.4.7 物理内存分配举例

通过以上介绍我们了解到，调用伙伴算法的_get_free_pages()函数能分配一个或多个连续的物理页面，调用 kmalloc()为不足一个页面的需求分配内存，而调用 vmalloc()获得大块的内存区，以下代码说明了如何调用这几个函数，它们所返回的地址位于何处。

例 4-5 内存分配函数的调用。

```
#include <linux/module.h>
#include <linux/init.h>
#include <linux/slab.h>
#include <linux/mm.h>
#include <linux/vmalloc.h>

unsigned long pagemem;
unsigned char *kmallocmem;
unsigned char *vmallocmem;

MODULE_LICENSE("GPL");

static int __init init_mmshow(void)
{
    pagemem = __get_free_page(GFP_KERNEL);
    if(!pagemem)
        goto fail3;
    printk(KERN_INFO "pagemem = 0x%lx\n", pagemem);
    kmallocmem = kmalloc(100, GFP_KERNEL);
    if(!kmallocmem)
        goto fail2;
    printk(KERN_INFO "kmallocmem = 0x%p\n", kmallocmem);
    vmallocmem = vmalloc(1000000);
    if(!vmallocmem)
        goto fail1;
    printk(KERN_INFO "vmallocmem = 0x%p\n", vmallocmem);
    return 0;
fail1:
    kfree(kmallocmem);
fail2:
    free_page(pagemem);
fail3:
    return -1;
}

static void __exit cleanup_mmshow(void)
```

```
{
    vfree(vmallocmem);
    kfree(kmallocmem);
    free_page(pagemem);
}

module_init(init_mmshow);
module_exit(cleanup_mmshow);
```

例 4-6 把一个虚地址转换为物理地址。

我们知道,CPU 访问的应用程序中的地址都是虚拟地址,需要通过 MMU 将虚拟地址转化成物理地址。虚拟内存和物理内存的映射关系是通过页表来实现的。由于内核要在各种不同的 CPU 上运行,甚至包括目前的 64 位机器。因此,内核提供了 4 级页表的管理机制,它可以兼容各种架构的 CPU。

因此,一个虚地址会被分为 5 个部分:页全局目录 PGD(Page Global Directory),页上级目录 PUD(Page Upper Directory),页中间目录 PMD(Page Middle Directory),页表 PT(Page Table)以及偏移量 offset,其中的表项叫页表项 PTE(Page Tabe Entry)。也就是说,一个线性地址中除去偏移量,分别存放了 4 级目录表项的索引值。具体的线性地址翻译成物理地址的过程是:首先从进程地址描述符中(mm_struct)中读取 pgd 字段的内容,它就是页全局目录的起始地址;然后页全局目录起始地址加上页全局目录索引获得页上级目录的起始地址;页上级目录的起始地址加上页上级目录的索引获得页中间目录的起始地址;页中间目录的起始地址加上页中间目录的索引获得页表起始地址;页表起始地址加上索引,可以得到完整的页表项内容;从页表项中取出物理页的基址,加上偏移量可以得到最终的物理地址。

接下来的程序是通过给定一个有效的虚地址,首先找到该虚地址所属的内存区,然后通过 my_follow_page()函数得到该虚地址对应的物理页描述符 page。最后通过 page_address()函数找到该物理页描述符所代表的物理页起始地址,接着提取出物理页的偏移量,最终合成完整的物理地址。

```
static struct page *my_follow_page(struct vm_area_struct *vma, unsigned long addr)
{

            pud_t *pud;
            pmd_t *pmd;
            pte_t *pte;
            spinlock_t *ptl;
            unsigned long full_addr;
            struct page *page = NULL;
            struct mm_struct *mm = vma->vm_mm;

            pgd = pgd_offset(mm, addr);              /*获得 addr 对应的 pgd 项的地址*/
            if (pgd_none(*pgd) || unlikely(pgd_bad(*pgd))) {     /*pgd 为空或无效*/
                    goto out;
        }
            pud = pud_offset(pgd, addr);
            if (pud_none(*pud) || unlikely(pud_bad(*pud)))
```

```
                goto out;
        pmd = pmd_offset(pud, addr);
        if (pmd_none( * pmd) || unlikely(pmd_bad( * pmd))) {
                goto out;
    }
        pte = pte_offset_map_lock(mm, pmd, addr, &ptl);
        if (!pte)
                goto out;
    if (!pte_present( * pte))
      goto unlock;
    page = pfn_to_page(pte_pfn( * pte));          /* 从 pte_pfn( * pte )取得物理页号,
从而获得页的起始地址 */
      if (!page)
      goto unlock;

      full_addr = ( * pte).pte_low & PAGE_MASK;      /* 获取低 12 位偏移量 */
  full_addr += addr & (~PAGE_MASK);
      printk("full_addr = %lx..\n",full_addr);   /* 打印物理地址 */
      printk("pte = %lx.....\n",pte_pfn( * pte)); /* 打印物理页面号 */
      printk("page = %p..\n",page);              /* 打印页的起始地址 */

    get_page(page);                               /* page->_count 原子地加 1 */
unlock:
    pte_unmap_unlock(pte, ptl);
out:
    return page;
}
```

4.5 交换机制

当物理内存出现不足时,Linux 内存管理子系统需要释放部分物理内存页面。这一任务由内核的交换守护进程 kswapd 完成,该内核守护进程实际是一个内核线程,它在内核初始化时启动,并周期地运行。它的任务就是保证系统中具有足够的空闲页面,从而使内存管理子系统能够有效运行。

4.5.1 交换的基本原理

如前所述,每个进程可以使用的虚存空间很大(3GB),但实际使用的空间并不大,一般不会超过几 MB,大多数情况下只有几十 KB 或几百 KB。可是,当系统的进程数达到几百甚至上千个时,对存储空间的总需求就很大,在这种情况下,一般的物理内存量就很难满足要求。因此,在计算机技术的发展史上很早就有了把内存的内容与一个专用的磁盘空间交换的技术,在 Linux 中,把用作交换的磁盘空间叫做交换文件或交换区。

交换技术已经使用了很多年。第一个 UNIX 系统内核就监控空闲内存的数量。当空闲内存数量小于一个固定的极限值时,就执行换出操作。换出操作包括把进程的整个地址空间拷贝到磁盘上。反之,当调度算法选择出一个进程运行时,整个进程又被从磁盘中交换进来。

现代的UNIX(包括Linux)内核已经摒弃了这种方法,主要是因为当进行换入换出时,上下文切换的代价相当高。在Linux中,交换的单位是页面而不是进程。尽管交换的单位是页面,但交换还是要付出一定的代价,尤其是时间的代价。实际上,在操作系统中,时间和空间是一对矛盾,常常需要在二者之间作出平衡,有时需要以空间换时间,有时需要以时间换空间,页面交换就是典型的以时间换空间。这里要说明的是,页面交换是不得已而为之,例如在时间要求比较紧急的实时系统中,是不宜采用页面交换机制的,因为它使程序的执行在时间上有了较大的不确定性。因此,Linux给用户提供了一种选择,可以通过命令或系统调用开启或关闭交换机制。

在页面交换中,页面置换算法是影响交换性能的关键性指标,其复杂性主要与换出有关。具体说来,必须考虑以下三个主要问题。

(1) 哪种页面要换出。

(2) 如何在交换区中存放页面。

(3) 如何选择被交换出的页面。

请注意,在这里所提到的页或页面指的是其中存放的数据,因此,所谓页面的换入换出实际上是指页面中数据的换入换出。

1. 哪种页面被换出

实际上,交换的最终目的是页面的回收。并非内存中的所有页面都是可以交换出去的。事实上,只有与用户空间建立了映射关系的物理页面才会被换出去,而内核空间中内核所占的页面则常驻内存。下面对用户空间中的页面和内核空间中的页面给出进一步的分类讨论。

可以把用户空间中的页面按其内容和性质分为以下几种。

(1) 进程映像所占的页面,包括进程的代码段、数据段、堆栈段以及动态分配的“存储堆”(参见图4.5)。

(2) 通过系统调用mmap()把文件的内容映射到用户空间。

(3) 进程间共享内存区。

对于第(1)种情况,进程的代码段、数据段所占的内存页面可以被换入换出,但堆栈段所占的页面一般不被换出,因为这样可以简化内核的设计。

对于第(2)种情况,这些页面所使用的交换区就是被映射的文件本身。

对于第(3)种情况,其页面的换入换出比较复杂。

与此相对照,映射到内核空间中的页面都不会被换出。具体来说,内核代码和内核中的全局量所占的内存页面既不需要分配(启动时被装入),也不会被释放,这部分空间是静态的。相比之下,进程的代码段和全局量都在用户空间,所占的内存页面都是动态的,使用前要经过分配,最后都会被释放,中途可能被换出而回收后另行分配。

除此之外,内核在执行过程中使用的页面要经过动态分配,但永驻内存,此类页面根据其内容和性质可以分为以下两类。

(1) 内核调用kmalloc()或vmalloc()为内核中临时使用的数据结构而分配的页用完立即释放。但是,由于一个页面中存放有多个同种类型的数据结构,所以要到整个页面都空闲时才把该页面释放。

(2) 内核中通过调用_get_free_pages 为某些临时使用和管理目的而分配的页面，例如，每个进程的内核栈所占的两个页面、从内核空间复制参数时所使用的页面等，这些页面也是一旦使用完毕便无保存价值，所以立即释放。

在内核中还有一种页面，虽然使用完毕，但其内容仍有保存价值，因此，并不立即释放。这类页面“释放”之后进入一个 LRU(最近最少使用)队列，经过一段时间的缓冲让其“老化”。如果在此期间又要用到其内容了，就又将其投入使用，否则便继续让其老化，直到条件不再允许时才加以回收。这种用途的内核页面大致有以下这些。

(1) 文件系统中用来缓冲存储一些文件目录结构 dentry 的空间。

(2) 文件系统中用来缓冲存储一些索引结点 inode 的空间。

(3) 用于文件系统读写操作的缓冲区。

2. 如何在交换区中存放页面

我们知道物理内存被划分为若干页面，每个页面的大小为 4KB。实际上，交换区也被划分为块，每个块的大小正好等于一页，我们把交换区中的一块叫做一个页插槽(Page Slot)，意思是说，把一个物理页面插入到一个插槽中。当进行换出时，内核尽可能把换出的页放在相邻的插槽中，从而减少在访问交换区时磁盘的寻道时间。这是高效的页面置换算法的物质基础。

如果系统使用了多个交换区，事情就变得更加复杂了。快速交换区(也就是存放在快速磁盘中的交换区)可以获得比较高的优先级。当查找一个空闲插槽时，要从优先级最高的交换区中开始搜索。如果优先级最高的交换区不止一个，为了避免超负荷地使用其中一个，应该循环选择相同优先级的交换区。如果在优先级最高的交换区中没有找到空闲插槽，就在优先级次高的交换区中继续进行搜索，以此类推。

3. 如何选择被交换出的页面

页面交换是非常复杂的，其主要内容之一就是如何选择要换出的页面，下面以循序渐进的方式来讨论页面交换策略的选择。

策略一，需要时才交换。每当缺页异常发生时，就给它分配一个物理页面。如果发现没有空闲的页面可供分配，就设法将一个或多个内存页面换出到磁盘上，从而腾出一些内存页面来。这种交换策略确实简单，但有一个明显的缺点，这是一种被动的交换策略，需要时才交换，系统势必要付出相当多的时间进行换入换出。

策略二，系统空闲时交换。与策略一相比较，这是一种积极的交换策略，也就是，在系统空闲时，预先换出一些页面而腾出一些内存页面，从而在内存中维持一定的空闲页面供应量，使得在缺页中断发生时总有空闲页面可供使用。至于换出页面的选择，一般都采用最近最少使用算法。但是这种策略实施起来也有困难，因为并没有哪种方法能准确地预测对页面的访问，所以，完全可能发生这样的情况，即一个很久没有受到访问的页面刚刚被换出去，却又要访问它，于是又把它换进来。在最坏的情况下，有可能整个系统的处理能力都被这样的换入换出所影响，而根本不能进行有效的计算和操作。这种现象被称为页面的“抖动”。

策略三，换出但并不立即释放。当系统挑选出若干页面进行换出时，将相应的页面写入磁盘交换区中,并修改相应页表中页表项的内容(把 Present 标志位置为 0),但是并不立即释放,而是将其 Page 结构留在一个缓冲(Cache)队列中,使其从活跃(Active)状态转为不活跃(Inactive)状态。至于这些页面的最后释放,要推迟到必要时才进行。这样,如果一个页面在释放后又立即受到访问,就可以从物理页面的缓冲队列中找到相应的页面,再次为之建立映射。由于此页面尚未释放,还保留着原来的内容,就不需要磁盘读入了。经过一段时间以后,一个不活跃的内存页面一直没有受到访问,那这个页面就需要真正被释放。

策略四,把页面换出推迟到不能再推迟为止。实际上,策略三还有值得改进的地方。首先在换出页面时不一定要把它的内容写入磁盘。如果一个页面自从最近一次换入后并没有被写过(如代码),那么这个页面是"干净的",就没有必要把它写入磁盘。其次,即使"脏"页面,也没有必要立即写出去,可以采用策略三。至于"干净"页面,可以一直缓冲到必要时才加以回收,因为回收一个"干净"页面花费的代价很小。

下面对物理页面的换入换出给出一个概要描述,这里涉及前面介绍的 page 结构和 free_area 结构。

- 释放页面。如果一个页面变为空闲可用,就把该页面的 page 结构链入某个空闲队列 free_area,同时页面的使用计数_count 减 1。
- 分配页面。调用__get_free_page()从某个空闲队列分配内存页面,并将其页面的使用计数_count 置为 1。
- 活跃状态。已分配的页面处于活跃状态,该页面的数据结构 page 通过其队列头结构 lru 链入活跃页面队列 active_list,并且在进程地址空间中至少有一个页与该页面之间建立了映射关系。
- 不活跃"脏"状态。处于该状态的页面其 page 结构通过其队列头结构 lru 链入不活跃"脏"页面队列 inactive_dirty_list,并且原则是任何进程的页面表项不再指向该页面,也就是说,断开页面的映射,同时把页面的使用计数_count 减 1。
- 将不活跃"脏"页面的内容写入交换区,并将该页面的 page 结构从不活跃"脏"页面队列 inactive_dirty_list 转移到不活跃"干净"页面队列,准备被回收。
- 不活跃"干净"状态。页面 page 结构通过其队列头结构 lru 链入某个不活跃"干净"页面队列。
- 如果在转入不活跃状态以后的一段时间内,页面又受到访问,则又转入活跃状态并恢复映射。
- 当需要时,就从"干净"页面队列中回收页面,也就是说把页面链入到空闲队列,或者直接进行分配。

以上是页面换入换出及回收的基本思想,实际的实现代码还要更复杂一些。

4.5.2 页面交换守护进程 kswapd

为了避免在 CPU 忙碌的时候,也就是在缺页异常发生时,临时搜索可供换出的内存页面并加以换出,Linux 内核定期地检查系统内的空闲页面数是否小于预定义的极限,一旦发现空闲页面数太少,就预先将若干页面换出,以减轻缺页异常发生时系统所承受的负担。当然,由于无法确切地预测页面的使用,即使这样做了也还可能出现缺页异常发生时内存依然没有足够的空闲页面的情况。但是,预换出毕竟能减少空闲页面不够用的概率。并且通过选择适当的参数(如每隔多久换出一次,每次换出多少页),可以使临时寻找要换出页面的情况很少发生。为此,Linux 内核设置了一个定期将页面换出的守护进程 kswapd。

从原理上说,kswapd 相当于一个进程,它有自己的进程控制块 task_struct 结构。与其他进程一样受内核的调度。而正因为内核将它按进程来调度,所以可以让它在系统相对空闲的时候来运行。不过,与普通进程相比,kswapd 有其特殊性。首先,它没有自己独立的地址空间,所以在近代操作系统理论中把它称为"线程"或"守护进程"以与进程相区别。

那么,kswapd 到底隔多长时间运行一次,这由内核设计时所确定的一个常量 HZ 决定。HZ 决定了内核中每秒时钟中断的次数,用户可以在编译内核前的系统配置阶段改变其值,但是一经编译就确定下来了。在 Linux 2.4 的内核中,每秒钟 kswapd 被调用一次。

kswapd 的执行路线分为两部分,第一部分是发现物理页面已经短缺的情况下才进行的,目的在于预先找出若干页面,且将这些页面的映射断开,使这些物理页面从活跃状态转入不活跃状态,为页面的换出做好准备。第二部分是每次都要执行的,目的在于把已经处于不活跃状态的"脏" 页面写入交换区,使它们成为不活跃的"干净"页面继续缓冲,或进一步回收这样的页面成为空闲页面。

在本章的学习中,有一点需特别向读者强调。在 Linux 系统中,CPU 不能按物理地址访问存储空间,而必须使用虚拟地址。因此,对于 Linux 内核映像,即使系统启动时将其全部装入物理内存,也要将其映射到虚拟地址空间中的内核空间,而对于用户程序,其经过编译、链接后形成的映像文件最初存于磁盘上,当该程序被运行时,先要建立该映像与虚拟地址空间的映射关系,当真正需要物理内存时,才建立地址空间与物理空间的映射关系。

4.6 内存管理实例

我们希望能通过访问用户空间的内存达到读取内核数据的目的,这样便可以进行内核空间到用户空间的大规模信息传送,从而应用于高速数据采集等性能要求高的场合。

因为通过外设采集的数据首先会由驱动程序放入内核,然后才传送到用户空间由应用程序做进一步的处理。由于内核内存是受保护的,因此,要想将其数据拷贝到用户空间,通常的方法是利用系统调用,但是系统调用的缺点是速度慢,这会成为数据高速处理的瓶颈。因此我们希望可以从用户空间直接读取内核数据,从而省去数据在两个空间拷贝的过程。

具体地讲,我们要利用内存映射功能,将内核中的一部分虚拟内存映射到用户空间,使得访问用户空间地址等同于访问被映射的内核空间地址,从而不再需要数据拷贝操作。

4.6.1 相关背景知识

我们知道,在内核空间中调用 kmalloc()分配连续物理空间,而调用 vmalloc()分配非连续物理空间。在这里,把 kmalloc()所分配的内核空间称为内核逻辑空间(Kernel Logic Space)。它所分配的内核空间虚地址是连续的,所以能很容易获得其对应的实际物理地址,即"内核虚地址－PAGE_OFFSET＝实际的物理地址"。另外,由于系统在初始化时就建立了内核页表 swapper_pg_dir,而 kmalloc()分配过程所使用的就是该页表,因此也省去了建立和更新页表的工作。

我们把 vmalloc()分配的内核空间称为内核虚拟空间(Kernel Virtual Space,KVS),它的映射相对来说较复杂,这是因为其分配的内核空间位于非连续区间,如图 4.12 所示,所采用的数据结构是 vm_struct。vamlloc()分配的内核空间地址所对应的物理地址不能通过简单线性运算获得,从这个意义上说,它的物理地址在分配前是不确定的,虽然 vmalloc()分配空间与 kmalloc()一样都是由内核页表来映射的,但 vmalloc()在分配过程中须更新内核页表[①]。

4.6.2 代码体系结构介绍

我们将试图写一个虚拟字符设备驱动程序(参见第 9 章),通过它将系统内核空间映射到用户空间。跨空间的地址映射主要包括以下两步。

(1) 找到内核地址对应的物理地址,这是为了将用户页表项直接指向这些物理地址。

(2) 建立新的用户页表项。

因为用户空间和内核空间映射到了同一物理地址,这样以物理地址为中介,用户进程寻址时,通过自己的用户页表就能找到对应的物理内存,因此访问用户空间就等于访问了内核空间。

1. 实例蓝图

如前所述,我们把内核空间分为**内核逻辑空间**和**内核虚拟**空间,目标是把 vmalloc()分配的内核虚拟空间映射到用户空间(这里没有选择 kmalloc(),是因为它的映射关系过于简单,而作为教学,主要目的就是找到内核地址对应的物理地址,所以选择更为复杂的内核虚拟空间,它更能体现映射场景)。

我们知道,用户进程操作的是虚存区 vm_area_struct,此刻需要利用用户页表将用户虚存区映射到物理内存,如图 4.13 所示。这里主要工作便是建立用户页表项,从而完成映射工作。这个操作由用户虚存区操作表中的 vma->nopage[②] 方法完成,当发生"缺页"时,该方法会帮助我们动态构造被映射到物理内存的用户页表项(注意这里并非一次就全部映射我们所需要的空间,而是在缺页时动态地一次一次地在现场完成映射)。

为了把用户空间的虚存区映射到内核虚拟空间对应的物理内存,首先寻找内核虚拟空间中的地址所对应的内核逻辑地址。读者会问,为什么不直接映射到物理地址?这主要是想利用内核提供的一些现有的例程,例如,把内核虚地址转换成物理地址的宏 virt_to_page,这些例程都是针对内核逻辑地址而言的,所以,只要求出内核逻辑地址,减去一个偏移量 PAGE_OFFSET 就得到相应的物理地址。

我们需要实现 nopage 方法,动态建立对应页表,而在该方法中核心任务是找到内核逻辑地址。这就需要做以下工作。

---

① 内核页表把内核空间映射到物理内存,其中 vmalloc()和 kmalloc()分配的物理内存都由内核页表描述;同理用户页表把用户空间映射到物理内存。

② 除了使用 nopage 动态地一次一页构造用户页表项外,还可以调用 remap_page_range()方法一次构造一段内存范围的页表项,但显然这个方法是针对物理内存连续被分配时使用的,而这里内核虚拟空间对应的物理内存并非连续,所以这里使用 nopage。

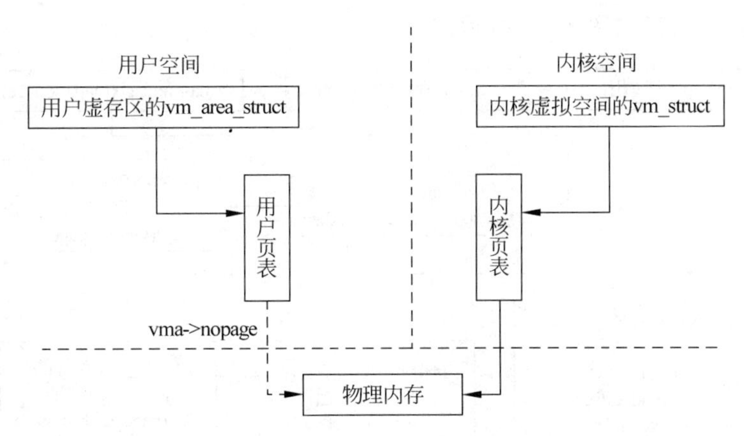

(虚线箭头表示需要建立的新映射关系。实线箭头表示已有的映射关系)

图 4.13 用户虚存区映射到内核虚拟空间对应的物理内存

(1) 找到 vmalloc 虚拟内存对应的内核页表，并寻找到对应的内核页表项。

(2) 获取内核页表项对应的物理页面指针。

(3) 通过该页面得到对应的内核逻辑地址。

获得内核逻辑地址后，很容易获得对应的物理页面，这主要用于建立用户页表映射。到此，以物理页面为中介，我们完成了内核虚拟空间到用户空间的映射。

2. 基本函数

我们利用一个虚拟字符驱动程序，将 vmalloc()分配的一定长度的内核虚拟地址映射到设备文件①，以便可以通过访问文件内容来达到访问内存的目的。这样除了提高内存访问速度外，还可以让用户利用文件系统的编程接口访问内存，降低了开发难度。

Map_driver.c 就是虚拟字符驱动程序。为了要完成内存映射，除了常规的 open()/release()操作外，还必须实现 mmap()操作，该函数将给定的文件映射到指定的地址空间上，也就是说它将负责把 vmalloc()分配的内核地址映射到设备文件上。

文件操作表中的 mmap()是在用户进程调用 mmap()系统调用时被执行的，而且在调用前内核已经给用户进程找到并分配了合适的虚存区 vm_area_struct，这个区将代表文件内容，所以接着要做的是如何把虚存区和物理内存挂接到一起，即构造页表。由于前面所说的原因，系统中页表需要动态分配，因此不可使用 remap_page_range()函数一次分配完成，而必须使用虚存区操作中的 nopage 方法，在现场一页一页地构造页表。

mmap()方法的主要操作是为它得到的虚存区绑定对应的操作表 vm_operations。于是构造页表的主要操作就由虚存区操作表的 nopage 方法来完成。

nopage 方法的主要操作是寻找到内核虚拟空间中的地址对应的内核逻辑地址。这个解析内核页表的工作是由辅助函数 vaddr_to_kaddr()来完成的，它所做的工作概括起来就是完成上文提到的(1)、(2)、(3)三条。

---

① Linux 中的设备是一个广义的概念，不仅仅指物理设备。这里的设备实际上是指 vmalloc()所分配的一块区域。之所以以设备驱动程序的方式实现，是为了把所实现的内容以模块的方式插入内核，有关模块的内容参见附录 A。

整个任务执行路径如图 4.14 所示。

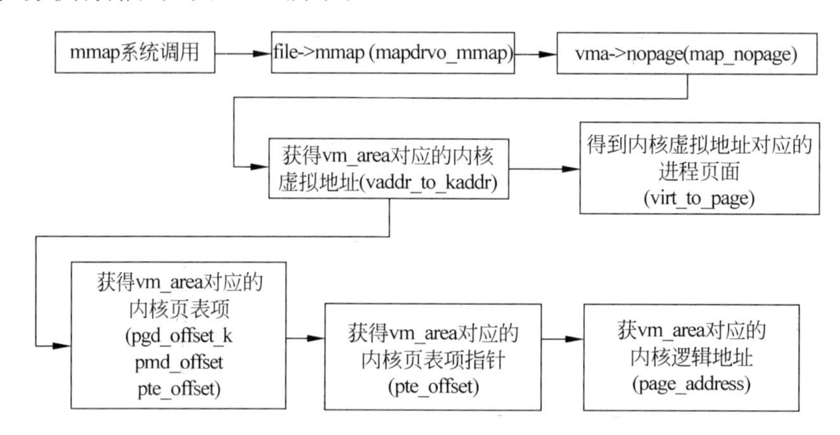

图 4.14 从 mmap()到获得内核逻辑地址的执行路径

4.6.3 实现过程

编译 map_driver.c 为 map_driver.ko 模块,具体参数见 Makefile。

加载模块:insmod map_driver.ko。

生成对应的设备文件的操作。

(1) 在/proc/devices 下找到 map_driver 对应的设备名和设备号:grep mapdrvo/proc/devices。

(2) 建立设备文件 mknod mapfile c 254 0 (在我这里的设备号为 254)。

利用用户测试程序 maptest 读取 mapfile 文件,将存放在内核的信息打印到用户屏幕。

4.6.4 程序代码

首先,编写用户空间测试程序如下:

```
#include <stdio.h>
#include <unistd.h>
#include <sys/mman.h>
#include <sys/types.h>
#include <fcntl.h>
#include <stdlib.h>
#define LEN (10 * 4096)
int main(void)
{
    int fd;
    char * vadr;

    if ((fd = open("/dev/mapdrv0", O_RDWR)) < 0) {
          perror("open");
          exit(-1);
    }
    vadr = mmap(0, LEN, PROT_READ, MAP_PRIVATE | MAP_NORESERVE, fd, 0);
```

```
    if (vadr == MAP_FAILED) {
          perror("mmap");
          exit( - 1);
    }
    printf(" % s\n", vadr);
    close(fd);
    exit(0);
}
```

从上面可以清楚地看出，要映射的设备文件为/dev/mapdrvo，所以在插入内核模块时应该进行如下操作：

```
# insmod map_driver.ko
```

然后在/proc/devices文件中查找该设备对应的主设备号：

```
#grep map_driver /proc/devices
251 mapdrvo
```

（假设得到的数是251）

```
#mknod /dev/mapdrvo c 251 0
#GCC -Wall -o maptest maptest.c
# ./maptest
hello world from kernel space !
```

把所有251替换成通过grep搜索到的那个主设备号即可。

内核模块代码如下：

```
---------------map_driver.h---------------------
#include <asm/atomic.h>
#include <asm/semaphore.h>
#include <linux/cdev.h>

struct mapdrvo{
     struct cdev mapdevo;
     atomic_t usage;
};

--------------map_driver.c--------------
#include <linux/kernel.h>
#include <linux/module.h>
#include <linux/fs.h>
#include <linux/string.h>
#include <linux/errno.h>
#include <linux/mm.h>
#include <linux/vmalloc.h>
#include <linux/slab.h>
#include <asm/io.h>
#include <linux/mman.h>
#include "map_driver.h"
```

```
#define MAPLEN (PAGE_SIZE * 10)

int mapdrv_open(struct inode * inode, struct file * file);          /* 打开设备 */
int mapdrv_release(struct inode * inode, struct file * file);       /* 关闭设备 */
int mapdrv_mmap(struct file * file, struct vm_area_struct * vma);  /* 设备的mmap函数 */
void map_vopen(struct vm_area_struct * vma);                        /* 打开虚存区 */
void map_vclose(struct vm_area_struct * vma);                       /* 关闭虚存区 */
struct page * map_nopage(struct vm_area_struct * vma, unsigned long address,
            int * type);                                         /* 虚存区的缺页处理函数 */

static struct file_operations mapdrvo_fops = {
        .owner = THIS_MODULE,
        .mmap = mapdrvo_mmap,
        .open = mapdrvo_open,
        .release = mapdrvo_release,
};

static struct vm_operations_struct map_vm_ops = {
        .open = map_vopen,
        .close = map_vclose,
        .nopage = map_nopage,
};

static int * vmalloc_area = NULL;
static int major;                                                   /* 设备的主设备号 */

volatile void * vaddr_to_kaddr(volatile void * address)
{
    pgd_t * pgd;                                                    /* 全局页目录 */
    pmd_t * pmd;                                                    /* 中间页目录 */
    pte_t * ptep, pte;                                              /* 页表项 */

    unsigned long va, ret = 0UL;
    va = (unsigned long)address;                  /* 把address转换成无符号长整型的虚地址 */
    pgd = pgd_offset_k(va);                       /* 获取页目录 */

    if (!pgd_none( * pgd)) {       /
        pmd = pmd_offset(pgd, va);                /* 获取中间页目录 */
        if (!pmd_none( * pmd)) {
            ptep = pte_offset_kernel(pmd, va);    /* 获取指向页表项的指针 */
            pte = * ptep;
            if (pte_present(pte)) {
                ret = (unsigned long)page_address(pte_page(pte));/* 获取页起始地址 */
                ret |= (va & (PAGE_SIZE - 1));    /* 把页偏移量加到页地址上 */
            }
        }
    }
    return ((volatile void * )ret);
}

struct mapdrvo * md;
```

```
MODULE_LICENSE("GPL");

static int __init mapdrvo_init(void)                          /* 驱动程序初始化 */
{

    unsigned long virt_addr;
    int result, err;
    dev_t dev = 0;
    dev = MKDEV(0, 0);
    major = MAJOR(dev);                                       /* 获取主设备号 */
    md = kmalloc(sizeof(struct mapdrvo), GFP_KERNEL);
    if (!md)
        goto fail1;
    result = alloc_chrdev_region(&dev, 0, 1, "mapdrvo");
    if (result < 0) {
        printk(KERN_WARNING "mapdrvo: can't get major %d\n", major);
        goto fail2;
    }
    cdev_init(&md->mapdev, &mapdrvo_fops);
    md->mapdev.owner = THIS_MODULE;
    md->mapdev.ops = &mapdrvo_fops;
    err = cdev_add (&md->mapdev, dev, 1);
    if (err) {
        printk(KERN_NOTICE "Error %d adding mapdrvo", err);
        goto fail3;
    }
    atomic_set(&md->usage, 0);

    vmalloc_area = vmalloc(MAPLEN);                           /* 在非连续区获得一块内存区 */
    if (!vmalloc_area)
      goto fail4;
    for (virt_addr = (unsigned long)vmalloc_area;
        virt_addr < (unsigned long)(&(vmalloc_area[MAPLEN / sizeof(int)]));
        virt_addr += PAGE_SIZE) {

      SetPageReserved(virt_to_page
           (vaddr_to_kaddr((void *)virt_addr)));              /* 使缓存的页面常驻内存 */
    }

    strcpy((char *)vmalloc_area, "hello world from kernel space !");
                                                    /* 把信息放在内核空间,供用户读取 */

    printk("vmalloc_area at 0x%p (phys 0x%lx)\n", vmalloc_area,
           virt_to_phys((void *)vaddr_to_kaddr(vmalloc_area)));
    return 0;
fail4:
    cdev_del(&md->mapdev);
fail3:
    unregister_chrdev_region(dev, 1);
fail2:
    kfree(md);
```

```
fail1:
    return -1;
}

static void __exit mapdrvo_exit(void)
{
     unsigned long virt_addr;
     dev_t devno = MKDEV(major, 0);
     for (virt_addr = (unsigned long)vmalloc_area;
         virt_addr < (unsigned long)(&(vmalloc_area[MAPLEN / sizeof(int)]));
         virt_addr += PAGE_SIZE) {
        ClearPageReserved(virt_to_page
                (vaddr_to_kaddr((void *)virt_addr)));/* 收回在内存保留的所有页面 */
    }

    if (vmalloc_area)
        vfree(vmalloc_area);                             /* 释放所分配的区间 */
    cdev_del(&md->mapdev);
    unregister_chrdev_region(devno, 1);                  /* 注销设备 */
    kfree(md);
}
int mapdrvo_open(struct inode * inode, struct file * file) /* 打开设备的函数 */
{
    struct mapdrvo * md;
    md = container_of(inode->i_cdev, struct mapdrvo, mapdev);   /* 获得 md 的起始地址 */
    atomic_inc(&md->usage);                              /* 引用数加 1 */
    return (0);
}

int mapdrvo_release(struct inode * inode, struct file * file)
                                                         /* 关闭设备的方法 */
{

    struct mapdrvo * md;
    md = container_of(inode->i_cdev, struct mapdrvo, mapdev);
    atomic_dec(&md->usage);                              /* 引用数减 1 */
    return (0);
}

int mapdrvo_mmap(struct file * file, struct vm_area_struct * vma)
{
    unsigned long offset = vma->vm_pgoff << PAGE_SHIFT;        /* 求出偏移量 */

    unsigned long size = vma->vm_end - vma->vm_start;
    if (offset & ~PAGE_MASK) {                 /* 如果偏移量没有在页边界,说明没有对齐 */
        printk("offset not aligned: %ld\n", offset);
        return -ENXIO;
    }
    if (size > MAPLEN) {
        printk("size too big\n");
        return (-ENXIO);
```

```
    }
    /*  仅支持共享映射 */
    if ((vma->vm_flags & VM_WRITE) && !(vma->vm_flags & VM_SHARED)) {
        printk("writeable mappings must be shared, rejecting\n");
        return (-EINVAL);
    }
    vma->vm_flags |= VM_LOCKED;         /*不要让这个区换出,锁住它*/
    if (offset == 0) {
        vma->vm_ops = &map_vm_ops;
        map_vopen(vma);                 /* 增加引用计数*/
    } else {
        printk("offset out of range\n");
        return -ENXIO;
    }
    return (0);
}

/* 打开虚存区的函数 */
void map_vopen(struct vm_area_struct *vma)
{
    /*当有人还在使用内存映射时,需要保护该模块以免被卸载 */
}

/* 关闭虚存区的函数 */
void map_vclose(struct vm_area_struct *vma)
{
}

/* 缺页处理函数 */
struct page *map_nopage(struct vm_area_struct *vma, unsigned long address,
            int *type)
{
        unsigned long offset;
        unsigned long virt_addr;
        /*确定 vmalloc()所分配区中的偏移量 */
        offset = address - vma->vm_start + (vma->vm_pgoff << PAGE_SHIFT);
        /* 把 vmalloc()地址转换成 kmalloc()地址*/
        virt_addr =
            (unsigned long)vaddr_to_kaddr(&vmalloc_area[offset / sizeof(int)]);
        if (virt_addr == 0UL) {
            return ((struct page *)0UL);
        }

        get_page(virt_to_page(virt_addr)); /* 增加页的引用计数*/
        printk("map_drv: page fault for offset 0x%lx (kseg x%lx)\n", offset,
            virt_addr);
    return (virt_to_page(virt_addr));

}

module_init(mapdrvo_init);
module_exit(mapdrvo_exit);
```

4.7 小结

一个程序编译链接后形成的地址空间本身就是一个虚拟地址空间，对于内核代码而言，它存放在4GB虚拟空间的3GB以上，对于用户程序而言，存放在3GB以下的虚拟地址空间。但是不管是内核还是用户程序，最终运行时还是要被搬到物理内存中。本章的核心就是围绕虚地址到物理地址的转换，以及由此引发的各种问题，比如地址映射问题，一方面把可执行映像映射到虚拟地址空间，另一方面把虚地址空间映射到物理地址空间。而在程序执行时，涉及请页问题，把虚拟空间中的页真正搬到物理空间，由此要对物理空间进行分配和回收，而在物理内存不够时，又必须进行内外交换，交换的效率直接影响系统的性能，于是缓冲和刷新技术应运而生。

本章最后一节给出了一个比较完整的例子，说明内存管理在实际中的应用。

习题

1. 为什么把进程的地址空间划分为“内核空间”和“用户空间”？
2. 为什么说每个进程都拥有3GB私有的用户空间？
3. 内核空间存放什么内容？如何把其中的一个虚地址转换成物理地址？
4. 什么是内核映像？它存放在物理空间和内核空间的什么地方？
5. 用户空间划分为哪几部分？用户程序调用malloc()分配的内存属于哪一部分？
6. mm_struct结构描述了用户空间的哪些方面？内核对该结构如何组织？查看源代码。
7. vm_area_struct结构描述了虚存区的哪些方面？内核对该结构如何组织？查看源代码。
8. 为什么把进程的用户地址空间划分为一个个区间？
9. 结合图4.6，叙述task_struct，mm_struct，vm_area_struct及页目录等数据结构之间的关系，并说明哪些数据结构与物理内存和进程的地址空间相关，是如何相关的？
10. 进程用户空间何时创建？如何创建？
11. 什么是虚存映射？有哪几种类型？
12. 一个进程一般包含哪些虚存区？举例说明。
13. 说明mmap()系统调用的功能？利用mmap()写一个拷贝文件的程序。
14. 对图4.8进程详细描述。
15. Linux是如何实现“请求调页”的？
16. 系统启动后，物理内存的布局如何？动态内存存放什么？
17. 试叙述伙伴算法的工作原理，并说明为什么伙伴算法可以消除外碎片？
18. 画出物理页面分配和回收的流程图，其中所采用的算法为伙伴算法。
19. Linux为什么要采用Slab分配机制？
20. 举例说明Slab专用缓冲区和通用缓冲区的使用。

21. 内核的非连续空间位于何处？给出创建非连续区的实现算法。

22. vmalloc()和 kmalloc()有何区别？编写内核模块程序，调用这两个函数以观察二者所分配空间位于不同的区域。

23. 在页面交换中，必须考虑哪几个方面的问题？哪些页不应该被换出？

24. 对系统空闲时换出页面的策略进行分析，说明“抖动”发生的概率有多大？这种策略在什么情况下实施起来有较好的效果？

25. 分析守护进程 kswapd 的运行时机，你认为怎样换出页面比较合理？

26. 分析并调试实例程序。

第5章 中断和异常

中断控制是计算机发展中一种重要的技术。最初它是为克服对I/O接口控制采用程序查询所带来的处理器效率低而产生的。中断控制的主要优点是只有在I/O需要服务时才能得到处理器的响应，而不需要处理器不断地进行查询。由此，最初的中断全部是对外部设备而言的，称为外部中断（或硬件中断）。

但随着计算机系统结构的不断改进以及应用技术的日益提高，中断的适用范围也随之扩大，出现了所谓的内部中断（或叫异常），它是为解决机器运行时所出现的某些随机事件及编程方便而出现的。因而形成了一个完整的中断系统。本章主要讨论在80x86保护模式下中断机制在Linux中的实现。

5.1 中断是什么

大多数读者可能对16位实地址模式下的中断机制有所了解，例如中断向量、外部I/O中断以及异常，这些内容在32位的保护模式下依然有效。两种模式之间最本质的差别就是在保护模式引入了中断描述符表。

5.1.1 中断向量

Intel x86系列微机共支持256种向量中断，为使处理器较容易地识别每种中断源，将它们从0到255编号，即赋予一个中断类型码 n，Intel把这个8位的无符号整数叫做一个向量，因此，也叫**中断向量**。所有256种中断可分为两大类：异常和中断。异常又分为**故障（Fault）**和**陷阱（Trap）**，它们的共同特点是既不使用中断控制器，也不能被屏蔽（异常其实是CPU发出的中断信号）。中断又分为外部**可屏蔽中断**（INTR）和外部**非屏蔽中断**（NMI），所有I/O设备产生的中断请求（IRQ）均引起屏蔽中断，而紧急的事件（如硬件故障）引起的故障产生非屏蔽中断。

非屏蔽中断的向量和异常的向量是固定的，而屏蔽中断的向量可以通过对中断控制器的编程来改变。Linux对256个向量的分配如下。

（1）从0～31的向量对应于异常和非屏蔽中断。

（2）从32～47的向量（即由I/O设备引起的中断）分配给屏蔽中断。

（3）剩余的从48～255的向量用来标识软中断。Linux只用了其中的一个（即128或0x80向量）用来实现系统调用。

说明，可以在 proc 文件系统下的 interrupts 文件中，查看当前系统中各种外设的 IRQ 命令：

```
$ cat /proc/interrupts
```

5.1.2　外设可屏蔽中断

Intel x86 通过两片中断控制器 8259A 来响应 15 个外中断源，每个 8259A 可管理 8 个中断源。第一级（称主片）的第二个中断请求输入端，与第二级 8259A（称从片）的中断输出端 INT 相连，如图 5.1 所示。我们把与中断控制器相连的每条线叫做中断线，要使用中断线，就要进行中断线的申请，也就是 IRQ（Interrupt Requirement），因此也常把申请一条中断线称为申请一个 IRQ 或者是申请一个中断号。IRQ 线是从 0 开始顺序编号的，因此，第一条 IRQ 线通常表示成 IRQ0。IRQn 的缺省向量是 $n+32$，如前所述，IRQ 和向量之间的映射可以通过中断控制器端口来修改。

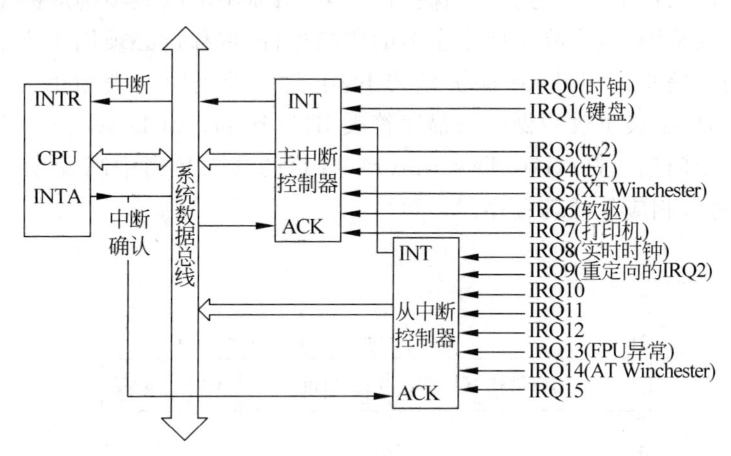

图 5.1　级连的 8259A 的中断机构

并不是每个设备都可以向中断线上发中断信号的，只有对某一条确定的中断线拥有了控制权，才可以向这条中断线上发送信号。由于计算机的外部设备越来越多，所以 15 条中断线已经不够用了，中断线是非常宝贵的资源，所以只有当设备需要中断的时候才申请占用一个 IRQ，或者是在申请 IRQ 时采用共享中断的方式，这样可以让更多的设备使用中断。

对于外部 I/O 请求的屏蔽可分为两种情况，一种是从 CPU 的角度，也就是清除 EFLAG 的中断标志位（IF），当 IF＝0 时，禁止任何外部 I/O 的中断请求，即关中断；一种是从中断控制器的角度，因为中断控制器中有一个 8 位的中断屏蔽寄存器，每位对应 8259A 中的一条中断线，如果要禁用某条中断线，则把中断屏蔽寄存器相应的位置 1，要启用，则置 0。

5.1.3　异常及非屏蔽中断

异常就是 CPU 内部出现的中断，也就是说，在 CPU 执行特定指令时出现的非法情况。非屏蔽中断就是计算机内部硬件出错时引起的异常情况。从图 5.1 可以看出，二者与外部

I/O接口没有任何关系。Intel把非屏蔽中断作为异常的一种来处理,因此,后面所提到的异常也包括了非屏蔽中断。在CPU执行一个异常处理程序时,就不再为其他异常或可屏蔽中断请求服务,也就是说,当某个异常被响应后,CPU清除EFLAG中的IF位,禁止任何可屏蔽中断。但如果又有异常产生,则由CPU锁存(CPU具有缓冲异常的能力),待这个异常处理完后,才响应被锁存的异常。这里讨论的异常中断向量在0～31之间,不包括系统调用(中断向量为0x80)。

Intel x86处理器发布了大约20种异常(具体数字与处理器模式有关)。Linux内核必须为每种异常提供一个专门的异常处理程序。

5.1.4 中断描述符表

在实地址模式中,CPU把内存中从0开始的1KB用来存储中断向量表。表中的每个表项占4个字节,由两个字节的段地址和两个字节的偏移量组成,这样构成的地址便是相应的中断处理程序的入口地址。但是,在保护模式下,由4字节的表项构成的中断向量表显然满足不了要求。这是因为,①除了两个字节的段描述符,偏移量必须用4字节来表示;②要有反映模式切换的信息。因此,在保护模式下,中断向量表中的表项由8个字节组成,如图5.2所示,中断向量表也改叫做中断描述符表IDT(Interrupt Descriptor Table)。其中的每个表项叫做一个门描述符(Gate Descriptor),"门"的含义是当中断发生时必须先通过这些门,然后才能进入相应的处理程序。

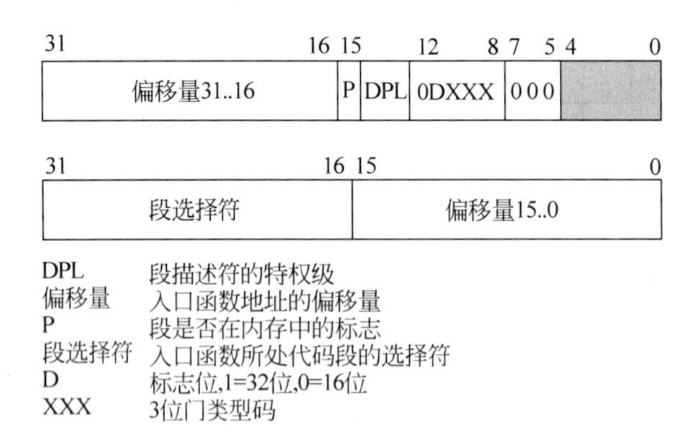

图5.2 门描述符的一般格式

其中类型占3位,表示门描述符的类型,主要门描述符有以下几种。

1. 中断门(Interrupt Gate)

其类型码为110,中断门包含了一个中断或异常处理程序所在段的选择符和段内偏移量。当控制权通过中断门进入中断处理程序时,处理器清IF标志,即关中断,以避免嵌套中断的发生。中断门中的请求特权级(DPL)为0,因此,用户态的进程不能访问Intel的中断门。所有的中断处理程序都由中断门激活,并全部限制在内核态。

2. 陷阱门(Trap Gate)

其类型码为111,与中断门类似,其唯一的区别是,控制权通过陷阱门进入处理程序时维持IF标志位不变,也就是说,不关中断。

3. 系统门(System Gate)

这是Linux内核特别设置的,用来让用户态的进程访问Intel的陷阱门,因此,门描述符的DPL为3。系统调用就是通过系统门进入内核的。

最后,在保护模式下,中断描述符表在内存的位置不再局限于从地址0开始的地方,而是可以放在内存的任何地方。为此,CPU中增设了一个中断描述符表寄存器IDTR,用来存放中断描述符表在内存的起始地址。中断描述符表寄存器IDTR是一个48位的寄存器,其低16位保存中断描述符表的大小,高32位保存中断描述符表的基址,如图5.3所示。

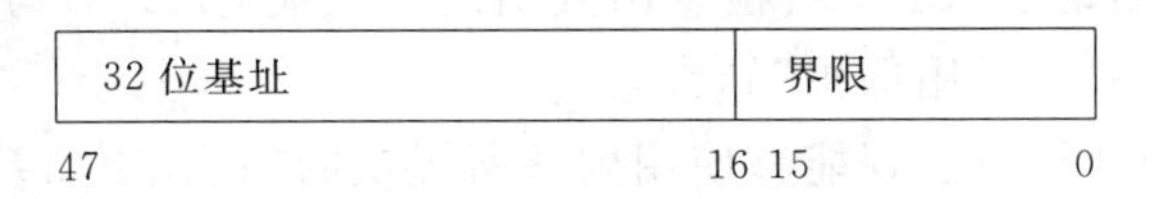

图5.3 中断描述符表寄存器IDTR

5.1.5 相关汇编指令

为了有助于读者对中断实现过程的理解,下面介绍几条相关的汇编指令。

1. 调用过程指令CALL

指令格式:CALL 过程名

说明:在取出CALL指令之后及执行CALL指令之前,使指令指针寄存器EIP指向紧接CALL指令的下一条指令。CALL指令先将EIP值压入栈内,再进行控制转移。当遇到RET指令时,栈内信息可使控制权直接回到CALL的下一条指令。

2. 调用中断过程的指令INT

指令格式:INT 中断向量

说明:EFLAG,CS及EIP寄存器被压入栈内。控制权被转移到由中断向量指定的中断处理程序。在中断处理程序结束时,IRET指令又把控制权送回到刚才执行被中断的地方。

3. 中断返回指令IRET

指令格式:IRET

说明:IRET与中断调用过程相反,它将EIP,CS及EFLAGS寄存器内容从栈中弹出,并将控制权返回到发生中断的地方。IRET用在中断处理程序的结束处。

4. 加载中断描述符表的指令LIDT

指令格式:LIDT 48位的伪描述符

说明：LIDT 将指令中给定的 48 位伪描述符装入中断描述符寄存器 IDTR。

5.2 中断描述符表的初始化

通过上面的介绍，我们知道了 Intel 微处理器对中断和异常所做的工作。下面，从操作系统的角度来对中断描述符表的初始化给予描述。

Linux 内核在系统的初始化阶段要进行大量的初始化工作，其与中断相关的工作有：初始化可编程控制器 8259A；将中断描述符表的起始地址装入 IDTR 寄存器，并初始化表中的每一项。这些操作的完成将在本节进行具体描述。

用户进程可以通过 INT 指令发出一个中断请求，其中断请求向量在 0～255 之间。为了防止用户使用 INT 指令模拟非法的中断和异常，必须对中断描述符表进行谨慎的初始化。其措施之一就是将中断门或陷阱门中的请求特权级 DPL 域置为 0。如果用户进程确实发出了这样一个中断请求，CPU 会检查出其当前特权级 CPL(3)与所请求的特权级 DPL(0)有冲突，因此产生一个"通用保护"异常。

但是，有时候必须让用户进程能够使用内核所提供的功能(比如系统调用)，也就是说从用户态进入内核态，这可以通过把中断门或陷阱门的 DPL 域置为 3 来达到。

当计算机运行在实模式时，中断描述符表被初始化，并由 BIOS 使用。然而，一旦真正进入了 Linux 内核，中断描述符表就被移到内存的另一个区域，并为进入保护模式进行预初始化：用汇编指令 LIDT 对中断向量表寄存器 IDTR 进行初始化，即把 IDTR 置为 0。把中断描述符表 IDT 的起始地址装入 IDTR。

用 setup_idt()函数填充中断描述表中的 256 个表项。在对这个表进行填充时，使用了一个空的中断处理程序。因为现在处于初始化阶段，还没有任何中断处理程序，因此，用这个空的中断处理程序填充每个表项。

在对中断描述符表进行了预初始化后，内核将在启用分页功能后对 IDT 进行第二遍初始化，也就是说，用实际的陷阱和中断处理程序替换这个空的处理程序。一旦这个过程完成，对于每个异常，IDT 都有一个专门的陷阱门或系统门，而对每个外部中断，IDT 都包含专门的中断门。

5.2.1 IDT 表项的设置

IDT 表项的设置是通过_set_gate()函数实现的，下面给出如何调用该函数在 IDT 表中插入一个门。

1. 插入一个中断门

```
void set_intr_gate(unsigned int n, void * addr)
{
        _set_gate(idt_table + n,14,0,addr);
}
```

其中，idt_table 是中断描述符表 IDT 在程序中的符号表示，n 表示在第 n 个表项中插入一个中断门。这个门的段选择符设置成代码段的选择符,DPL 域设置成 0,14 表示 D 标志位为 1(表示 32 位),而类型码为 110,所以 set_intr_gate()设置的是中断门,偏移域设置成中断处理程序的地址 addr。

2. 插入一个陷阱门

```
static void __init set_trap_gate(unsigned int n, void * addr)
{
        _set_gate(idt_table + n,15,0,addr);
}
```

在第 n 个表项中插入一个陷阱门。这个门的段选择符设置成代码段的选择符,DPL 域设置成 0,15 表示 D 标志位为 1,而类型码为 111,所以 set_trap_gate()设置的是陷阱门,偏移域设置成异常处理程序的地址 addr。

3. 插入一个系统门

```
static void __init set_system_gate(unsigned int n, void * addr)
{
        _set_gate(idt_table + n,15,3,addr);
}
```

在第 n 个表项中插入一个系统门。这个门的段选择符设置成代码段的选择符,DPL 域设置成 3,15 表示 D 标志位为 1,而类型码为 111,所以 set_system_gate()设置的也是陷阱门,但因为 DPL 为 3,因此,系统调用在用户态可以通过"INT 0x80"顺利穿过系统门,从而进入内核态。

5.2.2 对陷阱门和系统门的初始化

trap_init()函数就是用来设置中断描述符表开头的 19 个陷阱门和系统门的,这些中断向量都是 CPU 保留用于异常处理的:

```
set_trap_gate(0,&divide_error);
set_trap_gate(1,&debug);
…
set_trap_gate(19,&simd_coprocessor_error);

set_system_gate(SYSCALL_VECTOR,&system_call);
```

其中,"&"之后的名字就是每个异常处理程序的名字。最后一个是对系统调用的设置。

5.2.3 中断门的设置

中断门的设置是由 init_IRQ()函数中的一段代码完成的:

```
for (i = 0; i < (NR_VECTORS - FIRST_EXTERNAL_VECTOR); i++) {
 int vector = FIRST_EXTERNAL_VECTOR + i;
 if (i >= NR_IRQS)
```

```
break;
if (vector ! = SYSCALL_VECTOR)
set_intr_gate(vector, interrupt[i]);
}
```

从 FIRST_EXTERNAL_VECTOR 开始,设置 NR_IRQS(NR_VECTORS-FIRST_EXTERNAL_VECTOR)个 IDT 表项。常数 FIRST_EXTERNAL_VECTOR 定义为 0x20,而 NR_IRQS 则为 224[①],即中断门的个数。注意,必须跳过用于系统调用的向量 0x80,因为这在前面已经设置好了。这里,中断处理程序的入口地址是一个数组 interrupt[],数组中的每个元素是指向中断处理函数的指针。

5.2.4 中断处理程序的形成

由 5.2.3 节知道,interrupt[]为中断处理程序的入口地址,这只是一个笼统的说法。实际上不同的中断处理程序,不仅名字不同,其内容也不同,但是,这些函数又有很多相同之处,因此应当以统一的方式形成其函数名和函数体,于是,内核对该数组的定义如下:

```
static void ( * interrupt[NR_VECTORS - FIRST_EXTERNAL_VECTOR])(void) = {
     IRQLIST_16(0x2), IRQLIST_16(0x3),
     IRQLIST_16(0x4), IRQLIST_16(0x5), IRQLIST_16(0x6), IRQLIST_16(0x7),
      IRQLIST_16(0x8), IRQLIST_16(0x9), IRQLIST_16(0xa), IRQLIST_16(0xb),
     IRQLIST_16(0xc), IRQLIST_16(0xd), IRQLIST_16(0xe), IRQLIST_16(0xf)
};
```

这里定义的数组 interrupt[],从 IRQLIST_16(0x2)到 IRQLIST_16(0xf)一共有 14 个数组元素,其中 IRQLIST_16()宏的定义如下:

```
#define IRQLIST_16(x) \
   IRQ(x,0), IRQ(x,1), IRQ(x,2), IRQ(x,3), \
   IRQ(x,4), IRQ(x,5), IRQ(x,6), IRQ(x,7), \
   IRQ(x,8), IRQ(x,9), IRQ(x,a), IRQ(x,b), \
   IRQ(x,c), IRQ(x,d), IRQ(x,e), IRQ(x,f)
```

该宏中定义了 16 个 IRQ(x,y),这样就有 224(14 * 16)个函数指针。不妨再接着展开 IRQ(x,y)宏:

```
#define IRQ(x,y) \
   IRQ##x##y##_interrupt
```

表示将字符串连接起来,比如 IRQ(0x2,0)就是 IRQ0x20_interrupt。

综上可知,以这样的方式就定义出 224 个函数,从 IRQ0x20_interrupt 一直到 IRQ0xff_interupt。那么这些函数名又是如何形成的?我们看如下宏定义:

```
#define IRQ_NAME2(nr) nr##_interrupt(void)
#define IRQ_NAME(nr) IRQ_NAME2(IRQ##nr)
```

从这两个宏的定义可以推知,IRQ_NAME(n)就是 IRQn_interrupt(void)的函数形式,

---

① x86 体系结构限制了只能使用 256 个向量。其中 32 个留给 CPU,因此可用向量有 224 个。

其中随 n 具体数字不同，则形成不同的 IRQn_interrupt()函数名。接下来，需要解决如何以统一的方式让这些函数拥有内容，也就是说，这些函数的代码是如何形成的？内核定义了 BUILD_IRQ 宏。

BUILD_IRQ 宏是一段嵌入式汇编代码，为了有助于理解，把它展开成下面的汇编语言片段：

```
IRQn_interrupt:
      pushl $n-256
jmp common_interrupt
```

把中断号减 256 的结果保存在栈中，这是进入中断处理程序后第一个压入堆栈的值，是一个负数，正数留给系统调用使用。对于每个中断处理程序，唯一不同的就是压入栈中的这个数。然后，所有的中断处理程序都跳到一段相同的代码 common_interrupt。关于这段代码，请参看 5.3.3 节中断处理程序 IRQn_interrupt。

5.3 中断处理

通过上面的介绍，我们知道了中断描述符表已被初始化，并具有了相应的内容；对于外部中断，还要建立中断请求队列，以及执行中断处理程序，这正是本节要关心的主要内容。

5.3.1 中断和异常的硬件处理

首先，从硬件的角度来看 CPU 如何处理中断和异常。这里假定内核已被初始化，CPU 已从实模式转到保护模式。

当 CPU 执行了当前指令之后，CS 和 EIP 这对寄存器中所包含的内容就是下一条将要执行指令的虚地址。在对下一条指令执行前，CPU 先要判断在执行当前指令的过程中是否发生了中断或异常。如果发生了一个中断或异常，那么 CPU 将做以下事情。

(1) 确定所发生中断或异常的向量 i(在 0～255 之间)。

(2) 通过 IDTR 寄存器找到 IDT 表，读取 IDT 表第 i 项(或叫第 i 个门)。

(3) 分两步进行有效性检查：首先是“段”级检查，将 CPU 的当前特权级 CPL(存放在 CS 寄存器的最低两位)与 IDT 中第 i 项段选择符中的 DPL 相比较，如果 DPL(3)大于 CPL(0)，就产生一个“通用保护”异常，因为中断处理程序的特权级不能低于引起中断的进程的特权级。这种情况发生的可能性不大，因为中断处理程序一般运行在内核态，其特权级为 0。然后是“门”级检查，把 CPL 与 IDT 中第 i 个门的 DPL 相比较，如果 CPL 小于 DPL，也就是当前特权级(0)小于这个门的特权级(3)，CPU 就不能“穿过”这个门，于是产生一个“通用保护”异常，这是为了避免用户应用程序访问特殊的陷阱门或中断门。但是请注意，这种“门”级检查是针对一般的用户程序，而不包括外部 I/O 产生的中断或 CPU 内部产生的异常，也就是说，如果产生了中断或异常，就免去了“门”级检查。

(4) 检查是否发生了特权级的变化。当中断发生在用户态(特权级为 3)，而中断处理程序运行在内核态(特权级为 0)，特权级发生了变化，所以会引起堆栈的更换。也就是说，从用户态堆栈切换到内核态堆栈。而当中断发生在内核态时，即CPU在内核中运行时，则不会更换堆栈，如图5.4所示。

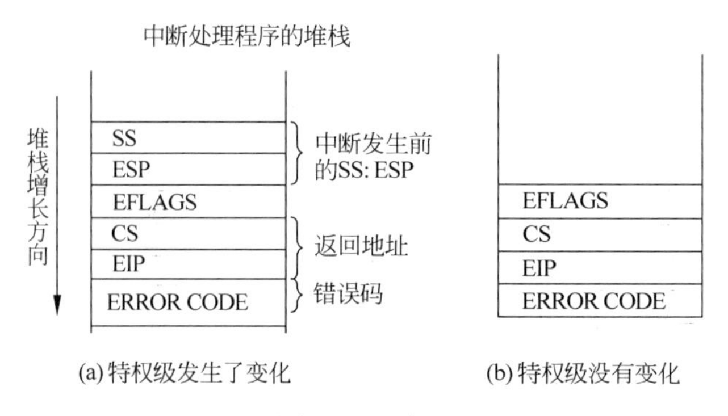

图5.4 中断处理程序堆栈示意图

从图5.4中可以看出，当从用户态堆栈切换到内核态堆栈时，先把用户态堆栈的值压入中断程序的内核态堆栈中，同时把EFLAGS寄存器自动压栈，然后把被中断进程的返回地址压入堆栈。如果异常产生了一个硬错误码，则将它也保存在堆栈中。如果特权级没有发生变化，则压入栈中的内容如图5.4(b)所示。此时，CS:EIP的值就是IDT表中第i项门描述符的段选择符和偏移量的值，于是，CPU就跳转到了中断或异常处理程序。

5.3.2 中断请求队列的建立

由于硬件的限制，很多外部设备不得不共享中断线，例如，一些PC配置可以把同一条中断线分配给网卡和图形卡。由此看来，让每个中断源都必须占用一条中断线是不现实的。所以，仅仅用中断描述符表并不能提供中断产生的所有信息，内核必须对中断线给出进一步的描述。在Linux设计中，专门为每个中断请求IRQ设置了一个队列，这就是所谓的中断请求队列。

1. 中断服务程序与中断处理程序

这里提到的中断服务程序ISR(Interrupt Service Routine)与以前所提到的中断处理程序(Interrupt Handler)是两个不同的概念。在Linux中，15条中断线对应15个中断处理程序，其名依次为IRQ0x00_interrupt()，IRQ0x01_interrupt()，…，IRQ0x0f_interrupt()。具体来说，中断处理程序相当于某个中断向量的总处理程序，例如IRQ0x05_interrupt()是中断号为5(向量为37)的总处理程序，如果这个5号中断由网卡和图形卡共享，则网卡和图形卡分别有其相应的中断服务程序。

2. 中断线共享的数据结构

为了让多个设备能共享一条中断线，内核设置了一个叫irqaction的数据结构：

```
typedef irqreturn_t ( * irq_handler_t)(int, void * );
 struct irqaction {
          irq_handler_t handler;
          unsigned long flags;
```

```
        cpumask_t mask;
        const char * name;
        void * dev_id;
        struct irqaction * next;
        int irq;
    …
    };
```

对每个域描述如下。

(1) handler

指向一个具体 I/O 设备的中断服务程序，该函数有两个参数，第一个参数为中断号 IRQ，第二个参数为 void 指针，该指针一般传入 dev_id(唯一地标识某个设备的设备号)的值。

(2) flags

用一组标志描述中断线与 I/O 设备之间的关系，具体如下。

① IRQF_DISABLED

中断处理程序执行时必须禁止中断。

② IRQF_SHARED

允许其他设备共享这条中断线。

③ IRQF_SAMPLE_RANDOM

可以把这个设备看做是随机事件发生源；因此，内核可以用它做随机数产生器。

(3) name

I/O 设备名

(4) dev_id

指定 I/O 设备的主设备号和次设备号(参见第 9 章)。

(5) next

指向 irqaction 描述符链表的下一个元素，前提是 flags 为 IRQF_SHARED 标志。共享同一中断线的每个硬件设备都有其对应的中断服务程序，链表中的每个元素就是对相应设备及中断服务程序的描述。

3. 注册中断服务程序

在 IDT 表初始化完成之初，每个中断服务队列还为空。此时，即使打开中断且某个外设中断真的发生了，也得不到实际的服务。因为 CPU 虽然通过中断门进入了某个中断向量的总处理程序，例如 IRQ0x05_interrupt()，但是，具体的中断服务程序(如图形卡的)还没有挂入中断请求队列。所以，在设备驱动程序的初始化阶段，必须通过 request_irq()函数将相应的中断服务程序挂入中断请求队列，也就是对其进行注册。

request_irq()函数原型为：

```
int request_irq(unsigned int irq,
                irq_handler_t handler,
                unsigned long irqflags,
                const char * devname,
void * dev_id)
```

第一个参数 irq 表示要分配的中断号。对某些设备,如传统 PC 设备上的系统时钟或键盘,这个值通常是预先设定的。而对于大多数其他设备来说,这个值要么是可以通过探测获取,要么可以通过编程动态确定。

第二个参数 handler 是一个指针,指向处理这个中断的实际中断服务程序。只要操作系统一接收到中断,该函数就被调用。要注意,handler 函数的原型是特定的,它接收两个参数,并有一个类型为 irqreturn_t 的返回值。

第三个参数 irqflags 可以为 0,也可能是 IRQF_SAMPLE_RANDOM,IRQF_SHARED 或 IRQF_DISABLED 这几个标志的位掩码。

第四个参数 devname 是与中断相关的设备的名字。例如,PC 上键盘中断对应的这个值为 keyboard。这些名字会被/proc/irq 和/proc/interrupt 文件使用,以便与用户通信,稍后将对此进行简短讨论。

第五个参数 dev_id 主要用于共享中断线。当一个中断服务程序需要释放时,dev_id 将提供唯一的标志信息,以便从共享中断线的诸多中断服务程序中删除指定的那一个。如果没有这个参数,那么内核不可能知道在给定的中断线上到底要删除哪一个处理程序。如果无须共享中断线,那么将该参数赋为空值(NULL),但是,如果中断线是被共享的,那么就必须传递唯一的信息。

这里要说明的是,在驱动程序初始化或者在设备第一次打开时,首先要调用 request_irq()函数,以申请使用参数中指明的中断请求号 irq,另一参数 handler 指的是要挂入到中断请求队列中的中断服务程序。假定一个程序要对/dev/fd0/(第一个软盘对应的设备)设备进行访问,通常将 IRQ6 分配给软盘控制器,给定这个中断号 6,软盘驱动程序就可以发出下列请求,以将其中断服务程序挂入中断请求队列:

```
request_irq(6, floppy_interrupt,
        IRQF_DISABLED|IRQF_SAMPLE_RANDOM, "floppy", NULL);
```

可以看到,floppy_interrupt()中断服务程序运行时必须禁止中断(设置了 IRQF_DISABLED 标志),并且不允许共享这个 IRQ(清 IRQF_SHARED 标志),但允许根据这个中断发生的时间产生随机数(设置了 IRQF_SAMPLE_RANDOM 标志,用于建立熵池,以供系统产生随机数使用)。

注意,request_irq()函数可能会睡眠,因此,不能在中断上下文或其他不允许阻塞的代码中调用该函数。在睡眠不安全的上下文中调用 request_irq()函数是一种常见错误。

4. 注销中断服务程序

卸载驱动程序时,需要注销相应的中断处理服务程序,并释放中断线。可以调用 void free_irq(unsigned int irq,void * dev_id)来释放中断线。

如果指定的中断线不是共享的,那么,该函数删除处理程序的同时将禁用这条中断线。如果中断线是共享的,则仅删除 dev_id 所对应的服务程序,而这条中断线本身只有在删除了最后一个服务程序时才会被禁用。由此可以看出为什么唯一的 dev_id 如此重要。对于共享的中断线,需要一个唯一的信息来区分其上面的多个服务程序,并让 free_irq()仅仅删除指定的服务程序。不管在哪种情况下(共享或不共享),如果 dev_id 非空,它都必须与需要删除的服务程序相匹配。

注意,必须从进程上下文中调用 free_irq()。

5.3.3 中断处理程序的执行

从前面的介绍,我们已经了解了中断机制及有关的初始化工作。现在,我们可以从中断请求的发生到 CPU 的响应,再到中断处理程序的调用和返回,沿着这一思路走一遍,以体会 Linux 内核对中断的响应及处理。

假定外设的驱动程序都已完成了初始化工作,并且已把相应的中断服务程序挂入到特定的中断请求队列。又假定当前进程正在用户空间运行(随时可以接收中断),且外设已产生了一次中断请求。当这个中断请求通过中断控制器 8259A 到达 CPU 的中断请求引线 INTR 时(请参看图 5.1),CPU 就会在执行完当前指令后来响应该中断。

CPU 从中断控制器的一个端口取得中断向量 I,然后根据 I 从中断描述符表 IDT 中找到相应的表项,也就是找到相应的中断门。因为这是外部中断,不需要进行"门级"检查,CPU 就可以从这个中断门获得中断处理程序的入口地址,假定为 IRQ0x05_interrupt。因为这里假定中断发生时 CPU 运行在用户空间(CPL=3),而中断处理程序属于内核(DPL=0),因此,要进行堆栈的切换。当 CPU 进入 IRQ0x05_interrupt 时,内核栈如图 5.4(a)所示,栈中除用户栈指针、EFLAGS 的内容以及返回地址外再无其他内容。另外,由于 CPU 进入的是中断门(而不是陷阱门),因此,这条中断线已被禁用,直到重新启用。

用 IRQn_interrupt 表示从 IRQ0x00_interrupt 到 IRQ0x0f_interrupt 的任意一个中断处理程序。这个中断处理程序需要调用 do_IRQ()函数。do_IRQ()对所接收的中断进行应答,并禁止这条中断线,然后要确保这条中断线上有一个有效的中断服务程序,而且这个例程已经启动但是目前还没有执行。这时,do_IRQ()调用 handle_IRQ_event()来运行挂在这条中断线上的所有中断服务程序,图 5.5 中给出了它们的调用关系。

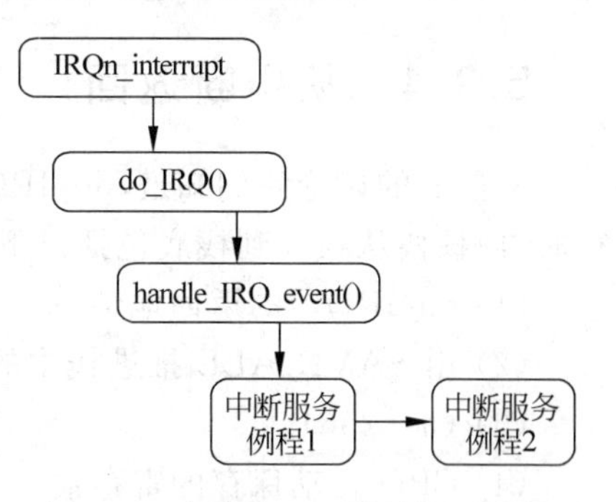

图 5.5 中断处理函数的调用关系

1. 中断处理程序 IRQn_interrupt

如 5.2.4 节所述,一个中断处理程序主要包含以下两条语句。

```
IRQn_interrupt:
    pushl  $ n - 256
    jmp common_interrupt
```

其中第一条语句把中断号减 256 的结果保存在栈中,这是每个中断处理程序唯一的不同之处。然后,所有的中断处理程序都跳到一段相同的代码 common_interrupt。这段代码的汇编语言片段如下。

```
common_interrupt:
          SAVE_ALL
```

```
        call do_IRQ
    jmp ret_from_intr
```

SAVE_ALL 宏把中断处理程序会使用的所有 CPU 寄存器都保存在栈中。然后，调用 do_IRQ()函数，因为通过 CALL 调用这个函数，所以，该函数的返回地址被压入栈。当执行完 do_IRQ()，就跳转到 ret_from_intr()地址(请参见 5.3.4 节)。

2. do_IRQ()函数

do_IRQ()这个函数处理所有外设的中断请求。do_IRQ()对中断请求队列的处理主要是通过调用 handle_IRQ_event()函数完成的，handle_IRQ_event()函数的主要代码片段为：

```
 retval = 0;
do {
            retval | = action->handler(irq, action->dev_id);
             action = action->next;
      } while (action);
```

这个循环依次调用请求队列中的每个中断服务程序。这里要说明的是，中断服务程序都在关中断的条件下进行(不包括非屏蔽中断)，这也是为什么 CPU 在穿过中断门时自动关闭中断的原因。但是，关中断时间绝不能太长，否则就可能丢失其他重要的中断。也就是说，中断服务程序应该处理最紧急的事情，而把剩下的事情交给另外一部分来处理，即下半部(Bottom Half)来处理，这一部分内容将在 5.4 节进行讨论。

5.3.4 从中断返回

从前面的讨论我们知道，do_IRQ()这个函数处理所有外设的中断请求。当这个函数执行时，内核栈从栈顶到栈底包括以下内容。

(1) do_IRQ()的返回地址。

(2) 由 SAVE_ALL 推进栈中的一组寄存器的值。

(3) ($n-256$)。

(4) CPU 自动保存的寄存器。

可以看出，内核栈顶包含的就是 do_IRQ()的返回地址，这个地址指向 ret_from_intr。实际上，ret_from_intr 是一段汇编语言的入口点，为了描述简单起见，我们以函数的形式提及它。虽然这里讨论的是中断的返回，但实际上中断、异常及系统调用的返回是放在一起实现的，因此，我们常常以函数的形式提到下面这三个入口点。

(1) ret_from_intr()：终止中断处理程序。

(2) ret_from_sys_call()：终止系统调用，即由 0x80 引起的异常。

(3) ret_from_exception()：终止除了 0x80 的所有异常。

在相关的计算机课程中，我们已经知道从中断返回时 CPU 要做的事情。简而言之，调用恢复中断现场的宏 RESTORE_ALL(与 SAVEL_ALL 相对应)，彻底从中断返回。

5.3.5 中断的简单应用

在了解了中断相关的知识之后，下面用一个简单例子说明如何编写中断服务程序。

例 5-1 编写内核模块,计算两次中断的时间间隔。

说明:在内核中,时间用无符号长整型 jiffies 表示,这是一个全局变量,表示自系统启动以来的时钟节拍数(参见 5.5.3 节)。另外,通过给内核模块传递参数的形式,把设备名和对应的中断号 irq 传给模块。

```
#include <linux/module.h>
#include <linux/init.h>
#include <linux/interrupt.h>
#include <linux/kernel.h>

static int irq;                    /* 模块参数——中断号 */
static char * interface;           /* 模块参数——设备名 */
static int count = 0;              /* 统计插入模块期间发生的中断次数 */

module_param(interface,charp,0644);
module_param(irq,int,0644);

static irqreturn_t intr_handler(int irq, void *dev_id)
{

        static long interval = 0;

        if(count == 0){
          interval = jiffies;
        }

          interval = jiffies - interval; /* 计算两次中断之间的间隔,时间单位为节拍 */
          printk(" The interval between two interrupts is %ld \n" interval);
          interval = jiffies;
          count++;

        return IRQ_NONE;
}
static int __init intr_init(void)
{

        if (request_irq(irq,&intr_handler,IRQF_SHARED,interface,&irq)) { /* 注册中断服务程
序,注意内核版本不同,共享标志可能有所不同 */
          printk(KERN_ERR " Fails to register IRQ %d\n", irq);
          return -EIO;
        }
        printk(" %s Request on IRQ %d succeeded\n",interface,irq);
        return 0;
}
static void __exit intr_exit(void)
{
        printk("The %d interrupts happened on irq %d",conut,irq);
        free_irq(irq, &irq); /* 释放中断线 */
        printk("Freeing IRQ %d\n", irq);
        return;
```

```
}
module_init(intr_init);
module_exit(intr_exit);

MODULE_LICENSE("GPL");
```

假定编译后的模块名为 intr.ko,则插入方法如下:

```
$ sodu insmod intr.ko interface = eth0 irq = 9
```

编译以后在插入模块时需要带参数 interface 和 irq,interface 是设备名,irq 是所要申请的中断号,可以从/proc/interrupts 文件中查找得到,注意这里要申请的中断号必须是可共享的。读者可以观察网卡中断,当网络连接断开时出现什么现象,当有网络请求时又出现什么现象。

5.4 中断的下半部处理机制

从上面的讨论我们知道,Linux 并不是一次性把中断所要求的事情全部做完,而是分两部分来做,本节具体描述内核怎样处理中断的下半部。

5.4.1 为什么把中断分为两部分来处理

中断服务程序一般都是在中断请求关闭的条件下执行的,以避免嵌套而使中断控制复杂化。但是,中断是一个随机事件,它随时会到来,如果关中断的时间太长,CPU 就不能及时响应其他的中断请求,从而造成中断的丢失。因此,内核的目标就是尽可能快地处理完中断请求,尽其所能把更多的处理向后推迟。例如,假设一个数据块已经到达了网线,当中断控制器接收到这个中断请求信号时,Linux 内核只是简单地标志数据到来了,然后让处理器恢复到它以前运行的状态,其余的处理稍后再进行(如把数据移入一个缓冲区,接收数据的进程就可以在缓冲区找到数据)。因此,内核把中断处理分为两部分:上半部(Top Half)和下半部(Bottom Half),上半部(就是中断服务程序)内核立即执行,而下半部(就是一些内核函数)留着稍后处理,如图 5.6 所示。

首先,用一个快速的"上半部"来处理硬件发出的请求,它必须在一个新的中断产生之前终止。通常,除了在设备和一些内存缓冲区(如果设备用到了 DMA,就不止这些)之间移动或传送数据,确定硬件是否处于健全的状态之外,这一部分做的工作很少。

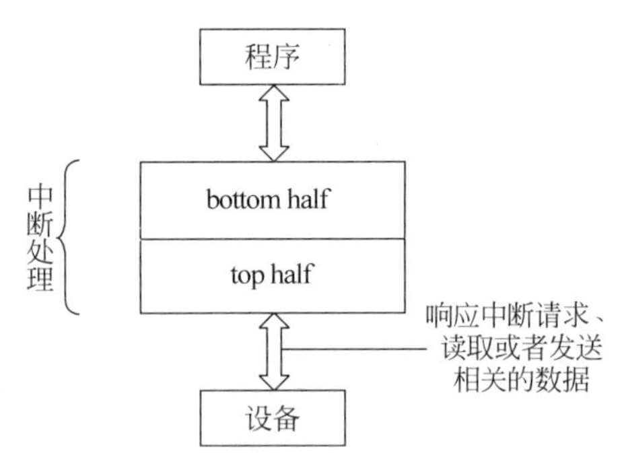

图 5.6 中断的分割

下半部运行时是允许中断请求的,而上半部运行时是关中断的,这是二者之间的主要区别。

但是,内核到底什么时候执行下半部,以何种方式组织下半部?这就是我们要讨论的下半部实现机制,这种机制在内核的演变过程中不断得到改进,在以前的内核中,这个机制叫做下半部,在 2.4 以后的版本中有了新的发展和改进,改进的目标使下半部可以在多处理机上并行执行，并有助于驱动程序的开发者进行驱动程序的开发，这种执行机制叫软中断（SOFTIRQ）机制。下面主要介绍软中断中常用的小任务（Tasklet）机制及2.6版本内核中的工作队列机制。

5.4.2 小任务机制

这里的小任务是指对要推迟执行的函数进行组织的一种机制。其数据结构为tasklet_struct，每个结构代表一个独立的小任务，其定义如下：

```
struct tasklet_struct {
      struct tasklet_struct * next;           /* 指向链表中的下一个结构 */
      unsigned long state;                    /* 小任务的状态 */
      atomic_t count;                         /* 引用计数器 */
      void ( * func) (unsigned long);         /* 要调用的函数 */
      unsigned long data;                     /* 传递给函数的参数 */
};
```

结构中的func域就是下半部中要推迟执行的函数，data是它唯一的参数。

state域的取值为TASKLET_STATE_SCHED或TASKLET_STATE_RUN。TASKLET_STATE_SCHED表示小任务已被调度，正准备投入运行，TASKLET_STATE_RUN表示小任务正在运行。TASKLET_STATE_RUN只有在多处理器系统上才使用，任何时候单处理器系统都清楚一个小任务是不是正在运行（它要么就是当前正在执行的代码，要么不是）。

count域是小任务的引用计数器。如果它不为0，则小任务被禁止，不允许执行；只有当它为0，小任务才被激活，并且在被设置为挂起时，小任务才能够执行。

1. 声明和使用小任务

大多数情况下，为了控制一个寻常的硬件设备，小任务机制是实现下半部的最佳选择。小任务可以动态创建，使用方便，执行起来也比较快。

既可以静态地创建小任务，也可以动态地创建它。选择哪种方式取决于到底是想要对小任务进行直接引用还是间接引用。如果准备静态地创建一个小任务（也就是对它直接引用），可以使用下面两个宏中的任意一个：

```
DECLARE_TASKLET(name, func, data)
DECLARE_TASKLET_DISABLED(name, func, data)
```

这两个宏都能根据给定的名字静态地创建一个tasklet_struct结构。当该小任务被调度以后，给定的函数func会被执行，它的参数由data给出。这两个宏之间的区别在于引用计数器的初始值设置不同。第一个宏把创建的小任务的引用计数器设置为0，因此，该小任务处于激活状态。另一个把引用计数器设置为1，所以该小任务处于禁止状态。例如：

```
DECLARE_TASKLET(my_tasklet, my_tasklet_handler, dev);
```

这行代码其实等价于：

```
struct tasklet_struct my_tasklet = { NULL, 0, ATOMIC_INIT(0),
```

```
                    tasklet_handler, dev};
```

这样就创建了一个名为 my_tasklet 的小任务，其处理程序为 tasklet_handler，并且已被激活。当处理程序被调用的时候，dev 就会被传递给它。

2. 编写自己的小任务处理程序

小任务处理程序必须符合如下函数类型：

```
void tasklet_handler(unsigned long data)
```

由于小任务不能睡眠，因此不能在小任务中使用信号量或者其他产生阻塞的函数。但是小任务运行时可以响应中断。

3. 调度自己的小任务

通过调用 tasklet_schedule()函数并传递给它相应的 tasklet_struct 指针，则该小任务就会被调度以便适当的时候执行：

```
tasklet_schedule(&my_tasklet);     /* 把 my_tasklet 标记为挂起 */
```

在小任务被调度以后，只要有机会它就会尽可能早的运行。在它还没有得到运行机会之前，如果一个相同的小任务又被调度了，那么它仍然只会运行一次。

可以调用 tasklet_disable()函数来禁止某个指定的小任务。如果该小任务当前正在执行，这个函数会等到它执行完毕再返回。调用 tasklet_enable()函数可以激活一个小任务，如果希望把 DECLARE_TASKLET_DISABLED()创建的小任务激活，也得调用这个函数，如：

```
tasklet_disable(&my_tasklet);              /* 小任务现在被禁止,这个小任务不能运行 */
tasklet_enable(&my_tasklet);               /* 小任务现在被激活 */
```

也可以调用 tasklet_kill()函数从挂起的队列中去掉一个小任务。该函数的参数是一个指向某个小任务的 tasklet_struct 的长指针。在小任务重新调度它自身的时候，从挂起的队列中移去已调度的小任务会很有用。这个函数首先等待该小任务执行完毕，然后再将它移去。

4. 小任务的简单应用

例 5-2 调用小任务的相关函数编写一个模块。

```
#include <linux/module.h>
#include <linux/init.h>
#include <linux/fs.h>
#include <linux/kdev_t.h>
#include <linux/cdev.h>
#include <linux/kernel.h>
#include <linux/interrupt.h>

static struct tasklet_struct my_tasklet;
```

```
static void tasklet_handler (unsigned long data)
{
    printk(KERN_ALERT "tasklet_handler is running.\n");
}

static int __init test_init(void)
{
    tasklet_init(&my_tasklet, tasklet_handler, 0);
    tasklet_schedule(&my_tasklet);
    return 0;
}

static void __exit test_exit(void)
{
    tasklet_kill(&tasklet);
    printk(KERN_ALERT "test_exit running.\n");
}
MODULE_LICENSE("GPL");

module_init(test_init);
module_exit(test_exit);
```

从这个例子可以看出，所谓的小任务机制是为下半部函数的执行提供了一种执行机制，也就是说，推迟处理的事情是由 tasklet_handler 实现，何时执行，由小任务机制封装后交给内核去处理。

5.4.3 工作队列

工作队列(Work Queue)是另外一种将工作推后执行的形式，它和前面讨论的所有其他形式都有所不同。工作队列可以把工作推后，交由一个内核线程去执行，也就是说，这个下半部分可以在进程上下文中执行。这样，通过工作队列执行的代码能占尽进程上下文的所有优势。最重要的就是工作队列允许被重新调度甚至是睡眠。

那么，什么情况下使用工作队列，什么情况下使用小任务？如果推后执行的任务需要睡眠，那么就选择工作队列。如果推后执行的任务不需要睡眠，那么就选择小任务。另外，如果需要用一个可以重新调度的实体来执行下半部的处理，也应该使用工作队列。它是唯一能在进程上下文运行下半部实现的机制，也只有它才可以睡眠。这意味着在需要获得大量的内存时、在需要获取信号量时或在需要执行阻塞式的 I/O 操作时，它都非常有用。如果不需要用一个内核线程来推后执行工作，就可以考虑使用小任务。

1. 工作、工作队列和工作者线程

如前所述，我们把推后执行的任务叫做工作(Work)，描述它的数据结构为 work_struct，这些工作以队列结构组织成工作队列，其数据结构为 workqueue_struct，而工作者线程就是负责执行工作队列中的工作。系统默认的工作者线程为 events，自己也可以创建自己的工作者线程。

2. 表示工作的数据结构

在 linux/workqueue.h 中定义了 work_struct 结构:

```
struct work_struct{
    unsigned long pending;          /* 这个工作正在等待处理吗? */
    struct list_head entry;         /* 工作的链表 */
    void ( * func) (void * );       /* 要执行的函数 */
    void * data;                    /* 传递给函数的参数 */
    void * wq_data;                 /* 内部使用 */
    struct timer_list timer;        /* 延迟的工作队列所用到的定时器 */
};
```

这些结构被链接成链表。当一个工作者线程被唤醒时,它会执行它的链表上的所有工作。工作被执行完毕,它就将相应的 work_struct 对象从链表上移去。当链表上不再有对象的时候,它就会继续睡眠。

3. 创建推后的工作

要使用工作队列,首先要做的是创建一些需要推后完成的工作。可以通过 DECLARE_WORK 在编译时静态地创建该结构:

```
DECLARE_WORK(name, void ( * func) (void * ), void * data);
```

这样就静态地创建了一个名为 name,待执行函数为 func,参数为 data 的 work_struct 结构。

同样,也可以在运行时通过指针创建一个工作:

```
INIT_WORK(struct work_struct * work, woid( * func) (void * ), void * data);
```

这将动态地初始化一个由 work 指向的工作。

4. 工作队列中待执行的函数

工作队列待执行的函数原型是:

```
void work_handler(void * data)
```

这个函数由一个工作者线程执行,因此,函数运行在进程上下文中。默认情况下,允许响应中断,并且不持有任何锁。如果需要,函数可以睡眠。需要注意的是,尽管该函数运行在进程上下文中,但它不能访问用户空间,因为内核线程在用户空间没有相关的内存映射。通常在系统调用发生时,内核代表用户空间的进程运行,此时它才能访问用户空间,也只有在此时它才映射用户空间的内存。

5. 对工作进行调度

现在工作已经被创建,我们可以调度它。想要把给定工作的待处理函数提交给缺省的 events 工作线程,只需调用:

```
schedule_work(&work);
```

工作马上就被调度,一旦其所在的处理器上的工作者线程被唤醒,它就被执行。有时候并不希望工作马上就被执行,而是希望它经过一段延迟以后再执行。在这种情况下,可以调度它在指定的时间执行:

```
schedule_delayed_work(&work, delay);
```

这时,&work 指向的 work_struct 直到 delay 指定的时钟节拍用完才会执行。

6. 工作队列的简单应用

例 5-3 调用工作队列的相关函数编写一个模块。

```
#include <linux/module.h>
#include <linux/init.h>
#include <linux/workqueue.h>

static struct workqueue_struct *queue = NULL;
static struct work_struct work;

static void work_handler(struct work_struct *data)
{
    printk(KERN_ALERT "work handler function.\n");
}

static int __init test_init(void)
{
    queue = create_singlethread_workqueue("helloworld"); /* 创建一个单线程的工作队列 */
    if (!queue)
        goto err;

    INIT_WORK(&work, work_handler);
    schedule_work(&work);

    return 0;
err:
    return -1;
}

static void __exit test_exit(void)
{
    destroy_workqueue(queue);
}
MODULE_LICENSE("GPL");
module_init(test_init);
module_exit(test_exit);
```

5.5 中断应用——时钟中断

在所有的外部中断中,时钟中断起着特殊的作用。因为计算机是以精确的时间进行数值运算和数据处理的,最基本的时间单元是时钟周期,例如取指令、执行指令、存取内存等,但是我们不讨论这些纯硬件的东西,这里要讨论的是操作系统建立的时间系统,这个时间系统是整个操作系统活动的动力。

5.5.1 时钟硬件

大部分 PC 中有两个时钟源,它们分别叫做 RTC 和 OS(操作系统)时钟。RTC(Real Time Clock,实时时钟)也叫做 CMOS 时钟,它是 PC 主机板上的一块芯片(或者叫做时钟电路),它靠电池供电,即使系统断电,也可以维持日期和时间。由于它独立于操作系统,所以也被称为硬件时钟,它为整个计算机提供一个计时标准,是最原始最底层的时钟数据。

OS 时钟产生于 PC 主板上的定时/计数芯片,由操作系统控制这个芯片的工作,OS 时钟的基本单位就是该芯片的计数周期。在开机时操作系统取得 RTC 中的时间数据来初始化 OS 时钟,然后通过计数芯片的向下计数形成了 OS 时钟,所以 OS 时钟并不是本质意义上的时钟,它更应该被称为一个计数器。OS 时钟只在开机时才有效,而且完全由操作系统控制,所以也被称为软时钟或系统时钟。下面重点描述 OS 时钟的产生。

OS 时钟所用的定时/计数芯片最典型的是 8253/8254 可编程定时/计数芯片,其硬件结构及工作原理在这里不详细讲述,只简单地描述它是怎样维持 OS 时钟的。OS 时钟的物理产生示意图如图 5.7 所示。

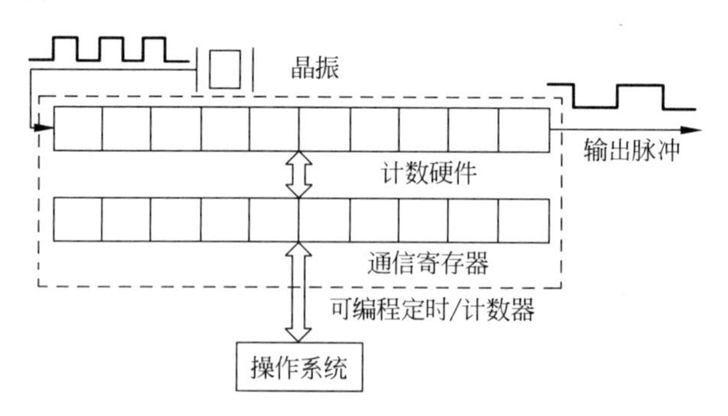

图 5.7 8253/8254 工作示意图

可编程定时/计数器总体上由两部分组成:计数硬件和通信寄存器。通信寄存器包含有控制寄存器、状态寄存器、计数初始值寄存器(16 位)、计数输出寄存器等。通信寄存器在计数硬件和操作系统之间建立联系,用于二者之间的通信,操作系统通过这些寄存器控制计数硬件的工作方式、读取计数硬件的当前状态和计数值等信息。在 Linux 内核初始化时,内核写入控制字和计数初值,这样计数硬件就会按照一定的计数方式对晶振产生的输入脉冲信号(5～100MHz 的频率)进行计数操作:计数器从计数初值开始,每收到一次脉冲信号,计数器减 1,当计数器减至 0 时,就会输出高电平或低电平。然后,如果计数为循环方式(通常为循环计数方式),则重新从计数初值进行计数,从而产生如图 5.7 所示的输出脉冲信号(当然不一定是很规整的方波)。这个输出脉冲是 OS 时钟的硬件基础,之所以这么说,是因为这个输出脉冲将接到中断控制器上,产生中断信号,触发后面要讲的时钟中断,由时钟中断服务程序维持 OS 时钟的正常工作。所谓维持,其实就是简单的加 1 及细微的修正操作。这就是 OS 时钟产生的来源。

5.5.2 时钟运作机制

不同的操作系统,RTC 和 OS 时钟的关系是不同的。RTC 和 OS 时钟之间的关系通常也被称做操作系统的时钟运作机制。

一般来说,RTC 是 OS 时钟的时间基准,操作系统通过读取 RTC 来初始化 OS 时钟,此后二者保持同步运行,共同维持着系统时间。所谓同步,是指操作系统在运行过程中,每隔一个固定时间会刷新或校正 RTC 中的信息。

Linux 中的时钟运作机制如图 5.8 所示。OS 时钟和 RTC 之间要通过 BIOS 连接,这是因为传统 PC 的 BIOS 中固化有对 RTC 进行有关操作的函数,例如 INT 1AH 等中断服务程序,通常操作系统也直接利用这些函数对 RTC 进行操作,例如从 RTC 中读出有关数据对 OS 时钟初始化、对 RTC 进行更新等。Linux 在内核初始化完成后就完全抛弃 BIOS 中的程序。

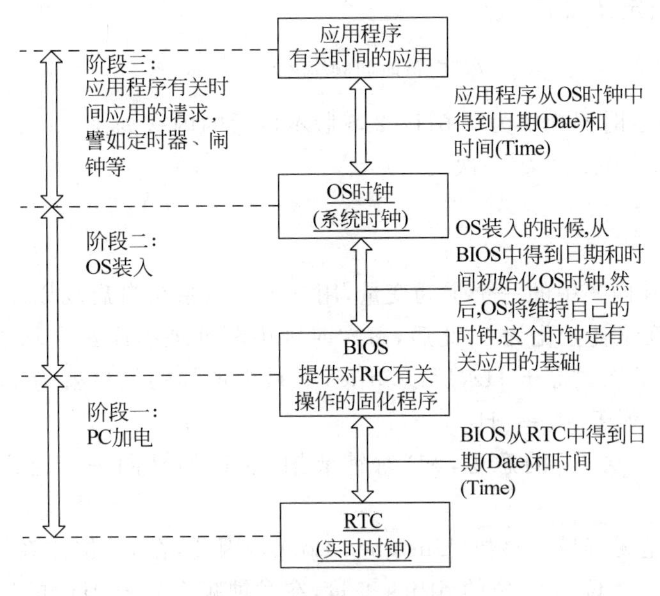

图 5.8 时钟运作机制

可以看到,RTC 处于最底层,提供最原始的时钟数据。OS 时钟建立在 RTC 之上,初始化完成后将完全由操作系统控制,和 RTC 脱离关系。操作系统通过 OS 时钟提供给应用程序所有和时间有关的服务。因为 OS 时钟完全是一个软件问题,其所能表达的时间由操作系统的设计者决定,将 OS 时钟定义为整型还是长整型或者大的超乎想象都是由设计者决定。

5.5.3 Linux 时间系统

以上我们了解了 RTC 和 OS 时钟。下面具体描述 OS 时钟。

OS 时钟是由可编程定时/计数器产生的输出脉冲触发中断而产生的。输出脉冲的周期叫做一个"时钟节拍"。计算机中的时间是以时钟节拍为单位的,每一次时钟节拍,系统时间就会加 1。操作系统根据当前时钟节拍的数目就可以得到以 s 或 ms 等为单位的其他时间格式。

不同的操作系统采用不同的"时间基准"。定义"时间基准"的目的是为了简化计算,这样,计算机中的时间只要表示为从这个时间基准开始的时钟节拍数就可以了。时间基准是由操作系统的设计者规定的。例如 DOS 的时间基准是 1980 年 1 月 1 日,UNIX 和 MINUX 的时间基准是 1970 年 1 月 1 日上午 12 点,Linux 的时间基准是 1970 年 1 月 1 日凌晨 0 点。

通过上面的时钟运作机制,我们知道了 OS 时钟在 Linux 中的重要地位。OS 时钟记录的时间也就是通常所说的系统时间。系统时间是以"时钟节拍"为单位的,而时钟中断的频率(简称节拍率)决定了一个时钟节拍的长短。节拍率是通过静态预处理定义的,也就是 Hz(赫兹),在系统启动时按照 Hz 值对硬件进行设置。体系结构不同,Hz 的值也不同。实际上,对于某些体系结构来说,甚至是机器不同,它的值都会不一样。

内核在文件<asm/param.h>中定义了 Hz 的实际值,节拍率就等于 Hz,周期为 1/Hz 秒。比如,对 Hz 值定义如下:

```
#define Hz 100                    /* 内核时间频率 */
```

可以看到系统定时器频率为 100Hz(2.6 版本以后的内核为 1000Hz),也就是说每秒钟时钟中断 100 次(每 10ms 产生一次)。

1. 节拍数 jiffies

jiffies 是 Linux 内核中的一个全局变量,用它来表示系统自启动以来的时钟节拍总数。启动时,内核将该变量初始化为 0,此后,每次时钟中断处理程序都会增加该变量的值。因为一秒内时钟中断的次数等于 Hz,所以 jiffies 一秒内增加的值也就为 Hz。系统运行时间以 s 为单位计算,就等于 jiffies/Hz。

jiffy 是"瞬间、一会儿"的意思,和"时钟节拍"表达的是同一个意思。每次时钟中断 jiffies 都增 1。

jiffies 变量总是无符号长整数(Unsigned Long),因此,在 32 位体系结构上是 32 位,在 64 位体系结构上是 64 位。32 位的 jiffies 变量,在时钟频率为 100Hz 的情况下,497 天后会溢出。如果频率为 1000Hz,49.7 天后就会溢出。而使用 64 位的 jiffies 变量,溢出就会遥遥无期了。

由于性能与历史的原因,主要还考虑到与现有内核代码的兼容性,内核开发者希望 jiffies 依然为 unsigned long:

```
extern unsigned long volatile jiffies;
```

现在看一些用到 jiffies 的内核代码。将以 s 为单位的时间转化为 jiffies:

```
(seconds * Hz)
```

相反，将 jiffies 转换为以 s 为单位的时间：

```
(jiffies/Hz)
```

比较而言，内核中将 s 转换为 jiffies 用的多一些，比如经常需要设置一些将来的时间：

```
unsigned long time_stamp = jiffies;          /* 现在 */
unsigned long next_tick = jiffies + 1;       /* 从现在开始 1 个节拍 */
unsigned long later = jiffies + 5 * Hz;      /* 从现在开始 5s */
```

上面这种操作经常会用在内核和用户空间进行交互的时候，而内核本身很少用到绝对时间。

注意 jiffies 类型为无符号长整型，用其他任何类型存放它都不正确。

2. 实际时间 xtime

所谓实际时间就是实际生活中以 s 为单位的时间。当系统启动时，内核通过读取 RTC 来初始化实际时间，该时间存放在内核的 xtime 变量中。

当前实际时间（墙上时间）定义在文件 kernel/timekeeping.c 中：

```
struct timespec xtime;
```

timespec 数据结构定义在文件 linux/time.h 中，形式如下：

```
struct timespec {              /* 高精度 */
    long     tv_sec;           /* s */
    long     tv_nsec;          /* ns: 1×10^-10 s(nanosecond) */
            };
```

xtime.tv_sec 以 s 为单位，存放着自 1970 年 7 月 1 日(UTC)以来经过的时间，1970 年 1 月 1 日被称为纪元，多数 UNIX 系统的墙上时间都是基于该纪元而言的。xtime.tv_nsec 记录自上一秒开始经过的纳秒数。除此之外，还有一种普通精度的时间表示方式：

```
struct timeval {               /* 普通精度 */
    int  tv_sec;               /* s */
    int   tv_usec;             /* us: 1×10^-6 s(microsecond) */
            };
```

另外，Linux 还定义了更加符合大众习惯的时间表示：年、月、日。但是万变不离其宗，所有的时间应用都是建立在 jiffies 基础之上的。

5.5.4 时钟中断

1. 时钟中断的产生

前面看到，Linux 的 OS 时钟的物理产生原因是可编程定时/计数器产生的输出脉冲，这个脉冲送入 CPU，就可以引发一个中断请求信号，我们就把它叫做时钟中断。

“时钟中断”是特别重要的一个中断，因为整个操作系统的活动都受到它的激励。系统利用时钟中断维持系统时间、促使环境的切换,以保证所有进程共享 CPU;利用时钟中断进行记账、监督系统工作以及确定未来的调度优先级等工作。可以说,"时钟中断"是整个操作系统的脉搏。

时钟中断的物理产生如图 5.9 所示。

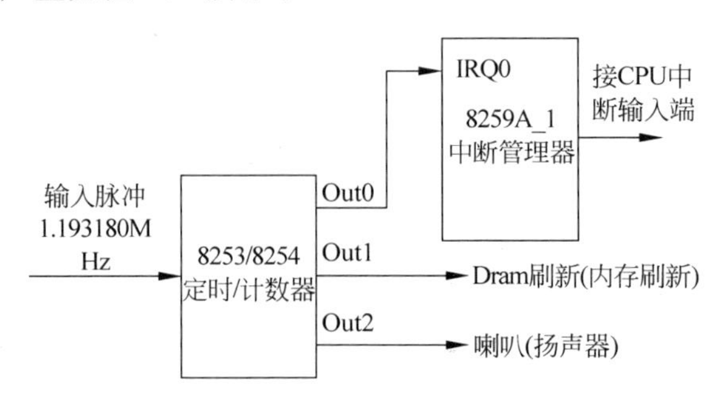

图 5.9 8253 和 8259A 的物理连接方式

操作系统对可编程定时/计数器进行有关初始化,然后定时/计数器就对输入脉冲进行计数(分频),产生的三个输出脉冲 Out0,Out1,Out2 各有用途,很多计算机接口书都介绍了相关主题,我们只看 Out0 上的输出脉冲,这个脉冲信号接到中断控制器 8259A_1 的 0 号管脚,触发一个周期性的中断,我们就把这个中断叫做时钟中断,时钟中断的周期,也就是脉冲信号的周期,我们叫做"滴答"或"节拍"(Tick)。从本质上说,时钟中断只是一个周期性的信号,完全是硬件行为,该信号触发 CPU 去执行一个中断服务程序。

2. 时钟中断处理程序

每一次时钟中断的产生都会进行一系列的操作,其中调用的主要函数为 do_timer(),操作过程如下。

(1) 给 jiffies 变量增加 1。

(2) 更新资源消耗的统计值,比如当前进程所消耗的系统时间和用户时间。

(3) 执行已经到期的定时器(5.5.5 节将讨论)。

(4) 执行 scheduler_tick()函数。

(5) 更新墙上时间,该时间存放在 xtime 变量中。

(6) 计算平均负载值。

因为上述工作分别由单独的函数负责完成,所以实际上 do_timer()执行代码看起来非常简单:

```
void do_timer(struct pt_regs * regs)
{
        jiffies++;

        update_process_times(user_mode(regs));
        update_times();
}
```

其中参数 struct pt_regs 是 CPU 中一组寄存器的定义,在本函数中 user_mode()宏在查询处理寄存器状态时，根据 CS 寄存器最低两位 RPL 判断时钟中断发生在用户态还是内核态，如果发生在用户态它返回 1；如果发生在内核态则返回 0。update_process_times()函数根据时钟中断产生的位置，对相关时间进行更新。

```
void update_process_times(int user_tick)
{
        struct task_struct *p = current ;
        int cpu = smp_processor_id();
        int system = user_tick ^ 1;

        update_one_process(p, user_tick, system, cpu);
        run_local_timers();
        scheduler_tick(user_tick, system);
}
```

update_one_process()函数的作用是更新进程时间。它的实现是相当细致的，但是要注意，因为使用了 XOR 操作，所以 user_tick 和 system 两个变量只要其中有一个为 1，则另外一个就必为 0。updates_one_process()函数可以通过判断分支，将 user_tick 和 system 加到进程相应的计数上：

```
/*
 * 更新恰当的时间计数器，给其加一个 jiffies。
 */
p->utime += user;
p->stime += system;
```

上述操作将适当的计数值增加 1，而另一个值保持不变。这样做意味着内核对进程进行时间计数时，是根据中断发生时处理器所处的状态进行分类统计的，它把上一个节拍全部算给进程。但是事实上进程在上一个节拍期间可能多次进入或退出内核态，而且在上一个节拍期间，该进程也不一定是唯一一个运行进程。很不幸，这种粒度的进程统计方式是传统的 UNIX/Linux 所具有的，现在还没有更加精密的统计算法的支持，内核现在只能做到这个程度。

接下来的 run_lock_timers()函数去处理所有到期的定时器，定时器作为软中断在下半部分中执行。在 5.5.5 节中将对定时器进行简单讨论。

最后 scheduler_tick()函数负责减少当前运行进程的时间片计数值并且在需要时设置 need_resched 标志。

当 update_process_timer()函数返回后，do_timer()函数接着会调用 update_times()函数更新墙上时钟。

```
void update_times(void)
{
        unsigned long ticks;

        ticks = jiffies - wall_jiffies;
        if(ticks){
              wall_jiffies + = ticks;
              update_wall_time(ticks);
```

```
        }
        last_time_offset = 0;
        calc_load(ticks);
}
```

ticks记录最近一次更新后新产生的节拍数。通常情况下ticks显然应该等于1。但是时钟中断也有可能丢失,因而节拍也会丢失。在中断长时间被禁止的情况下,就会出现这种现象——但这种现象并不正常,往往是个bug。wall_jiffies值随后被加上ticks——所以此刻wall_jiffies值就等于最新的墙上时间的更新值jiffies。接着调用update_wall_time()函数更新xtime,最后由calc_load()计算平均负载,到此,update_times()执行完毕。

do_timer()函数执行完毕后返回具体的时钟中断处理程序,继续执行后面的工作,释放xtime_lock锁,然后退出。

以上全部工作每1/Hz秒都要发生一次,也就是说在PC上时钟中断处理程序每秒执行100或者1000次。

5.5.5 定时器及应用

定时器是管理内核所花时间的基础,有时也被称为动态定时器或内核定时器。内核经常需要推后执行某些代码,比如前面提到的下半部机制就是为了将工作放到以后执行。但不幸的是,"之后"这个概念很含糊,下半部的本意并非是放到以后的某个时间去执行任务,而仅仅是不在此时此刻执行就可以。我们所需要的是能够使工作在指定时间点上执行,内核定时器正是解决这个问题的理想工具。

定时器的使用很简单,只需要执行一些初始化工作,设置一个到期时间,指定到时候执行的函数,然后激活定时器就可以了。指定的函数将在定时器到期时自动执行。注意定时器并不周期运行,它在到期后就自行销毁,这也正是这种定时器被称为动态定时器的一个原因。动态定时器不断地创建和销毁,而且它的运行次数也不受限制。定时器在内核中用得非常普遍。

1. 使用定时器

定时器由timer_list结构表示,定义如下:

```
struct timer_list {
      struct list_head entry;                  /* 包含定时器的链表 */
      unsigned long expires;                   /* 以节拍为单位的定时值 */
      spinlock_t lock;                         /* 保护定时器的锁 */
      void (*function)(unsigned long);         /* 定时器到时要执行的函数 */
     unsigned long data;                       /* 传递给处理函数的长整型参数 */

};
```

内核提供了一组与定时器相关的接口简化了对定时器的操作。

创建定时器首先需要先定义它:

```
struct timer_list my_timer;
```

接下来需要通过一个辅助函数初始化定时器数据结构的内部值，初始化必须在对定时器操作前完成。

```
init_timer(&my_timer);
```

现在就可以填充结构中需要的值：

```
my_timer.expires = jiffies + delay;          /* 定时器到期节拍数 */
my_timer.data = 0;                           /* 给定时器处理函数传入0值 */
my_timer.function = my_function;             /*定时器到期调用的函数 */
```

my_timer.expires表示到期时间，它是以节拍为单位的绝对计数值。如果当前jiffies计数等于或大于my_timer.expires，由my_timer.function指向的处理函数就会开始执行，另外该函数还要使用长整型参数my_timer.data。我们从timer_list结构可以看到，处理函数必须符合下面的函数原型：

```
void my_timer_function(unsigned long data)
```

data参数不同，则可以对应不同的定时器。如果不需要这个参数，可以简单传递0（或任何其他值）。

最后，必须激活定时器：

```
add_timer(&my_timer);
```

到此为止，定时器可以工作了，但请注意定时值的重要性。当前节拍计数等于或大于指定的到期时间，内核就开始执行定时器处理函数。虽然内核可以保证不会在定时时间到期前运行定时器处理函数，但是有可能延误定时器的执行。一般来说，定时器都在到期后马上就会执行，但是也有可能被推迟到下一次时钟节拍才能运行，所以不能用定时器实现任何硬实时任务。

如果需要在定时器到期前停止定时器，可以使用del_timer()函数：

```
del_timer(&my_timer);
```

被激活或未被激活的定时器都可以使用该函数，如果定时器还未被激活，该函数返回0；否则返回1。注意，不需要为已经到期的定时器调用该函数，因为它们会自动被删除。

2. 执行定时器

内核在时钟中断发生后执行定时器，定时器作为软中断在下半部中执行。具体来说，时钟中断处理程序会执行update_process_timers()函数，该函数随即调用run_local_timers()函数：

```
void run_local_timers(void)
{
    raise_softirq(TIMER_SOFTIRQ);
}
```

run_timer_softirq()函数处理软中断TIMER_SOFTIRQ，其处理函数为run_timer_softirq，该函数用来处理所有的软件时钟，从而在当前处理器上运行所有的超时定时器。定时器是一种比较复杂的机制,其具体实现在此不做讨论。

3. 定时器应用

为了说明定时器如何在内核中实际使用,我们给出创建和使用进程延时的例子。假定内核决定把当前进程挂起 2s,可以通过执行下列代码来做到这一点:

```
timeout = 2 * Hz;                          /* 1Hz 等于 1000,因此为 2000ms */
set_current_state(TASK_INTERRUPTIBLE);     /* 或者 TASK_UNINTERRUPTIBLE */
remaining = schedule_timeout(timeout);
```

schedule_timeout()函数会让需要延迟执行的进程睡眠到指定的延迟时间耗尽后再重新运行。但该方法也不能保证睡眠时间正好等于指定的延迟时间,而只能尽量使睡眠时间接近指定的延迟时间。当指定的时间到期后,内核唤醒被延迟的进程并将其重新放回运行队列。

上面的代码将相应的进程推入可中断睡眠队列,睡眠 timeout 秒。因为进程处于可中断状态,所以如果进程收到信号将被唤醒。如果睡眠进程不想接收信号,可以将进程状态设置为 TASK_UNINTERRUPTBLE,然后睡眠。注意在调用 schedule_timeout()函数前必须首先将进程设置成上面两种状态之一,否则进程不会睡眠。

注意,由于 schedule_timeout()函数需要调用调度程序,所以调用它的代码必须保证能够睡眠。简而言之,调用代码必须处于进程上下文中,并且不能持有锁。

schedule_timeout()函数的主要代码如下:

```
unsigned schedule_timeout(unsigned long timeout)
   {
         struct timer_list timer;
         unsigned long expire;

         expire = timeout + jiffies;
         init_timer(&timer);
         timer.expires = expire;
         timer.data = (unsigned long) current;
         timer.function = process_timeout;

         add_timer(&timer);
         schedule();                  /* 进程被挂起直到定时器到期 */
         del_timer(&timer);

         timeout = expire - jiffies;
          return (timeout < 0?0 : timeout);
};
```

该函数创建一个定时器 timer;然后设置它的到期时间 expire;设置超时时要执行的函数 process_timeout();然后激活定时器并且调用 schedule()。因为进程被标识为 TASK_INTERRUPTIBLE 或 TASK_UNINTERRUPTIBLE,所以调度程序不会再选择该进程投入运行,而会选择其他新进程运行。

当延时到期时,内核执行下列函数:

```
void process_timeout(unsigned long data)
{
    struct task_struct * p = (struct task_struct * ) data;
    wake_up_process(p);
}
```

当调用 process_timeout()时,把存放定时器对象 data 域的 task_struct 指针作为参数传递过去。结果,挂起的进程被唤醒,状态被置为 TASK_RUNNING,然后将其放入运行队列。

当该进程重新被调度时,将返回进入睡眠前的位置继续执行(正好在调用 schedule()后)。如果进程提前被唤醒(比如收到信号),那么定时器被销毁,process_timeout()函数返回剩余的时间。

5.6 小结

本章涵盖了较多的概念:中断和异常、中断向量、IRQ、中断描述符表、中断请求队列、中断的上半部和下半部、时钟中断、时钟节拍、节拍率、定时器等,尽量区分这些概念。

中断使得硬件与处理器进行通信,不同的设备对应的中断不同,每个中断都有一个唯一的数字标识,这就是 IRQ;同时,不同的中断具有不同的中断服务程序,其中断处理程序的入口地址存放在中断向量表中。当某个中断发生时,对应的中断服务程序得到执行,在执行期间不接收外界的干扰。为了缓解中断服务程序的压力,内核中引入了中断下半部机制,不管是小任务机制还是工作队列机制,其本质都是推后下半部函数的执行。

时钟中断是内核跳动的脉搏,本章引入了时钟节拍、jiffies、节拍率等概念,简要介绍了时钟中断的运行机制,同时给出了定时器的简单应用。

习题

1. 什么是中断?什么是异常?二者有何不同?
2. 什么是中断向量?Linux 是如何分配中断向量的?
3. 什么是中断描述符表?什么是门描述符?请描述其格式。
4. 门描述符有哪些类型?它们有什么不同?
5. Call 指令和 INT 指令有何区别?
6. 如何对中断描述符表进行初始化?
7. 在中断描述符表中如何插入一个中断门、陷阱门和系统门?
8. 内核如何处理异常?
9. 画出对中断和异常进行硬件处理的流程图,并说明 CPU 为什么要进行有效性检查?如何检查?CPU 是如何跳到中断或异常处理程序的?
10. 中断处理程序和中断服务程序有何区别?Linux 如何描述一条共享的中断线?
11. 为什么要把中断所执行的操作进行分类?分为哪几类?
12. 叙述中断处理程序的执行过程,并给出几个主要函数的调用关系和功能。

13. 为什么把中断分为两部分来处理?
14. 如何申明和使用一个小任务?
15. 实时时钟和操作系统时钟有何不同?
16. jiffies 表示什么? 什么时候对其增加?
17. 时钟中断服务程序的主要操作是什么? 其主要函数的功能是什么?
18. 时钟中断的下半部分主要做什么?
19. 阅读时钟中断的源代码。
20. 举例说明如何使用定时器。

第6章 系统调用

操作系统为用户态运行的进程与硬件设备(如CPU、磁盘、打印机等)进行交互提供了一组接口。在应用程序和硬件之间设置这样一个接口层具有很多优点,首先,这使得编程更加容易,把用户从学习硬件设备的低级编程特性中解放出来。其次,极大地提高了系统的安全性,内核在要满足某个请求之前就可以在接口级检查这种请求的正确性。最后,更重要的是,这些接口使得程序更具有可移植性,因为只要不同操作系统所提供的一组接口相同,那么在这些操作系统之上就可以正确地编译和执行相同的程序。这组接口就是所谓的"系统调用"。

6.1 系统调用与应用编程接口、系统命令以及内核函数的关系

程序员或系统管理员并非直接与系统调用打交道,在实际使用中程序员调用的是应用编程接口API (Application Programming Interface),而管理员使用的则是系统命令。

6.1.1 系统调用与API

Linux的应用编程接口(API)遵循了在UNIX世界中最流行的应用编程接口标准——POSIX标准。POSIX标准是针对API而不是针对系统调用的。判断一个系统是否与POSIX兼容,要看它是否提供了一组合适的应用编程接口,而不管对应的函数是如何实现的。事实上,一些非UNIX系统被认为是与POSIX兼容的,是因为它们在用户态的库函数中提供了传统UNIX能提供的所有服务。

应用编程接口(API)其实是一个函数定义,比如常见的read()、malloc()、free()、abs()函数等,这些函数说明了如何获得一个给定的服务;而系统调用是通过软中断向内核发出一个明确的请求。

API有可能和系统调用的调用形式一致,比如read()函数就和read()系统调用的调用形式一致。但是,情况并不总是这样,这表现在两个方面,一种是几个不同的API其内部实现可能调用了同一个系统调用,例如,Linux的libc库实现了内存分配和释放的函数malloc()、calloc()和free(),这几个函数的实现都调用了brk()系统调用;另一方面,一个API的实现调用了多个系统调用。更有些API甚至不需要任何系统调用,因为它们不需要内核提供的服务。

从编程者的观点看,API和系统调用之间没有什么差别,二者关注的都是函数名、参数

类型及返回代码的含义。然而,从设计者的观点看,这是有差别的,因为系统调用实现是在内核完成的,而用户态的函数是在函数库中实现的。

6.1.2 系统调用与系统命令

系统命令相对应用编程接口更高一层,每个系统命令都是一个可执行程序,比如常用的系统命令 ls、hostname 等,这些命令的实现调用了系统调用。Linux 的系统命令多数位于/bin 和/sbin 目录下。如果通过 strace 命令查看它们所调用的系统调用,比如 strace ls 或 strace hostname,就会发现它们调用了诸如 open()、brk()、fstat()、ioctl()等系统调用。

6.1.3 系统调用与内核函数

内核函数与普通函数形式上没有什么区别,只不过前者在内核实现,因此要满足一些内核编程的要求①。系统调用是用户进程进入内核的接口层,它本身并非内核函数,但它是由内核函数实现的,进入内核后,不同的系统调用会找到各自对应的内核函数,这些内核函数被称为系统调用的"**服务例程**"。比如系统调用 getpid()实际调用的服务例程为 sys_getpid(),或者说系统调用 getpid()是服务例程 sys_getpid()的"**封装例程**"。下面是 sys_getpid()在内核的具体实现:

```
    asmlinkage long sys_getpid(void)
{
    return current - > pid;
}
```

如果想直接调用服务例程,Linux 提供了一个 syscall()函数,下面举例来对比一下调用系统调用和直接调用内核函数的区别。

```
#include < syscall.h >
#include < unistd.h >
#include < stdio.h >
#include < sys/types.h >
int main(void) {
long ID1, ID2;
/* ------------------------------ */
/* 直接调用内核函数 */
/* ------------------------------ */
ID1 = syscall(SYS_getpid);
printf ("syscall(SYS_getpid) = %ld\n", ID1);

/* ------------------------------ */
/* 调用系统调用 */
/* ------------------------------ */
ID2 = getpid();
printf ("getpid() = %ld\n", ID2);
```

① 内核编程相比用户编程有一些特点,简单地讲内核程序一般不能引用C库函数;缺少内存保护措施;堆栈有限(因此调用嵌套不能过多);而且由于调度关系,必须考虑内核执行路径的连续性,不能有长睡眠等行为。

```
return(0);
}
```

6.2 系统调用基本概念

系统调用实质就是函数调用，只是调用的函数是系统函数，处于内核态而已。用户在调用系统调用时会向内核传递一个系统调用号，然后系统调用处理程序通过此号从系统调用表中找到相应的内核函数执行(系统调用服务例程)，最后返回。在这个过程中涉及系统调用号、系统调用表以及系统调用处理程序等概念，本小节将介绍这些基本概念。

6.2.1 系统调用号

Linux 系统有几百个系统调用，为了唯一的标识每一个系统调用，Linux 为每一个系统调用定义了一个唯一的编号，此编号称为系统调用号。它定义在文件 linux/arch/x86/include/asm/unistd_32.h 中(注意，在不同的版本中，这个头文件的位置稍有不同)：

```
#define __NR_restart_syscall     0
#define __NR_exit                1
#define __NR_fork                2
#define __NR_read                3
…
#define __NR_fallocate           324
```

由此可见当前系统拥有 324 个系统调用。系统调用号的另一个目的是作为系统调用表的下标，当用户空间的进程执行一个系统调用的时候，这个系统调用号就被用来指明到底是要执行哪个系统调用。系统调用号相当关键，一旦分配好就不能再有任何改变，否则编译好的应用程序就会因为调用到错误的系统调用而导致程序崩溃。

6.2.2 系统调用表

为了把系统调用号与相应的服务例程关联起来，内核利用了一个系统调用表，这个表存放在 sys_call_table 数组中，它是一个函数指针数组，每一个函数指针都指向其系统调用的封装例程，有 NR_syscalls 个表项，第 n 个表项包含系统调用号为 n 的服务例程的地址。NR_syscalls 宏只是对可实现的系统调用最大个数的静态限制，并不表示实际已实现的系统调用个数。这样我们就可以利用系统调用号作为下标，找到其系统调用的封装例程。此表定义在文件 linux/arch/x86/kernel/syscall_table_32.S 中：

```
ENTRY(sys_call_table)
        .long sys_restart_syscall       /* 0 - old "setup()" system call, used
                                              for restarting */
        .long sys_exit
        .long sys_fork
        .long sys_read
        .long sys_write
        .long sys_open                  /* 5 */
…
```

6.2.3 系统调用服务例程和系统调用处理程序

每一个系统调用 bar()在内核态都有一个对应的内核函数 sys_bar(),这个内核函数就是系统调用 bar()的实现,也就是说在用户态调用 bar(),最终会由内核函数 sys_bar()为用户服务,这里的 sys_bar()就是系统调用服务例程。

系统调用既然最终会由相应的内核函数完成,那么为什么不直接调用内核函数呢?这是因为用户空间的程序无法直接执行内核代码,因为内核驻留在受保护的地址空间上,不允许用户进程在内核地址空间上读写。所以,应用程序应该以某种方式通知系统,告诉内核自己需要执行一个系统调用,这种通知内核的机制是靠软中断来实现的,通过引发一个异常来促使系统切换到内核态去执行异常处理程序,此时的异常处理程序就是所谓的系统调用处理程序,6.3 节会接着介绍此程序。

6.3 系统调用实现

当用户态的进程调用一个系统调用时,CPU 从用户态切换到内核态并开始执行一个内核函数。Linux 对系统调用的调用必须通过执行 int ＄0x80 汇编指令,这条汇编指令产生向量为 128 的编程异常(参见 5.1.3 节)。

因为内核实现了很多不同的系统调用,因此进程必须传递一个系统调用号的参数来识别所需的系统调用;EAX 寄存器是负责任传递系统调用号的。我们将在 6.3.3 节看到,当调用一个系统调用时,通常还要传递另外的参数。

与其他异常处理程序的结构类似,系统调用处理程序执行下列操作。

(1) 在内核栈保存大多数寄存器的内容(这个操作对所有的系统调用都是通用的,并用汇编语言编写)。

(2) 调用系统调用服务例程的相应的 C 函数来处理系统调用。

(3) 通过 syscall_exit_work()函数从系统调用返回(这个函数用汇编语言编写)。

xyz()系统调用对应的服务例程的名字通常是 sys_xyz()。图 6.1 显示了调用系统调用的应用程序、相应的封装例程、系统调用处理程序及系统调用服务例程之间的关系。箭头表示函数之间的执行流。

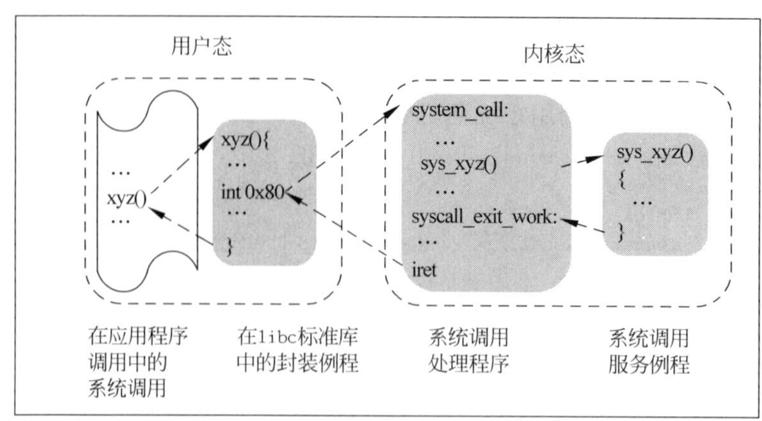

图 6.1 调用一个系统调用

6.3.1 初始化系统调用

内核初始化期间调用 trap_init()函数建立 IDT 表中 128 号向量对应的表项，语句如下：

```
set_system_gate(SYSCALL_VECTOR,&system_call);
```

其中 SYSCALL_VECTOR 是一个宏定义，其值为 0x80，该调用把下列值装入这个门描述符的相应域（参见 5.2 节）。

(1) 段选择子：因为系统调用处理程序属于内核代码，填写内核代码段__KERNEL_CS 的段选择子。

(2) 偏移量：指向 system_call()系统调用处理程序。

(3) 类型：置为 15。表示这个异常是一个陷阱，相应的处理程序不禁止可屏蔽中断。

(4) DPL(描述符特权级)：置为 3。这就允许用户态进程调用这个异常处理程序。

6.3.2 system_call()函数

system_call()函数实现了系统调用处理程序。它首先把系统调用号和这个异常处理程序可以用到的所有 CPU 寄存器保存到相应的栈中，当然，栈中还有 CPU 已自动保存的 EFLAGS、CS、EIP、SS 和 ESP 寄存器（参见 5.3.1 节），也在 DS 和 ES 中装入内核数据段的段选择子：

```
ENTRY(system_call)
        pushl %eax
        SAVE_ALL
        GET_THREAD_INFO(%ebp)
```

GET_THREAD_INFO()宏把当前进程 PCB 的地址存放在 ebp 中；这是通过获得内核栈指针的值并把它取整到 8KB 的倍数而完成的（参见 3.2.4 节），此宏定义在 arch/x86/include/asm/thread_info.h 中。

然后，对用户态进程传递来的系统调用号进行有效性检查。如果这个号大于或等于 NR_syscalls，系统调用处理程序终止：

```
    cmpl $(nr_syscalls), %eax
jae syscall_badsys
```

如果系统调用号无效，跳转到 syscall_badsys 处执行，此时就把－ENOSYS 值存放在栈中 EAX[①] 寄存器所在的单元（从当前栈顶开始偏移为 24 的单元）。然后跳到 resume_userspace 返回到用户空间。当进程以这种方式恢复它在用户态的执行时，会在 EAX 中发现一个负的返回码。

最后，根据 EAX 中所包含的系统调用号调用对应的服务例程：

```
call *sys_call_table(0, %eax, 4)
```

① EAX 寄存器中既存放系统调用号，也存放系统调用的返回值，前者是一个正数，后者是一个负数。

因为系统调用表中的每一表项占4个字节,因此首先把EAX中的系统调用号乘以4再加上 sys_call_table 系统调用表的起始地址,然后从这个地址单元获取指向相应服务例程的指针,内核就找到了要调用的服务例程。

当服务例程执行结束时,system_call() 从EAX获得它的返回值,并把这个返回值存放在栈中,让其位于用户态EAX寄存器曾存放的位置。然后执行 syscall_exit 代码段,终止系统调用处理程序的执行(参见5.3.4节):

```
movl %eax, 24(%esp)
syscall_exit:
...
```

当进程恢复它在用户态的执行时,就可以在EAX中找到系统调用的返回码。

6.3.3 参数传递

与普通函数类似,系统调用通常也需要输入/输出参数,这些参数可能是实际的值(例如数值),也可能是函数的地址及用户态进程地址空间的变量。因为 system_call()函数是Linux中所有系统调用唯一的入口点,因此每个系统调用至少有一个参数,即通过EAX寄存器传递来的系统调用号。例如,如果一个应用程序调用 fork()封装例程,在执行 int $0x80 汇编指令之前就把EAX寄存器置为2。因为这个寄存器的设置是由 libc 中的封装例程进行的,所以程序员通常并不需要关心系统调用号。

fork()系统调用并不需要其他参数。不过,很多系统调用确实需要由应用程序明确地传递另外的参数。例如,mmap()系统调用可能需要多达6个参数(除了系统调用号)。

普通函数的参数传递是通过把参数值写进活动的程序栈(或者用户态栈,或者内核态栈)。但是系统调用的参数通常是通过寄存器传递给系统调用处理程序的,然后再拷贝到内核态堆栈。

为什么内核不直接把参数从用户态的栈拷贝到内核态的栈呢?首先,同时操作两个栈是比较复杂的;此外,寄存器的使用使得系统调用处理程序的结构与其他异常处理程序的结构类似。

然而,为了用寄存器传递参数,必须满足以下两个条件。

(1) 每个参数的长度不能超过寄存器的长度,即32位①。

(2) 参数的个数不能超过6个(包括EAX中传递的系统调用号),因为Intel Pentium寄存器的数量是有限的。

第一个条件总能成立,因为根据POSIX标准,不能存放在32位寄存器中的长参数必须通过指定它们的地址来传递。

对于第二个条件,确实存在多于6个参数的系统调用。在这样的情况下,用一个单独的寄存器指向进程地址空间中这些参数值所在的一个内存区即可。当然,编程者不用关心这个工作区。与任何C调用一样,当调用 libc 封装例程时,参数被自动地保存在栈中。封装例程将找到合适的方式把参数传递给内核。

---

① 我们指的是IA32体系结构。这部分的讨论不适合 Compaq Alpha 64位处理器。

存放系统调用参数所用的6个寄存器以递增的顺序为：EAX（存放系统调用号）、EBX、ECX、EDX、ESI及EDI。正如前面看到的那样，system_call()使用SAVE_ALL宏把这些寄存器的值保存在内核态堆栈中。因此，当系统调用服务例程转到内核态堆栈时，就会找到system_call()的返回地址、紧接着是存放在EAX中的参数（即系统调用的第一个参数）、存放在EAX中的参数等。这种栈结构与普通函数调用的栈结构完全相同，因此，服务例程可以很容易地使用一般C语言构造的参数。

让我们来看一个例子。处理write()系统调用的sys_write()服务例程的声明如下：

```
int sys_write (unsigned int fd, const char * buf,
               unsigned int count)
```

C编译器产生一个汇编语言函数，该函数可以在栈顶找到fd，buf和count参数，因为这些参数就位于返回地址的下面。

在少数情况下，系统调用不使用任何参数，但是相应的服务例程也需要知道在发出系统调用之前CPU寄存器中的内容。例如，系统调用fork()没有参数，但其服务例程do_fork()需要知道有关寄存器的值，以便在子进程中使用它们。在这种情况下，一个类型为pt_regs的单独参数允许服务例程访问由SAVE_ALL宏保存在内核态堆栈中的值：

```
int sys_fork (struct pt_regs regs)
```

服务例程的返回值必须写到EAX寄存器中，这是在执行return n指令时由C编译程序自动完成的。

6.3.4 跟踪系统调用的执行

可以通过分析getpid系统调用的实际执行过程将上述概念具体化。分析getpid系统调用有两种方法，一种是查看entry.S中的代码细节，阅读相关的源码来分析其运行过程；另外一种是借助一些内核调试工具，动态跟踪执行路径。

假设我们的程序源文件名为getpid.c，程序为：

```
#include <syscall.h>
#include <unistd.h>
#include <stdio.h>
#include <sys/types.h>
int main(void) {
long ID;
ID = getpid();
printf ("getpid() = %ld\n", ID);
return(0);
}
```

将其编译成名为getpid的执行文件："gcc-o getpid getpid.c"，我们使用KDB来看进入内核后的执行路径（KDB是个内核调试补丁，使用前需要给内核打上该补丁，然后打开调试选项，再重新编译内核）。首先激活KDB（按下Pause键），设置内核断点"bp sys_getpid"，退出KDB。然后执行./getpid。进入内核调试状态，执行路径停止在断点sys_getpid处。通过相应命令，查看结果。

(1) 在 KDB>提示符下,执行 bt 命令观察堆栈,发现调用的嵌套路径,可以看到 sys_getpid 是在内核函数 system_call 中被嵌套调用的。

(2) 在 KDB>提示符下,执行 rd 命令查看寄存器中的数值,可以看到 EAX 中存放的是 getpid 调用号 0x00000014(即十进制 20)。

(3) 在 KDB>提示符下,执行 ssb(或 ss)命令跟踪内核代码执行路径,可以发现 sys_getpid 执行后,会返回 system_call 函数,然后接着转入 syscall_exit_work 例程。

结合用户空间的执行路径,该程序的执行大致可归结为以下几个步骤。

(1) 程序调用 libc 库的封装函数 getpid。该封装函数将系统调用号__NR_getpid(第 20 个)压入 EAX 寄存器。

(2) 调用软中断 int 0x80 进入内核。

(3) 在内核中首先执行 system_call 函数,接着根据系统调用号在系统调用表中查找到对应的系统调用服务例程 sys_getpid。

(4) 执行 sys_getpid 服务例程。

(5) 执行完毕后,转入 syscall_exit_work 例程,从系统调用返回。

6.4 封装例程

6.3 节讲述了图 6.1 中当一个系统调用陷入内核时的系统调用处理程序和服务例程。那么 libc 库中是如何对不同的服务例程进行封装的? Linux 的系统调用有 200 多个,相应的服务例程也这么多,显然,对其一一进行封装是麻烦且不现实的。于是,为了简化对相应的封装例程的声明,Linux 定义了从__syscall0 到__syscall5 的 6 个宏。之所以定义 6 个宏,是因为系统调用的参数个数一般不超过 6 个。

每个宏名字的数字 0 到 5 对应着系统调用所用的参数个数(系统调用号除外)。显然,不能用这些宏来为超过 5 个参数的系统调用或产生非标准返回值的系统调用定义封装例程。

每个宏严格地需要 $2+2\times n$ 个参数,n 是系统调用的参数个数。另外两个参数指明系统调用的返回值类型和名字;每一对参数指明相应的系统调用参数的类型和名字。因此,fork()系统调用的封装例程可以通过如下语句产生:

```
__syscall0(int,fork)
```

而 write()的封装例程可以通过如下语句产生:

```
__syscall3(int,write,int,fd,const char *,buf,unsigned int,count)
```

可以把__syscall3()这个宏展开成如下的汇编语言代码:

```
write:
        pushl %ebx              ;将 ebx 压入栈
        movl 8(%esp), %ebx ;将一个参数放入 ebx(栈中前两个位置存放的是类型和名字,占 8 个字节)
        movl 12(%esp), %ecx     ;将第二个参数放入 ecx
        movl 16(%esp), %edx     ;将第三个参数放入 edx
        movl $4, %eax           ;把系统调用名对应的系统调用号放入 eax
```

```
        int $ 0x80                    ; 进行系统调用
        cmpl $ -126, % eax            ; 检查返回码
        jbe .L1                       ; 如无错跳转
        negl % eax                    ; 求 eax 的补码
        movl % eax, errno             ; 将所求的结果放入 errno 变量
        movl $ -1, % eax              ; 将 eax 置为 -1
.L1:    popl % ebx                    ; 从栈中弹出 ebx
        ret                           ; 返回到调用程序
```

注意 write()函数的参数是如何在执行 0x80 指令前被装入到 CPU 寄存器中的。如果 eax 中的返回值在－1 和－125 之间，必须被解释为错误码（内核假定在 include/asm－i386/errno.h 中定义的最大错误码为 125）。如果是这种情况，封装例程在 errno 中存放－eax 的值并返回值－1；否则，返回 eax 中的值。

通过这种封装，在用户态下调用系统调用就变得简单多了，用户既不需要关心系统调用号，也不需要提供复杂的参数，而且还在不知不觉中让内核为自己提供了服务。这里要说明的是，虽然系统调用一般用在用户程序中，但在内核中同样可以调用这种封装了的系统调用。只不过二者有一些区别，具体区别如下。

(1) 在用户态进行系统调用时，转换到内核态的系统调用处理程序要进行用户态堆栈到内核态堆栈的切换，即从 int 0x80 指令转换到内核态的 system_call 函数时，要保存寄存器 SS、ESP；而当 iret 指令从 system_call 返回用户态时要取回 SS、ESP 的值。

(2) 在内核中进行系统调用时，不用进行堆栈切换，即从 int 0x80 指令不用切换到内核态 system_call 函数，也不必保存寄存器 SS、ESP；而当 iret 指令从 system_call 返回时，仍然是内核态，所以也不用取回 SS、ESP 的值。

6.5 添加新系统调用

系统调用是用户空间和内核空间交互的一种有效手段。除了系统本身提供的系统调用外，也可以添加自己的系统调用。

实现一个新的系统调用的第一步是决定它的用途。它要做些什么？每个系统调用都应该有一个明确的用途。在 Linux 中不提倡采用多用途的(一个系统调用通过传递不同的参数值来选择完成不同的工作)系统调用。

新系统调用的参数、返回值和错误码又该是什么呢？系统调用的界面应该力求简洁，参数尽可能少。系统调用的语义和行为非常关键；因为应用程序依赖它们，所以它们应力求稳定，不作改动。

设计接口的时候要尽量为将来多做考虑。是不是对函数做了不必要的限制？系统调用被设计的越通用越好。不要假设这个系统调用现在怎么用将来也一定就是这么用。系统调用的目的可能不变，但它的用法却可能改变。这个系统调用可移植吗？要确保不对系统调用做错误的假设，否则将来这个调用就可能会崩溃。记住 UNIX 的格言“提供机制而不是策略”。

当写系统调用的时候，要时刻注意可移植性和健壮性，不但要考虑当前，还要为将来做打算。基本的 UNIX 系统调用经受住了时间的考验，它们中的很大一部分到现在都还和 30

年前一样适用和有效。

首先通过添加一个简单的系统调用说明其实现步骤，然后说明如何添加一个稍微复杂的系统调用。

系统调用的实现需要调用内核中的函数，因此，内核版本不同，其内核函数名可能稍有差异，假定使用的内核版本为2.6.28，x86平台。内核源代码的默认目录为/usr/src/linux。

6.5.1 添加系统调用的步骤

下面要添加的这个系统调用没有返回值，也不用传递参数，其名取为mysyscall。其功能是使用户的uid等于0。步骤如下。

1. 添加系统调用号

系统调用号在unistd.h文件中定义。内核中每个系统调用号都以__NR_开头，例如，fork的系统调用号为__NR_fork。于是，我们的系统调用号为__NR_mysyscall。具体在arch/x86/include/asm/unistd_32.h和/usr/include/asm /unistd_32.h文件中添加如下：

```
…
#define __NR_dup3           330
#define __NR_pipe2          331
#define __NR_inotify_init1  332
#define __NR_mysyscall      333     /* mysyscall 系统调用号添加在这里 */
```

添加系统调用号后，系统才能把这个号作为索引去查找系统调用表sys_call_table中的相应表项。

2. 在系统调用表中添加相应表项

如前所述，系统调用处理程序system_call会根据EAX中的号到系统调用表sys_call_table中查找相应的系统调用服务例程，因此，必须把服务例程sys_mysyscall添加到系统调用表中。系统调用表位于汇编语言arch/x86/kernel/syscall_table_32.S中：

```
ENTRY(sys_call_table)
      .long sys_restart_syscall      /* 0 - old "setup()" system call, used for
                                             restarting */
      .long sys_exit
      .long sys_fork
      .long sys_read
    …
      .long sys_dup3                 /* 330 */
      .long sys_pipe2
      .long sys_inotify_init1
      .long sys_mysyscall            /* 333 号 */
```

到此为止，内核已经能够正确地找到并且调用sys_mysyscall。接下来，就要实现该例程。

3. 实现系统调用服务例程

下面把 sys_mysyscall 添加在 kernel 目录下的系统调用文件 sys.c 中：

```
asmlinkage int sys_mysyscall(void)
{
    current->uid = 0;
}
```

其中的 asmlinkage 修饰符是 GCC 中一个比较特殊的标志。因为 GCC 常用的一种编译优化方法是使用寄存器传递函数的参数，而加了 asmlinkage 修饰符的函数必须从堆栈中而不是寄存器中获取参数。内核中所有系统调用的实现都使用了这个修饰符。

4. 重新编译内核

通过以上三个步骤，添加一个新系统调用的所有工作已经完成。但是，要使这个系统调用真正在内核中运行起来，还需要对内核进行重新编译。关于内核的编译，请参阅相关资料。

5. 编写用户态程序

要测试新添加的系统调用，可以编写一个用户程序来调用这个系统调用：

```
#include <linux/unistd.h>
__syscall0(int,mysyscall)          /* unistd.h 中对这个宏进行了定义 */
int main()
  {
  printf("This is my uid: %d.\n", getuid());
  mysyscall();
  printf("Now , my uid is changed: %d.\n", getuid());
  }
```

上面这个例子是把系统调用直接加入内核，因此，需要重新编译内核。6.6 节的例子是把系统调用以模块的形式加载到内核。

6.5.2 系统调用的调试

添加新的系统调用主要是对内核进行修改并编译。如果在用户态无法成功调用所添加的系统调用，此时，需判断是系统调用没有加进内核还是用户态的测试程序出现问题。下面给出一种解决方法，也就是将源代码中的一部分提出来在用户态进行检测，如果没有添加成功，可以根据返回的错误码进行识别并处理。检测程序如下：

```
#include <stdio.h>
#include <unistd.h>
int main()
{
 unsigned long sys_num = 333;             /* 这里的数值是新添加的系统调用的系统调用号 */
 unsigned long value = 0;
 _asm_ ("int $0x80":"=a"(value):"0"((long)(sys_num)));
```

```
printf ("The value is % ld\n", value);
return value;
}
```

通过返回值来查看问题所在,如果返回－38 则说明没有添加成功,返回－1 则说明没有操作的许可权。更多信息可以查看/usr/include/asm/errno.h 文件。

另外,在 2.6 版本的内核中没有宏 syscallN()的定义,它的封装机制由 libc 库的 INLINE_SYSCALL 来完成。如果不想在 libc 库中添加它的封装例程,就需要将 syscallN()的宏编译进内核,然后在用户态程序以__syscallN()的形式对系统调用进行申明。

6.6 实例-系统调用日志收集系统

系统调用是用户程序与系统打交道的唯一入口,因此对系统调用的安全调用直接关系到系统的安全,但对系统管理员来说,某些操作却会给系统管理带来麻烦,比如一个用户恶意地不断调用 fork()将导致系统负载增加,所以如果能收集到是谁调用了一些有危险的系统调用,以及调用系统调用的时间和其他信息,将有助于系统管理员进行事后追踪,从而提高系统的安全性。

本实例收集 Linux 系统运行时系统调用被执行的信息,也就是实时获取系统调用日志,这些日志信息将以可读的形式实时地返回到用户空间,以便作为系统管理或者系统安全分析时的参考数据。

本实例需要完成以下几个基本功能。

第一:记录系统调用日志,将其写入缓冲区(内核中),以便用户读取。

第二:建立新的系统调用,以便将内核缓冲区中的系统调用日志返回到用户空间。

第三:循环利用系统调用,以便能实时地返回系统调用的日志。

6.6.1 代码结构体系介绍

上面介绍的基本功能对应程序代码中的三个子程序,它们分别是模块中的两个例程 syscall_audit()和 mod_sys_audit()以及用户态程序 auditd(),以下代码基于 2.6.28 版本的内核。

1. 日志记录例程 syscall_audit()

syscall_audit()是一个内核态的服务例程,该例程负责记录系统调用的运行日志,包括调用时刻、调用者 PID、程序名等,这些信息可从内核代码的全局变量 xtime 或 current 等处获得。实际上,并不是对每一个系统调用信息都进行收集,只需要对系统影响较大的系统调用比如 fork(),clone(),open()等进行收集即可。

为了保证数据的连续性,防止丢失,syscall_audit()建立了一个内核缓冲区存放每次收集到的日志数据。当收集的数据量到达一定阈值时(比如到达缓冲区总大小的 80%时),就唤醒系统调用所在进程取回数据。否则继续收集,这时该例程会堵塞在一个等待队列上,直到被唤醒。

变量的申明和定义如下：

```
#define COMM_SIZE     16
struct syscall_buf {                    /* 定义缓冲区 */
    u32 serial;                         /* 序列号 */
    u32 ts_sec;                         /* s */
    u32 ts_micro;                       /* μs */
    u32 syscall;                        /* 系统调用号 */
    u32 status;                         /* 系统调用的状态 */
    pid_t pid;                          /* 进程标识符 */
    uid_t uid;                          /* 用户标识符 */
    u8 comm[COMM_SIZE];                 /* 进程对应的程序名 */
}
DECLARE_WAIT_QUEUE_HEAD(buffer_wait);   /* 申明并初始化等待队列 buffer_wait */

#define AUDIT_BUF_SIZE 100              /* 缓冲区大小 */
static struct syscall_buf audit_buf[AUDIT_BUF_SIZE]; /* 缓冲区变量 audit_buf */
static int current_pos = 0;             /* 缓冲区中的位置 */
static u32 serial = 0;                  /* 序列号 */
```

代码如下：

```
void  syscall_audit(int syscall,int return_status)
{

        struct syscall_buf *ppb_temp;

    if(current_pos < AUDIT_BUF_SIZE) {
        ppb_temp = &audit_buf[current_pos];
        //以下代码是记录系统调用的相关信息
        ppb_temp->serial = serial++;
        ppb_temp->ts_sec = xtime.tv_sec;
        ppb_temp->ts_micro = xtime.tv_usec;
        ppb_temp->syscall = syscall;
        ppb_temp->status = return_status;
        ppb_temp->pid = current->pid;
        ppb_temp->uid = current->uid;
        ppb_temp->euid = current->euid;

        memcpy(ppb_temp->comm, current->comm, COMM_SIZE);

        if (++current_pos == AUDIT_BUF_SIZE * 8/10)
        {
          printk("IN MODULE_audit:yes, it near full\n ");
            wake_up_interruptible(&buffer_wait);  /* 唤醒在等待队列上等待的进程 */

        }
    }
```

2. 模块例程 sys_audit()

由于系统调用是在内核中执行的，因此其执行日志也应该在内核态收集。为此，需要编写一个模块函数将内核信息带回到用户空间，即 sys_audit()，其功能是从缓冲区中取数据返回用户空间。

```
int  sys_audit(u8 type, u8 * us_buf, u16 us_buf_size, u8 reset)
{
        int ret = 0;
         if (!type) {
                 if (__clear_user(us_buf, us_buf_size)) {    / * 清空用户态缓冲区 * /
                         printk("Error:clear_user\n");
                         return 0;
                 }
                 printk("IN MODULE_systemcall:starting...\n");
                 ret = wait_event_interruptible(buffer_wait,
                       current_pos >= AUDIT_BUF_SIZE * 8/10);
                 printk("IN MODULE_systemcall:over,current_pos
is %d\n", current_pos);
                 if(__copy_to_user(us_buf, audit_buf,
                    (current_pos) * sizeof(struct syscall_buf))) { / * 将日志拷贝到用户空间 * /
                        printk("Error:copy error\n");
                        return 0;
                 }
                 ret = current_pos;
                 current_pos = 0;      / * 清空缓冲区 * /

        }
        return ret;
}
```

当收集的日志数量达到缓冲区总容量的 80%时，则调用 wait_event_interruptible()让进程在 buffer_wait 等待队列上等待。否则，调用__copy_to_user()把缓冲区当前位置中的日志信息拷贝到用户空间的缓冲区。最后，返回缓冲区的当前位置。

3. 模块的初始化和退出

为了在模块中能对 syscall_audit()和 sys_audit()函数动态加载和卸载，所以定义了与这两个函数对应的钩子函数 my_audit()和 my_sysaudit()；它们的定义在另一个文件中(参见 6.6.2 节)，因此在模块中，申明它们为外部函数：

```
extern void ( * my_audit)(int, int);
extern int ( * my_sysaudit)(unsigned char,unsigned char * ,unsigned short,unsigned char);
```

于是，模块的初始化函数如下：

```
static int  __init audit_init(void)
{
    my_sysaudit = sys_audit;
    my_audit = syscall_audit;
    printk("Starting System Call Auditing\n");
    return 0;
}
```

模块的退出函数如下：

```
static void __exit audit_exit(void)
{
    my_audit = NULL;
    my_sysaudit = NULL;
    printk("Exiting System Call Auditing\n");
    return ;
}
```

4. 用户空间收集日志进程 auditd

我们需要一个用户空间进程来不断地调用 audit()系统调用，取回系统中收集到的系统调用日志信息。这里要说明的是，只有连续不断地调用日志序列，对于分析入侵或系统行为等才有价值。

```
#include <stdlib.h>
#include <stdio.h>
#include <errno.h>
#include <signal.h>
#include <unistd.h>
#include <sys/resource.h>
#include <sys/syscall.h>

#include "types.h"                          /* 包含 struct syscall_buf 的定义 */

#define AUDIT_BUF_SIZE 100 * sizeof(struct syscall_buf)
int main(int argc, char * argv[])
{
u8 col_buf[AUDIT_BUF_SIZE];
unsigned char reset = 1;
int num = 0;
struct syscall_buf * p;
while (1) {
    num = syscall(__NR_myaudit, 0, col_buf, AUDIT_BUF_SIZE, reset);
    printf("num: %d\n", num);
    u8 j = 0;
    int i;
    p =  (struct syscall_buf * )col_buf;
    for (i = 0;i < num;i++) {
        printf("num [ %d],serial: %d\t", i, p[i].serial);
        printf("syscall: %d\n", p[i].syscall);
        printf("ts_sec: %d\n", ((struct syscall_buf * )col_buf)[i].ts_sec);
        printf("status: %d\n", ((struct syscall_buf * )col_buf)[i].status);
        printf("pid: %d\n", ((struct syscall_buf * )col_buf)[i].pid);
        printf("uid: %d\n", ((struct syscall_buf * )col_buf)[i].uid);
        printf("comm: %s\n", ((struct syscall_buf * )col_buf)[i].comm);
    }
 }
 return 1;
}
```

6.6.2 把代码集成到内核中

除了上面介绍的内容外，还需要一些辅助性的工作，这些工作将帮助我们将上述代码灵活地结成一体，以完成需要的功能。

1. 添加系统调用号

与6.5节中添加系统调用的步骤一样，首先修改arch/x86/include/asm/unistd_32.h和/usr/include/asm/unistd_32.h文件，如下：

```
…
#definle _NR_mysyscall   333
#define __NR_myaudit    334
```

2. 在系统调用表中添加相应表项

arch/x86/kernel/syscall_table_32.S文件中含有系统调用表，在其中加入新的系统调用如下：

```
ENTRY(sys_call_table)
      .long sys_restart_syscall         /* 0 - old "setup()" system call, used  for
                                                  restarting */
      .long sys_exit
      .long sys_fork
      .long sys_read
  …
      long sys_mysyscall                /* 333 号 */
      .long sys_myaudit                 /* 334 号 */
```

3. 修改系统调用入口

在arch/x86/kernel/entry_32.S文件中含有系统调用入口system_call，因此在该文件中添加如下代码：

```
syscall_call:
    call *sys_call_table(,%eax,4)
    movl %eax,PT_EAX(%esp)           # store the return value
#以下代码为新添加代码
    cmpl $2, 0x28(%esp)              # this is fork()
    je myauditsys
    cmpl $5, 0x28(%esp)              # this is open()
    je myauditsys
    cmpl $6, 0x28(%esp)              # this is close()
    je myauditsys
    cmpl $11, 0x28(%esp)             # this is execv()
    je myauditsys
    cmpl $20, 0x28(%esp)             # this is getpid()
    je myauditsys
```

```
    cmpl $120, 0x28(%esp)          # this is clone()
    je myauditsys
#添加代码段结束
```

以上代码保证在每次系统调用后都执行比较，如果系统调用号与要收集的系统调用号相同，则将调用 myauditsys 代码段，如下代码。

```
syscall_exit:
    …
#以下为新添加代码段
    jmp restore_all                # new add
myauditsys:
    pushl %eax                     # pass in return status
    CFI_ADJUST_CFA_OFFSET 4        # help to debug
    pushl 0x2C(%esp)               # pass in syscall number
    CFI_ADJUST_CFA_OFFSET 4
    call syscall_audit;
    popl %eax                      # remove orig_eax from  stack
    popl %eax                      # remove eax from stack
    jmp syscall_exit
#新添加代码段结束
restore_all:
    movl PT_EFLAGS(%esp), %eax     # mix EFLAGS, SS and CS
```

其中调用了我们编写的日志记录例程 syscall_audit()。

4. 添加自己的文件

在/arch/x86/kernel/目录下添加自己编写的 myaudit.c 文件，该文件包含的内容如下。

```
#include <asm/uaccess.h>
#include <linux/proc_fs.h>
#include <linux/init.h>
#include <linux/types.h>
#include <asm/current.h>
#include <linux/sched.h>

void (*my_audit)(int, int) = 0;
/* 系统调用日志记录例程 */
asmlinkage void syscall_audit(int syscall,int return_status)
{
  if(my_audit)
      return  (*my_audit)(syscall, return_status);
  printk("IN KERNEL:%s(%d),syscall:%d,return:%d\n",
          current->comm, current->pid, syscall, return_status);
  return ;
}
/* 系统调用 */
int (*my_sysaudit)(u8,u8*,u16,u8) = 0;
asmlinkage int sys_myaudit(u8 type, u8 * us_buf, u16 us_buf_size, u8 reset)
{
```

```
    if(my_sysaudit)
        return ( * my_sysaudit)(type,us_buf,us_buf_size,reset);
    printk("IN KERNEL:my system call  sys_myaudit() working\n");
    return 1;
}
```

从代码可以看出 sycall_audit()和 sys_audit()并没有实现而是用两个钩子函数 my_audit()和 my_sysaudit()作为替身。而这两个钩子函数 my_audit()和 my_sysaudit()被放在模块中去实现,这样可以动态加载,方便调试。代码的结构如图 6.2 所示。

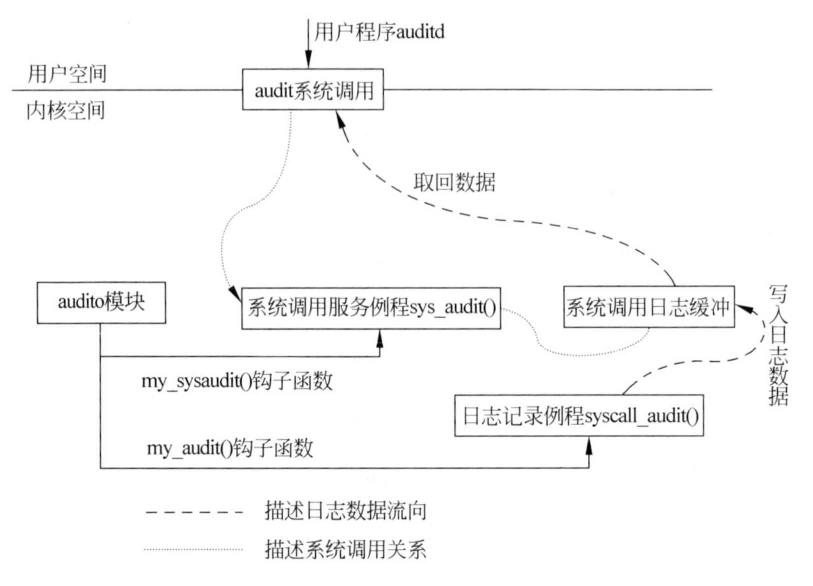

图 6.2 日志收集系统的代码结构

5. 修改 Makefile 文件

修改 arch/x86/kernel/Makefile 文件:加入 obj－y ＋＝audit. o,即告诉内核将模块 audit. o 编译进内核。

6. 导出函数名,以提供内核接口函数

修改 arch/x86/kernel/i386_ksyms_32. c 文件,在末尾加入以下内容。

```
extern void ( * my_audit)(int,int);
EXPORT_SYMBOL(my_audit);
extern int( * my_sysaudit)(unsigned char,unsigned char * unsigned short,unsigned char);
EXPORT_SYMBOL (my_sysaudit);
```

通过 EXPORT_SYMBOL 导出刚加入的函数名,以便其他内核函数调用,这两个钩子函数的实现我们放在了模块中。

7. 编译并加载模块

```
insmod audit.o
```

8. 重新编译内核

6.7 小结

系统调用是内核与用户程序进行交互的接口。本章从不同角度对系统调用进行了描述，说明了系统调用与API、系统命令以及内核函数之间的关系。然后，分析了Linux内核如何实现系统调用，并说明系统调用处理程序以及服务例程在整个系统调用执行过程中的作用。

最后，通过两个实例讨论了如何增加系统调用，并给出了从用户空间调用系统调用的简单例子。增加一个系统调用并不难，它有一套比较规范的方法，难点是在实际应用中如何增加合适的系统调用，本章最后给出了一个日志收集系统的完整过程，以便读者充分认识系统调用的价值并在自己的项目开发中灵活应用。

习题

1. 什么是系统调用，为什么要引入系统调用？
2. 系统调用与库函数、系统命令及内核函数有什么区别和联系？
3. 内核为什么要设置系统调用处理程序，它与服务例程有什么区别？
4. system_call()函数为什么要把当前进程的PCB地址保存在EBX寄存器中？
5. 画出system_call()的流程图。
6. 说明系统调用号的作用。
7. 画出系统调用进入内核时内核态堆栈的内容。
8. 用KDB跟踪一个系统调用(如read())的执行过程，然后给出执行路径。
9. 如何封装系统调用？
10. 参照write()系统调用，写出read()系统调用的汇编代码。
11. 给出添加一个系统调用的步骤。
12. 编写一个新的系统调用，并进行调试。
13. 调试日志收集系统，给出调试过程和体会。

第7章 内核中的同步

如果把内核看做不断对各种请求进行响应的服务器，那么，正在CPU上执行的进程、发出中断请求的外部设备等就相当于客户端。正如服务器要随时响应客户端的请求一样，内核也会随时响应进程、中断等的请求。之所以这样比喻是为了强调内核中的各个任务[①]并不是严格按着顺序依次执行的，而是相互交错执行的。

对所有内核任务而言，内核中的很多数据[②]都是共享资源，这就像高速公路供很多车辆行驶一样。对这些共享资源的访问必须遵循一定的访问规则，否则就可能造成对共享资源的破坏，就如同不遵守交通规则会造成撞车一样。

7.1 临界区和竞争状态

所谓临界区(Critical Regions)就是访问和操作共享数据的代码段。多个内核任务并发访问同一个资源通常是不安全的。为了避免对临界区进行并发访问，编程者必须保证临界区代码被原子地执行。也就是说，代码在执行期间不可被打断，就如同整个临界区是一个不可分割的指令一样。如果两个内核任务处于同一个临界区中，这就是一种错误现象。如果这种情况确实发生了，我们就称它是竞争状态。注意竞争状态是小概率事件，因为竞争引起的错误有时出现，有时并不出现，所以调试这种错误会非常困难。避免并发和防止竞争状态称为同步(Synchronization)。

7.1.1 临界区举例

为了进一步了解竞争状态，我们首先要明白临界区无处不在。首先，考虑一个非常简单的共享资源的例子：一个全局整型变量和一个简单的临界区，其中的操作仅仅是将整型变量的值增加1，如下。

```
i++;
```

该操作可以转化成下面三条机器指令序列。

---

① 这里所定义的内核任务是指内核态下可以独立执行的内核例程(一个或多个内核函数)，每个内核任务运行时都拥有一个独立的程序计数器、栈和一组寄存器。一般来说，内核任务包括内核线程、系统调用、中断服务程序、异常处理程序、下半部等几类。

② 这里的“数据”是广义的概念，包括变量、队列、堆栈等数据结构。

（1）得到当前变量 i 的值并且拷贝到一个寄存器中。

（2）将寄存器中的值加 1。

（3）把 i 的新值写回到内存中。

这三条指令形成一个临界区。现在假定有两个内核任务同时进入这个临界区，如果 i 的初始值是 1，那么，所期望的结果应该像下面这样：

内核任务 1	**内核任务 2**
获得 i(1)	—
增加 i(1－＞2)	—
写回 i(2)	—
	获得 i(2)
	增加 i(2－＞3)
	写回 i(3)

从中可以看出，两个任务分别把 i 加 1，因此 i 变为 3。但是，实际的执行序列却可能如下：

内核任务 1	**内核任务 2**
获得 i(1)	—
—	获得 i(1)
增加 i(1－＞2)	—
—	增加 i(1－＞2)
写回 i(2)	—
—	写回 i(2)

如果两个内核任务都在变量 i 值增加前读取了它的初值，进而又分别增加变量 i 的值，最后再保存该值，那么变量 i 的值就变成了 2，也就是说出现了“1＋1＋1＝2”的情况。这是最简单的临界区例子，幸好对这种简单竞争状态的解决方法也同样简单，我们仅仅需要将这些指令作为一个不可分割的整体来执行就可以了。多数处理器都提供了指令来原子地读变量、增加变量然后再写回变量，使用这样的指令就能解决一些问题。内核也提供了一组实现这些原子操作的接口，将在 7.2.1 节讨论。

7.1.2 共享队列和加锁

现在来讨论一个更为复杂的竞争状态。假设有一个需要处理的请求队列，这里假定该队列是一个链表，链表中每个结点的逻辑意义代表一个“请求”。有两个函数可以用来操作此队列：一个函数将新请求添加到队列尾部，另一个函数从队列头删除请求，然后处理它。内核各个部分都会调用这两个函数，所以内核会频繁地在队列中加入请求，从队列中删除请求并对其进行处理。对请求队列的操作无疑要用多条指令。如果一个任务试图读取队列，而这时正好另一个任务正在处理该队列，那么读取任务就会发现队列此刻正处于不一致状态（与原本要读取的队列不一样了）。很明显，如果允许并发访问队列，就会产生意想不到的错误。当共享资源是一个复杂的数据结构时，竞争状态往往会使该数据结构遭到破坏。

对于这种情况，锁机制可以避免竞争状态。这种锁就如同一把门锁，门后的房间可想象成一个临界区。在一个指定时间内，房间里只能有一个内核任务存在，当一个任务进入房间后,它会锁住身后的房门;当它结束对共享数据的操作后,就会走出房间,打开门锁。如果另一个任务在房门上锁时来了,那么它就必须等待房间内的任务出来并打开门锁后,才能进入房间。

前面例子中讲到的请求队列,可以使用一个单独的锁进行保护。每当有一个新请求要加入队列时,任务会首先要占住锁,然后就可以安全地将请求加入到队列中,结束操作后再释放该锁;同样当一个任务想从请求队列中删除一个请求时,也需要先占住锁,然后才能从队列中读取和删除请求,而且在完成操作后也必须释放锁。任何要访问队列的其他任务也类似,必须占住锁后才能进行操作。因为在一个时刻只能有一个任务持有锁,所以在一个时刻只有一个任务可以操作队列。由此可见锁机制可以防止并发执行,并且保护队列不受竞争状态影响。

任何要访问队列的代码首先都需要占住相应的锁,这样该锁就能阻止来自其他内核任务的并发访问:

任务 1	**任务 2**
试图锁定队列	试图锁定队列
成功:获得锁	失败:等待…
访问队列…	等待…
为队列解除锁	等待…
…	成功:获得锁
	访问队列…
	为队列解除锁

请注意锁的使用是自愿的、非强制的,它完全属于一种编程者自选的编程手段。当然,如果不这么做,无疑会造成竞争状态而破坏队列。

锁有多种多样的形式,而且加锁的粒度范围也各不相同,Linux 自身实现了几种不同的锁机制。各种锁机制之间的区别主要在于当锁被持有时的行为表现,一些锁被持有时会不断进行循环,等待锁重新可用,而有些锁会使当前任务睡眠,直到锁可用为止。7.2 节将讨论 Linux 中不同锁之间的行为差别及它们的接口。

7.1.3 确定保护对象

找出哪些数据需要保护是关键所在。由于任何可能被并发访问的代码都需要保护,所以寻找哪些代码不需要保护反而相对更容易些,我们也就从这里入手。内核任务的局部数据仅仅被它本身访问,显然不需要保护,比如,局部自动变量不需要任何形式的锁,因为它们独立存在于内核任务的栈中。类似地,如果数据只会被特定的进程访问,那么也不需要加锁。

到底什么数据需要加锁呢?大多数内核数据结构都需要加锁。有一条很好的经验可以帮助我们判断:如果有其他内核任务可以访问这些数据,那么就给这些数据加上某种形式的锁;如果任何其他东西能看到它,那么就要锁住它。

7.1.4 死锁

死锁的产生需要一定条件:要有一个或多个并发执行的内核任务和一个或多个资源,

每个任务都在等待其中的一个资源,但所有的资源都已经被占用了。所有任务都在相互等待,但它们永远不会释放已经占有的资源。于是任何任务都无法继续,这便意味着死锁发生了。

一个很好的死锁例子是4路交通堵塞问题。如果每一个停止的车都决心等待其他的车开动后自己再启动,那么就没有任何一辆车能启动,于是交通死锁发生了。

最简单的死锁例子是自死锁:如果一个执行任务试图去获得一个自己已经持有的锁,它将不得不等待锁被释放,但因为它正在忙着等待这个锁,所以自己永远也不会有机会释放锁,最终结果就是死锁:

获得锁
再次试图获得锁
等待锁重新可用…

同样道理,考虑有 n 个内核任务和 n 把锁,如果每个任务都持有一把其他进程需要得到的锁,那么所有的任务都将停下来等待它们希望得到的锁重新可用。最常见的例子是有两个任务和两把锁,它们通常被叫做ABBA死锁。

内核任务1	**内核任务2**
获得锁A	获得锁B
试图获得锁B	试图获得锁A
等待锁B	等待锁A

每个任务都在等待其他任务持有的锁,但是绝没有一个任务会释放它们一开始就持有的锁。这种类型的死锁也叫做"致命拥抱"。

预防死锁的发生非常重要,虽然很难证明代码是否隐含着死锁,但是写出避免死锁的代码还是可能的。下面给出一些简单规则来避免死锁的发生。

(1) 加锁的顺序是关键。使用嵌套的锁时必须保证以相同的顺序获取锁,这样可以阻止致命拥抱类型的死锁。最好能记录下锁的顺序,以便其他人也能照此顺序使用。

(2) 防止发生饥饿,试着自问,这个代码的执行是否一定会结束?如果"张"不发生,"王"要一直等待下去吗?

(3) 不要重复请求同一个锁。

(4) 越复杂的加锁方案越有可能造成死锁,因此设计应力求简单。

7.1.5 并发执行的原因

用户空间之所以需要同步,是因为用户进程会被调度程序抢占和重新调度。由于用户进程可能在任何时刻被抢占,从而使调度程序完全可能选择另一个高优先级的进程到处理器上执行,所以就有可能在一个进程正处于临界区时,就被非自愿地抢占了,如果新被调度的进程随后也进入同一个临界区,前后两个进程相互之间就会产生竞争。这种类型的并发操作并不是真的同时发生,它们只是相互交叉进行,所以也可称做"伪并发"执行。

如果在对称多处理器的机器上,那么两个进程就可以真正地在临界区中同时执行了,这种类型被称为"真并发"。虽然真并发和伪并发的原因和含义不同,但它们都同样会造成竞争状态,也同样需要保护。

那么,内核中造成并发执行的原因有哪些?简单来说有以下几种。

(1) 中断——中断几乎可以在任何时刻异步发生,也就可能随时打断当前正在执行的代码。

(2) 内核抢占——如果内核具有抢占性,那么内核中的任务可能会被另一任务抢占。

(3) 睡眠——在内核执行的进程可能会睡眠,这就会唤醒调度程序,从而导致调度一个新的用户进程执行。

(4) 对称多处理——两个或多个处理器可以同时执行代码。

对内核开发者来说,必须理解上述这些并发执行的诱因,并且为它们事先做好充分准备工作。如果在一段内核代码访问某资源的时候系统产生了一个中断,而该中断的处理程序居然还要访问这一资源,这就存在一个"潜在的错误";类似地,如果一段内核代码在访问一个共享资源期间可以被抢占,这也存在一个"潜在的错误";还有,如果内核代码在临界区中睡眠,那就是毫无原则地等待竞争状态的到来。最后还要注意,两个处理器绝对不能同时访问同一共享数据。

当我们清楚什么样的数据需要保护时,用锁来保护代码安全也就不难做到了。然而,真正困难的是如何发现上述潜在并发执行的可能,并有意识地采取某些措施来防止并发执行。其实,真正用锁来保护共享资源并不困难,只要在设计代码的早期就这么做,事情就会很简单。但是,辨认出真正需要共享的数据和相应的临界区,才是真正有挑战性的地方。这里要说明的是,最开始设计代码的时候就要考虑加入锁。如果代码已经写好了,再在其中找到需要上锁的部分并向其追加锁,是非常困难的,结果也往往不尽人意。所以,在编写代码的开始阶段就设计恰当的锁是一种基本原则。

7.2 内核同步措施

为了避免并发,防止竞争。内核提供了一组同步方法来提供对共享数据的保护。Linux 使用的同步机制可以说随着内核版本的不断发展而完善。从最初的原子操作,到后来的信号量,从大内核锁到现在的自旋锁。这些同步机制的发展伴随着 Linux 从单处理器到对称多处理器的过渡;伴随着从非抢占内核到抢占内核的过渡。锁机制越来越有效,也越来越复杂。内核中同步的方法很多,本节主要介绍原子操作、自旋锁和信号量这三种同步措施。

7.2.1 原子操作

原子操作可以保证指令以原子的方式被执行,也就是执行过程不被打断。例如,第 7.1.1 节提到的原子方式的加操作,通过把读取和增加变量的行为包含在一个单步中执行,从而防止了竞争发生,保证了操作结果总是一致的(假定 i 初值是 1):

内核任务 1	**内核任务 2**
增加 i(1－>2)	—
	增加 i(2－>3)

最后得到的是 3,这显然是正确结果。两个原子操作绝对不可能同时访问同一个变量,这样的加操作也就绝不可能引起竞争。

因此,Linux 内核提供了一个专门的 atomic_t 类型(一个原子访问计数器),其定义如下。

```
typedef struct {
    int counter;
}atomic_t;
```

注:许多读者很疑惑,为何将原子类型这样定义?实际在内核中有许多这样的定义,主要原因是这样可以让 GCC 在编译的时候加以更加严格的类型检查,防止原子类型变量被误操作(如果为普通类型,则普通的运算符也可以操作)。

Linux 内核提供了一些专门的函数和宏,参见表 7.1,这些函数和宏作用于 atomic_t 类型的变量。

表 7.1　Linux 中的原子操作

函　数	说　明
ATOMIC_INIT(i)	在声明一个 atomic_t 变量时,将它初始化为 *i*;
atomic_read(v)	返回 * v
atomic_set(v,i)	把 * v 置成 *i*
atomic_add(i,v)	给 * v 增加 *i*
atomic_sub(i,v)	从 * v 中减去 *i*
atomic_sub_and_test(i, v)	从 * v 中减去 i,如果结果为 0,则返回 1;否则,返回 0
atomic_inc(v)	把 1 加到 * v
atomic_dec(v)	从 * v 减 1
atomic_dec_and_test(v)	从 * v 减 1,如果结果为 0,则返回 1;否则,返回 0
atomic_inc_and_test(v)	把 1 加到 * v,如果结果为 0,则返回 1;否则,返回 0
atomic_add_negative(i, v)	把 *i* 加到 * v,如果结果为负,则返回 1;否则,返回 0
atomic_add_return(i, v)	把 *i* 加到 * v,并返回相加之后的值
atomic_sub_return(i, v)	从 * v 中减去 *i*,并返回相减之后的值

下面举例说明这些函数的用法。

定义一个 atomic_c 类型的数据很简单,还可以定义时给它设定初值:

```
atomic_t u;                          /* 定义 u */
atomic_t v = ATOMIC_INIT(0);         /* 定义 v 并把它初始化为 0 */
```

对其操作:

```
atomic_set(&v,4)                     /*  v  =  4 ( 原子地) */
atomic_add(2,&v)                     /*  v  =  v  +  2  =  6 (原子地)  */
atomic_inc(&v)                       /*  v  =  v  +  1  =7(原子地) */
```

如果需要读取原子类型 atomic_t 的值,可以使用 atomic_read()来完成:

```
printk(" % d\n",atomic_read(&v));    /*  会打印 7 */
```

原子整数操作最常见的用途就是实现计数器。使用复杂的锁机制来保护一个单纯的计数器是很笨拙的,所以,开发者最好使用 atomic_inc()和 atomic_dec()这两个相对来说轻便一点的操作。还可以用原子整数操作原子地执行一个操作并检查结果。一个常见的例子是原子的减操作和检查：

```
int atomic_dec_and_test(atomic_t * v)
```

这个函数让给定的原子变量减1，如果结果为0，就返回1，否则返回0。

Linux内核也提供了位原子操作，相应的操作函数有set_bit(nr，addr)、clear_bit(nr，addr)、test_bit(nr，addr)等，它被广泛地应用于内存管理、设备驱动，读者可自行仔细探究。

7.2.2 自旋锁

自旋锁是专为防止多处理器并行而引入的一种锁，它在内核中大量应用于中断处理等部分，而对于单处理器来说，可简单采用关闭中断的方式防止中断服务程序的并发执行。

自旋锁最多只能被一个内核任务持有，如果一个内核任务试图请求一个已被持有的自旋锁，那么这个任务就会一直进行忙循环，也就是旋转，等待锁重新可用。如果锁未被持有，请求它的内核任务便能立刻得到它并且继续执行。自旋锁可以在任何时刻防止多于一个的内核任务同时进入临界区，因此这种锁可有效地避免多处理器上并行运行的内核任务竞争共享资源。

事实上，设计自旋锁的初衷是在短期内进行轻量级的锁定。一个被持有的自旋锁使得请求它的任务在等待锁重新可用期间进行自旋(特别浪费处理器的时间)，所以自旋锁不应该被持有时间过长。如果需要长时间锁定，最好使用信号量。

自旋锁的定义如下：

```
typedef struct raw_spinlock { unsigned int slock;} raw_spinlock_t;
typedef struct {
     raw_spinlock_t raw_lock;
     ...
   } spinlock_t;
```

于是，使用自旋锁的基本形式如下：

```
DEFINE_SPINLOCK(mr_lock);                    /* 定义一个自旋锁 */
spin_lock(&mr_lock);
/* 临界区 */
spin_unlock(&mr_lock);
```

因为自旋锁在同一时刻最多只能由一个内核任务持有，所以一个时刻只允许有一个任务存在临界区中。这点很好地满足了对称多处理机器需要的加锁服务。

在单处理器系统上，虽然在编译时锁机制被抛弃了，但在上面例子中仍需要关闭中断，以禁止中断服务程序访问共享数据。

自旋锁在内核中有许多变种，如对下半部而言，可以使用spin_lock_bh()来获得特定锁并且关闭下半部执行。开锁操作则由spin_unlock_bh()来执行；如果把临界区的访问从逻辑上可以清晰地分为读和写这两种模式，那么可以使用读者和写者自旋锁，它们通过下面方法初始化：

```
DEFINE_RWLOCK(mr_lock);
```

在读者的代码分支中使用如下函数：

```
read_lock(&mr_rwlock);
/*只读临界区*/
read_unlock(&mr_rwlock);
```

在写者的代码分支中使用如下函数：

```
write_lock(&mr_rwlock);
/*写临界区*/
write_unlock(&mr_rwlock);
```

简单地说，自旋锁在内核中主要用来防止多处理器并行访问临界区，防止内核抢占造成的竞争。另外自旋锁不允许任务睡眠，持有自旋锁的任务睡眠会造成自死锁，这是因为睡眠有可能造成持有锁的内核任务被重新调度，从而再次申请自己已持有的锁。因此自旋锁能够在中断上下文[①]中使用。

7.2.3　信号量

Linux中的信号量是一种睡眠锁。如果有一个任务试图获得一个已被持有的信号量时，信号量会将其推入等待队列，然后让其睡眠。这时处理器获得自由而去执行其他代码。当持有信号量的进程将信号量释放后，在等待队列中的一个任务将被唤醒，从而便可以获得这个信号量。

信号量是在1968年由Edsger Wybe DijKstra提出的，此后它逐渐成为一种常用的锁机制。信号量支持两个原子操作P()和V()，这两个名字来自荷兰语Proberen和Vershogen。前者叫做测试操作(字面意思是探查)，后者叫做增加操作。后来的系统把这两种操作分别叫做down()和up()，Linux也遵从这种叫法。down()操作通过对信号量计数减1来请求获得一个信号量。如果结果是0或大于0，信号量锁被获得，任务就可以进入临界区了。如果结果是负数，任务会被放入等待队列，处理器执行其他任务。down()函数如同一个动词“降低(Down)”，一次down()操作就等于获取该信号量。相反，当临界区中的操作完成后，up()操作用来释放信号量，该操作也被称做是“提升(Upping)”信号量，因为它会增加信号量的计数值。如果在该信号量上的等待队列不为空，处于队列中等待的任务在被唤醒的同时会获得该信号量。

信号量具有睡眠特性，这使得信号量适用于锁会被长时间持有的情况，因此只能在进程上下文中使用，而不能在中断上下文中使用，因为中断上下文是不能被调度的；另外当任务持有信号量时，不可以再持有自旋锁。下面说明信号量的定义和使用。

内核中对信号量的定义如下：

```
struct semaphore {
        spinlock_t        lock;
        unsigned int      count;
        struct list_head  wait_list;
};
```

---

① 所谓中断上下文是指内核在执行一个中断服务程序或下半部时所处的执行环境。

其各个域的含义如下。

count：存放 unsigned int 类型的一个值。如果该值大于 0，那么资源就是空闲的，也就是说，该资源现在可以使用。相反，如果 count 等于 0，那么信号量是忙的，但没有进程等待这个被保护的资源。最后，如果 count 为负数，则资源是不可用的，并至少有一个进程等待资源。

lock：自旋锁。这个字段是在 linux 内核高版本中加入的，为了防止多处理器并行造成错误。

wait_list：存放等待队列链表的地址，当前等待资源的所有睡眠进程都放在这个链表中。当然，如果 count 大于或等于 0，等待队列就为空。

注意：在使用信号量的时候，不要直接访问 semaphore 结构体内的成员，而要使用内核提供的函数来操作。

1. 相关操作函数

为了满足各种不同的需求，Linux 内核提供了丰富的操作函数，对于获取信号量的操作，有 down()，down_interrputible()等函数，其中 down()的实现代码为：

```
void down(struct semaphore * sem)
{
        unsigned long flags;
        spin_lock_irqsave(&sem->lock, flags); /* 加锁,使信号量的操作在关闭中断的状态下
进行,防止多处理器并发操作造成错误 */
        if (sem->count > 0))   /* 如果信号量可用,则将引用计数减 1 */
                sem->count--;
        else /* 如果无信号量可用,则调用__down()函数进入睡眠等待状态 */
                __down(sem);
        spin_unlock_irqrestore(&sem->lock, flags); /* 对信号量的操作解锁 */
}
```

像 down_interrputible()等其他一些获取信号量的函数与 down()类似，在此不一一解释。从上面的分析也可以看出，如果无信号量可用，则当前进程进入睡眠状态。其中的__down()函数调用__down_common()，这是各种 down()操作的统一函数：

```
static inline int __sched __down_common(struct semaphore * sem, long state,long timeout)
{
      struct task_struct * task = current;
      struct semaphore_waiter waiter;

      list_add_tail(&waiter.list, &sem->wait_list); /* 将当前进程添加到信号量 sem 的等待
队列的队尾 */
      waiter.task = task;
      waiter.up = 0;

      for (;;) {
            if (signal_pending_state(state, task)) /* 如果当前进程被信号唤醒,则返回 */
                goto interrupted;
            if (timeout <= 0) /* 如果等待超时,则返回 */
```

```
            goto timed_out;
        __set_task_state(task, state);          /* 设置进程状态 */
        spin_unlock_irq(&sem->lock);            /* 释放自旋锁 */
        timeout = schedule_timeout(timeout);    /* 执行进程切换 */
        spin_lock_irq(&sem->lock); /* 当进程被唤醒时,如果再次进入获取信号量操作,则
对其进行加锁 */
        if (waiter.up) /* 如果进程是被信号量等待队列的其他进程唤醒,则返回 */
            return 0;
    }

timed_out: /* 进程获取信号量等待超时,返回 */
    list_del(&waiter.list);
    return -ETIME;

interrupted: /* 进程等待获取信号量时被信号中断,返回 */
    list_del(&waiter.list);
    return -EINTR;
}
```

其中 semaphore_waiter 的定义为：

```
struct semaphore_waiter {
        struct list_head list;
        struct task_struct *task;
        int up;
};
```

对于不同的信号量获取函数,传递给__down_common()函数的参数是不同的,对于down()操作调用__down_common()的形式为：

```
__down_common(sem, TASK_UNINTERRUPTIBLE, MAX_SCHEDULE_TIMEOUT);
```

可见,使用down()操作获取信号量的时候,如果信号量不可获取,则进程进入睡眠等待状态,并且不可被信号中断。而 down_interruptible()调用__down_common()的形式为：

```
__down_common(sem, TASK_INTERRUPTIBLE, MAX_SCHEDULE_TIMEOUT);
```

可见,进程在等待获取信号量的时候是可以被信号打断的。其他获取信号量的操作函数形式基本类似。

当进程获取信号量,访问完临界区之后,需要释放信号量。释放信号量操作函数为 up()：

```
void up(struct semaphore *sem)
{
        unsigned long flags;

        spin_lock_irqsave(&sem->lock, flags); /* 对信号量操作进行加锁 */
        if list_empty(&sem->wait_list) /* 如果该信号量的等待队列为空,则释放信号量 */

                sem->count++;
        else /* 否则唤醒该信号量的等待队列队头的进程 */
                __up(sem);
        spin_unlock_irqrestore(&sem->lock, flags); /* 对信号量操作进行解锁 */
}
```

2. 信号量的使用

要使用信号量,需要包含头文件<linux/semaphore.h>,其中有信号量的定义和操作函数(在新的内核版本中,这些头文件以及宏有所变化,请根据需要查所使用的版本)。

1) 信号量的创建和初始化

内核提供了多种方法来创建信号量。如果要定义一个互斥信号量,则可以使用:

```
DECLARE_MUTEX(name);
```

参数 name 为要定义的信号量的名字。如果信号量已经被定义,只需将其进行初始化,则可以使用以下函数:

```
sema_init(struct semaphore * sem, int val);    /* 初始化信号量 sem 的使用者数量为 val     */
init_MUTEX(sem);                               /* 初始化信号量 sem 为未锁定的互斥信号量 */
init_MUTEX_LOCKED(sem);                        /* 初始化信号量 sem 为锁定的互斥信号量   */
```

2) 信号量的使用

信号量的一般使用形式为:

```
static DECLARE_MUTEX(mr_sem);                  /*声明并初始化互斥信号量*/
if(down_interruptible(&mr_sem))
  /* 信号被接收 , 信号量还未获取 */
/*临界区… */
up(&mr_sem);
```

函数 down_interruptible()试图获取指定的信号量,如果获取失败,它将以 TASK_INTERRUPTIBLE 状态睡眠。回忆第 3 章的内容,这种进程状态意味着任务可以被信号唤醒,一般来说这是件好事。如果进程在等待获取信号量的时候接收到了信号,那么该进程就会被唤醒,而函数 down_interruptible()会返回-EINTR,说明这次任务没有获得所需资源。另一方面,如果 down_interruptible()正常结束并得到了需要的资源,就返回 0。

同自旋锁一样,信号量在内核中也有许多变种,比如读者-写者信号量等,这里不做一一介绍。表 7.2 是信号量的操作函数列表。

表 7.2 信号量的操作函数列表

函　数	描　述
down(struct semaphore *);	获取信号量,如果不可获取,则进入不可中断睡眠状态(目前已经不建议使用)
down_interruptible(struct semaphore *);	获取信号量,如果不可获取,则进入可中断睡眠状态
down_killable(struct semaphore *);	获取信号量,如果不可获取,则进入可被致命信号中断的睡眠状态
down_trylock(struct semaphore *);	尝试获取信号量,如果不能获取,则立刻返回
down_timeout(struct semaphore * , long jiffies);	在给定时间(jiffies)内获取信号量,如果不能够获取,则返回
up(struct semaphore *);	释放信号量

3. 信号量和自旋锁区别

了解何时使用自旋锁，何时使用信号量对编写优良代码很重要，但是多数情况下，不需要太多的考虑，因为在中断上下文中只能使用自旋锁，而在任务睡眠时只能使用信号量。表 7.3 给出了自旋锁与信号量的对比。

表 7.3 自旋锁与信号量对比

需求	建议的加锁方法	需求	建议的加锁方法
低开销加锁	优先使用自旋锁	中断上下文中加锁	使用自旋锁
短期锁定	优先使用自旋锁	持有锁时需要睡眠、调度	使用信号量
长期加锁	优先使用信号量		

7.3 生产者-消费者并发实例

随着人们生活水平的提高，每天早餐基本是牛奶、面包。而在牛奶生产的环节中，生产厂家必须和经销商保持良好的沟通才能使效益最大化，具体说就是生产一批就卖一批，并且只有卖完了，才能生产下一批，这样才能达到供需平衡，否则就有可能造成浪费(供过于求)或者物资短缺(供不应求)。假设现在有一个牛奶生产厂家，它有一个经销商，并且由于资金不足，只有一个仓库。牛奶生产厂家首先生产一批牛奶，并放在仓库里，然后通知经销商来批发。经销商卖完牛奶后，打电话再订购下一批牛奶。牛奶生产厂家接到订单后，才开始生产下一批牛奶。

7.3.1 问题分析

上述问题中，牛奶生产厂家就相当于“生产者”，经销商为“消费者”，仓库则为“公共缓冲区”。问题属于单一生产者，单一消费者，单一公共缓冲区。这属于典型的进程同步问题。生产者和消费者为不同的线程，“公共缓冲区”则为临界区。在同一时刻，只能有一个线程访问临界区。以下代码针对 2.6.37 以前的内核版本。

7.3.2 实现机制

1. 数据定义

```
#include <linux/init.h>
#include <linux/module.h>
#include <linux/semaphore.h>
#include <linux/sched.h>
#include <asm/atomic.h>
#include <linux/delay.h>
#define PRODUCT_NUMS 10

static struct semaphore sem_producer;
static struct semaphore sem_consumer;
```

```
static char product[12];
static atomic_t num;
static int producer(void * product);
static int consumer(void * product);
static int id = 1;
static int consume_num = 1;
```

2. 生产者线程

```
static int producer(void * p)
{
    char * product = (char * )p;
    int i;

    atomic_inc(&num);
    printk("producer [ %d] start... \n", current->pid);
    for(i = 0; i < PRODUCT_NUMS; i++) {
        down(&sem_producer);
        snprintf(product,12,"2010-01-%d",id++);
        printk("producer [ %d] produce %s\n",current->pid, product);
        up(&sem_consumer);
    }
    printk("producer [ %d] exit...\n", current->pid);
    return 0;
}
```

该函数代表牛奶生产厂家,负责生产10批牛奶,从代码中可以看出,它的执行受制于sem_producer信号量,当该信号量无法获取时,它将进入睡眠状态,直到信号量可用,它才能继续执行,并且释放sem_constumer信号量。

3. 消费者线程

```
static int consumer(void * p)
{
    char * product = (char * )p;

    printk("consumer [ %d] start...\n", current->pid);
    for (;;) {
        msleep(100);
        down_interruptible(&sem_consumer);
        if(consume_num >= PRODUCT_NUMS * atomic_read(&num))
            break;
        printk("consumer [ %d] consume %s\n",current->pid, product);
        consume_num++;
        memset(product,'\0',12);
        up(&sem_producer);
    }

    printk("consumer [ %d] exit...\n", current->pid);
    return 0;
}
```

该函数代表牛奶经销商,负责批发并销售牛奶。只有生产厂家生产了牛奶,下发了批发单,经销商才能批发牛奶,批发之后进行零售。当其零售完后,再向牛奶生产厂家下订货单。

4. 模块插入和删除

```
static int procon_init(void)
{
    printk(KERN_INFO"show producer and consumer\n");
    init_MUTEX(&sem_producer);
    init_MUTEX_LOCKED(&sem_consumer);
    atomic_set(&num, 0);
    kernel_thread(producer,product,CLONE_KERNEL);
    kernel_thread(consumer,product,CLONE_KERNEL);
    return 0;
}
static void procon_exit(void)
{
    printk(KERN_INFO"exit producer and consumer\n");
}
module_init(procon_init);
module_exit(procon_exit);
MODULE_LICENSE("GPL");
MODULE_DESCRIPTION("producer and consumer Module");
MODULE_ALIAS("a simplest module");
```

7.3.3 具体实现

对该模块的实际操作步骤如下。

(1) make 编译模块。

(2) insmod procon. ko 加载模块。

(3) dmesg 观察结果。

(4) rmmod procon 卸载模块。

从结果可以看出,生产者线程首先执行生产一批产品,然后等待消费者线程消费产品。只有消费者消费后,生产者才能再进行生产。生产者严格按照生产顺序生产,消费者也严格按照消费顺序消费。

7.4 内核多任务并发实例

内核任务是指在内核态执行的任务,具体包括内核线程、系统调用、中断处理程序、下半部任务等几类。

7.4.1 内核任务及其并发关系

在我们的实例中,涉及以下三种内核任务,分别是系统调用、内核线程和定时器任务队列。

(1) 系统调用：系统调用是用户程序通过门机制来进入内核执行的内核例程，它运行在内核态，处于进程上下文中，可以认为是代表用户进程的内核任务，因此具有用户态任务的特性。

(2) 内核线程：内核线程可以理解成在内核中运行的特殊进程，它有自己的"进程上下文"(也就是借用了调用它的用户进程的上下文)，所以同样被进程调度程序调度，也可以睡眠。不同之处就在于内核线程运行于内核空间，可访问内核数据，运行期间不能被抢占。

(3) 定时器任务队列：定时器任务队列属于下半部，在每次产生时钟节拍时得到处理。

上述三种内核任务存在如下竞争关系：系统调用和内核线程可能和各种内核任务并发执行，除了中断(定时器任务队列属于软中断范畴)可以抢占它、产生并发外，它们还有可能自发地主动睡眠(比如在一些阻塞性的操作中)，放弃处理器，从而其他任务被重新调度，所以系统调用和内核线程除与定时器任务队列发生竞争，也会与其他(包括自己)系统调用和内核线程发生竞争。

7.4.2 问题描述

假设存在这样一个内核共享资源——链表(mine)，有多个内核任务并发访问链表：200个内核线程(sharelist)向链表加入新结点；内核定时器(qt_task)定时删除结点；系统调用(share_exit)销毁链表。这三种内核任务并发执行时，有可能会破坏链表数据的完整性，所以必须对链表进行同步访问保护，以保证数据的一致性。

7.4.3 实现机制

1. 变量声明

```
#define NTHREADS 200                                        /* 线程数 */
struct my_struct {
    struct list_head list;
    int id;
    int pid;
};
static struct work_struct queue;                            /* 定义工作队列 */
static struct timer_list mytimer;                           /* 定时器队列 */
static LIST_HEAD(mine);                                     /* sharelist 头 */
static unsigned int list_len = 0;
static DECLARE_MUTEX(sem);                                  /* 内核线程进行同步的信号量 */
static spinlock_t my_lock = SPIN_LOCK_UNLOCKED;             /* 保护对链表的操作 */
static atomic_t my_count = ATOMIC_INIT(0);                  /* 以原子方式进行追加 */
static long count = 0;                                      /* 行计数器，每行打印 4 个信息 */
static int timer_over = 0;                                  /* 定时器结束标志 */

static int sharelist(void *data);                           /* 从共享链表增删结点的线程 */
static void kthread_launcher(struct work_struct *q);        /* 创建内核线程 */
static void start_kthread(void);                            /* 调度内核线程 */
```

2. 模块注册函数 share_init

```
static int share_init(void)
{
    int i;

    printk(KERN_INFO"share list enter\n");

    INIT_WORK(&queue, kthread_launcher);          //初始化工作队列
    setup_timer(&mytimer, qt_task, 0);            //设置定时器
    add_timer(&mytimer);                          //添加定时器
    for (i = 0;i < NTHREADS;i++)                  //再启动 200 个内核线程来添加结点
            start_kthread();
    return 0;
}
```

该函数是模块注册函数，通过它启动定时器任务和内核线程。它首先初始化定时器任务队列，注册定时器任务 qt_task；然后依次启动 200 个内核线程 start_kthread()。至此开始对链表进行操作。

3. 对共享链表操作的内核线程 sharelist

```
static int sharelist(void * data)
{
    struct my_struct * p;

    if (count++ % 4 == 0)
        printk("\n");

    spin_lock(&my_lock);                          /* 添加锁,保护共享资源 */
    if (list_len < 100) {
        if ((p = kmalloc(sizeof(struct my_struct), GFP_KERNEL)) == NULL)
            return -ENOMEM;
        p->id = atomic_read(&my_count);           /* 原子变量操作 */
        atomic_inc(&my_count);
        p->pid = current->pid;
        list_add(&p->list, &mine);                /* 向队列中添加新结点 */
        list_len++;
        printk("THREAD ADD: %-5d\t", p->id);
    } else {                                      /* 队列超过定长则删除结点 */
        struct my_struct * my = NULL;
        my = list_entry(mine.prev, struct my_struct, list);
        list_del(mine.prev);                      /* 从队列尾部删除结点 */
        list_len--;
        printk("THREAD DEL: %-5d\t", my->id);
        kfree(my);
    }
    spin_unlock(&my_lock);
    return 0;
}
```

为了防止定时器任务队列抢占执行时造成链表数据的不一致，需要在操作链表期间进行同步保护。

4. 创建内核线程的 kthread_launcher

```
void kthread_launcher(struct work_struct *q)
{
    kernel_thread(sharelist, NULL, CLONE_KERNEL | SIGCHLD);     /* 创建内核线程 */
    up(&sem);
}
```

该函数作用仅仅是通过 kernel_thread 方法启动内核线程 sharelist。

5. 调度内核线程的 start_kthread

```
static void start_kthread(void)
{
    down(&sem);
    schedule_work(&queue);                                      /* 调度工作队列 */
}
```

在模块初始化函数 share_init 中,创建内核线程 kthread_launcher 的任务挂在工作队列上,也就是说该任务受内核中默认的工作者线程 events 调度(参见 5.4.3 节)。

注意:为了能依次建立且启动内核线程,start_kthread 函数会在任务加入调度队列前利用信号量进行自我阻塞即 down(&sem),直到内核线程执行后才解除阻塞即 up(&sem),这种信号量同步机制保证了串行地创建内核线程,虽然串行并非必需。

6. 删除结点的定时器任务 qt_task

```
void qt_task(unsigned long data)
{
    if (!list_empty(&mine)) {
        struct my_struct *i;
        if (count++ % 4 == 0)
            printk("\n");
        i = list_entry(mine.next, struct my_struct, list); /* 取下一个结点 */
        list_del(mine.next);                               /* 删除结点 */
        list_len--;
        printk("TIMER DEL: %-5d\t", i->id);
        kfree(i);
    }
mod_timer(&mytimer, jiffies + 1);                          /* 修改定时器时间 */
}
```

7. share_exit

```
static void_exit share_exit(void)
{
   struct list_head *n, *p = NULL;
    struct my_struct *my = NULL;
    printk("\nshare list exit\n");
    del_timer(&mytimer);
    spin_lock(&my_lock);                                   /* 上锁,以保护临界区 */
```

```
    list_for_each_safe(p, n, &mine) {                    /* 删除所有结点,销毁链表 */
        if (count++ % 4 == 0)
            printk("\n");
        my = list_entry(p, struct my_struct, list);      /* 取下一个结点 */
        list_del(p);
        printk("SYSCALL DEL: %d\t", my->id);
        kfree(my);

    }
    spin_unlock(&my_lock);                               /* 开锁 */
    printk(KERN_INFO"Over \n");
}
```

该函数是模块注销函数,负责销毁链表。由于销毁时内核线程与定时器任务都在运行,所以应该进行同步保护,即锁住链表,这是通过 spin_lock 自旋锁达到的,因为自旋锁保证了任务执行的串行化,此刻其他任务就没有机会执行了。当重新打开自旋锁时,其他任务就可以运行。

图 7.1 给出了这个并发控制实例中各种对象的关系示意图。

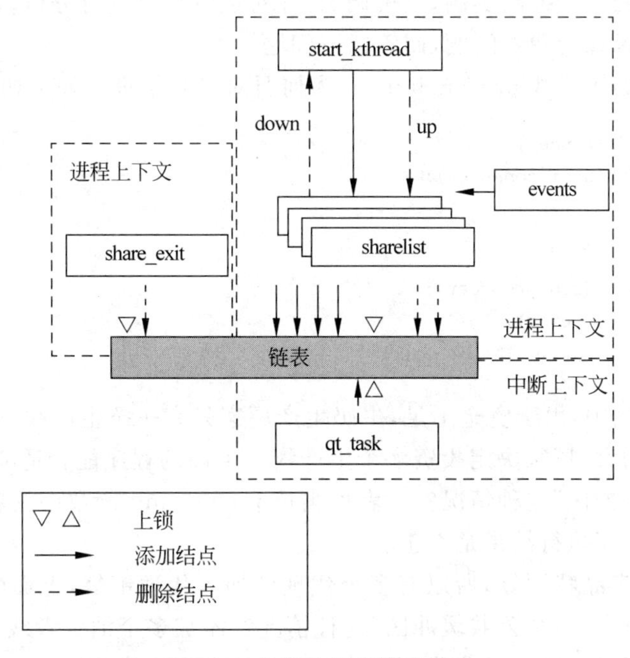

图 7.1 并发控制实例示意图

7.5 小结

本章首先介绍了临界区、共享队列、死锁等相关的同步概念,然后给出了内核中常用的三种同步方法,原子操作、自旋锁以及信号量,其中对信号量的实现机制进行了稍微深入的分析。为了加强读者对同步机制的应用能力,本章给出了两大实例,其一是生产者-消费者模型,其二是内核中线程、系统调用以及定时器任务队列的并发执行,通过这两个例子,让读者深刻体会并发程序编写中如何应用同步机制。

习题

1. 什么是临界区？什么是竞争状态？什么是同步？
2. 为什么要对共享队列加锁？
3. 如何确定要保护的对象？
4. 如何避免死锁？
5. 内核中造成并发执行的原因是什么？
6. 申明一个原子变量 v,给其赋初值 1,然后对其减 1,并测试其结果。
7. 申明一个锁定下半部的自旋锁,并给出如何使用它。
8. 给出信号量的定义,并说明 down()和 up()的含义。
9. 申明一个信号量,并给出如何使用它。
10. 自旋锁和信号量各用在什么情况下？
11. 分析给出的并发控制实例,上机调试,并对运行结果进行分析。
12. 关于生产者和消费者问题,回答以下问题。

(1) 在模块的插入函数 procon_init 中,为何要对信号量进行如下初始化？

```
init_MUTEX(&sem_producer);
init_MUTEX_LOCKED(&sem_consumer);
```

可否将其改为：

```
init_MUTEX_LOCKED(&sem_producer);
init_MUTEX(&sem_consumer);
```

为什么？

(2) 在上述实例中,由于资金不足,牛奶生产厂家只有一条生产线。随着企业的发展壮大,客户需求日益增大,厂家决定投资多个生产线。上面的程序能否适应“多个生产者,一个消费者,一个公共缓冲区”这种情况？读者可去掉 procon_init 函数中注释的语句,重新编译并运行程序,看看程序执行结果是否正确。

(3) 由于牛奶产品特别好,所以有多个代理商加入代理销售,上面的程序能否适应“多个生产者,多个消费者,一个公共缓冲区”这种情况？添加多个消费者线程,重新编译运行程序,查看结果是否正确。注意看消费者线程是否可以全部正确退出。

(4) 随着企业的扩大,产品需求的增大,厂家决定多建几个仓库。在仓库有空间的情况下,生产线可以继续生产产品放入仓库,直到仓库放满。在仓库有产品的情况下,代理商可以订购产品,直到仓库中没有产品。修改程序,使之适应“一个生产者,一个消费者,多个缓冲区”、“多个生产者,多个消费者,多个缓冲区”这两种情况。

第8章 文件系统

在使用计算机的过程中，文件是经常被提到的概念，例如可执行文件、文本文件等，这里说的文件是一个抽象的概念，它是存放一切数据化信息的仓库。用户为了保存数据或信息，首先要创建一个文件，然后把数据或信息写入该文件。最终这些数据被保存到文件的载体上，通常情况下是磁盘上，只要给出存放文件的路径和文件名，文件系统就可以在磁盘上找到该文件的物理位置，并把它调入内存供用户使用。在这个过程中文件系统起着举足轻重的作用，通过文件系统我们才能根据路径和文件名访问到文件，以及对文件进行各种操作。

从系统角度来看，文件系统是对文件存储器空间进行组织和分配，负责文件的存储并对存入的文件进行保护和检索的系统。具体地说，它负责为用户建立文件，存入、读出、修改、转储文件，控制文件的存取，当用户不再使用时撤销文件等。

8.1 Linux 文件系统基础

在深入了解文件系统之前，首先介绍文件系统的基本知识。

8.1.1 Linux 文件结构

文件结构是文件存放在磁盘等存储设备上的组织方法。主要体现在对文件和目录的组织上。目录提供了管理文件的一个方便而有效的途径。Linux 使用标准的目录结构，在 Linux 安装的时候，安装程序就已经为用户创建了文件系统和完整而固定的目录组成形式，并指定了每个目录的作用和其中的文件类型，如图 8.1 所示。

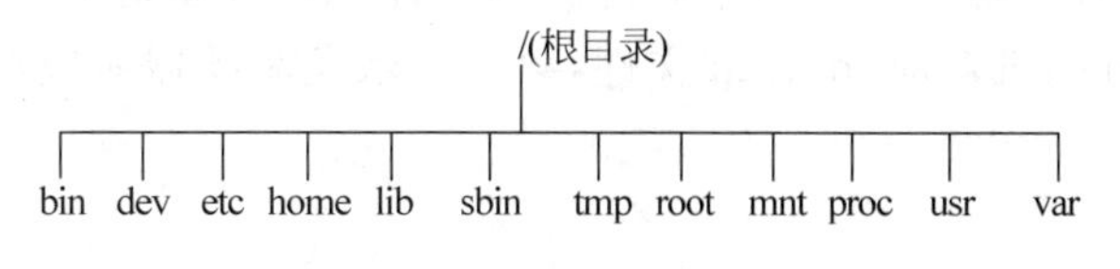

图 8.1　Linux 目录树结构

Linux 采用的是树状结构。最上层是根目录，其他所有目录都是从根目录出发而生成的。微软的 DOS 和 Windows 也是采用树状结构，但是在 DOS 和 Windows 中这样的树状结构的根是磁盘分区的盘符，有几个分区就有几个树状结构，它们之间的关系是并列的。但是在 Linux 中，无论操作系统管理几个磁盘分区，这样的目录树只有一个。因为 Linux 是一个多用户系统，因此制定这样一个固定的目录规划有助于对系统文件和不同的用户文件进行统一管理。下面列出了 Linux 下一些主要目录的功能。

/bin 二进制可执行命令。

/dev 设备特殊文件。

/etc 系统管理和配置文件。

/home 用户主目录的基点,比如用户 user 的主目录就是/home/user。

/lib 标准程序设计库,又叫动态链接共享库。

/sbin 系统管理命令,这里存放的是系统管理员使用的管理程序。

/tmp 公用的临时文件存储点。

/root 系统管理员的主目录。

/mnt 用户临时安装其他文件系统的目录。

/proc 虚拟的目录,不占用磁盘空间,是系统内存的映射。可直接访问这个目录来获取系统信息。

/var 某些大文件的溢出区,例如各种服务的日志文件。

/usr 最庞大的目录,要用到的应用程序和文件几乎都在这个目录下。

8.1.2 文件类型

Linux 的文件可以是下列类型之一。

1. 常规文件

计算机用户和操作系统用于存放数据、程序等信息的文件。一般都长期地存放在外存储器(磁盘、磁带等)中。常规文件一般又分为文本文件和二进制文件。

2. 目录文件

Linux 文件系统将文件索引结点号和文件名同时保存在目录中。所以,目录文件就是将文件的名称和它的索引结点号结合在一起的一张表。目录文件只允许系统进行修改。用户进程可以读取目录文件,但不能对它们进行修改。

3. 设备文件

Linux 把所有的外设都当作文件来看待。每一种 I/O 设备对应一个设备文件,存放在/dev 目录中,如行式打印机对应/dev/lp 文件,第一个软盘驱动器对应/dev/fd0 文件。

4. 管道文件

主要用于在进程间传递数据。管道是进程间传递数据的“媒介”。某进程数据写入管道的一端,另一个进程从管道另一端读取数据。Linux 对管道的操作与文件操作相同,它把管道作为文件进行处理。管道文件又称先进先出(FIFO)文件。

5. 链接文件

又称符号链接文件,它提供了共享文件的一种方法。在链接文件中不是通过文件名实现文件共享,而是通过链接文件中包含的指向文件的指针来实现对文件的访问。使用链接文件可以访问常规文件、目录文件和其他文件。

8.1.3 存取权限和文件模式

为了保证文件信息的安全，Linux 设置了文件保护机制，其中之一就是给文件都设定了一定的访问权限。当文件被访问时，系统首先检验访问者的权限，只有与文件的访问权限相符时才允许对文件进行访问。

Linux 中的每一个文件都归某一个特定的用户所有，而且一个用户一般总是与某个用户组相关。Linux 对文件的访问设定了三级权限：文件所有者、与文件所有者同组的用户、其他用户。对文件的访问主要是三种处理操作：读取、写入和执行。三级访问权限和三种处理操作形成了 9 种情况，如图 8.2 所示。

图 8.2 文件访问权和访问模式

8.1.4 Linux 文件系统

文件系统指文件存在的物理空间，Linux 系统中每个分区都是一个文件系统，都有自己的目录层次结构。Linux 会将这些分属不同分区的、单独的文件系统按一定的方式形成一个系统的总的目录层次结构。

1. 索引结点

Linux 文件系统使用索引结点来记录文件信息，其作用与 Windows 的文件分配表类似。索引结点是一个数据结构，它包含文件的长度、创建时间、修改时间、权限、所属关系、磁盘中的位置等信息。每个文件或目录都对应一个索引结点，文件系统把所有的索引结点形成一个数组，系统给每个索引结点分配一个号码，也就是该结点在数组中的索引号，称为索引结点号。文件系统正是靠这个索引结点号来识别文件的。可以用 ls - i 命令查看文件的索引结点：

```
$ ls -i
```

2. 软链接和硬链接

可以用链接命令 ln(Link)对一个已经存在的文件建立一个链接，而不复制文件的内容。顾名思义，ln 是将两个文件名彼此链接起来，使得用户无论使用哪一个文件名都可以访问到同一文件。链接有软链接(也叫符号链接)和硬链接之分。

硬链接(Hard Link)就是让一个文件对应一个或多个文件名，或者说把使用的文件名和文件系统使用的结点号链接起来，这些文件名可以在同一目录或不同目录下。一个文件有几个文件名，我们就说该文件的链接数为几。硬链接有两个限制，一是不允许给目录创建硬链接，二是只有在同一文件系统中的文件之间才能创建链接。

例如，对已有的文件 My. c 创建一个硬链接 MyHlink. c：

```
$ ln My.c MyHlink.c
$ ls -i
```

可以看到 My. c 和 MyHlink. c 有相同的索引结点号。

为了克服硬链接的两个限制，引入符号链接(symbolic link)。符号链接实际上是一种特殊的文件，这种文件包含了另一个文件的任意一个路径名。这个路径名指向位于任意一个文件系统的任意文件，甚至可以指向一个不存在的文件。系统会自动把对符号链接的大部分操作(如读、写等)变为对源文件的操作，但某些操作(如删除等)就会直接在符号链接上完成。

例如，对已有的文件 My. c 创建一个符号链接 MySlink. c。

```
$ ln -s My.c MySlink.c
$ ls -li
```

从显示结果可以看出，My. c 和 MySlink. c 具有不同的索引结点号，也就是说 MySlink. c 中存放的是 My. c 的路径。于是在列目录中显示有 MySlink. c -> My. c，表示 MySlink. c 是符号链接文件，指向的实际文件为 My. c。

3. 安装文件系统

将一个文件系统的顶层目录挂到另一个文件系统的子目录上，使它们成为一个整体，称为"安装(Mount)"。把该子目录称为"安装点(Mount Point)"，如图 8.3 所示。由于 Ext2/Ext3 是 Linux 的标准文件系统，所以系统把 Ext2 文件系统的磁盘分区作为系统的根文件系统，Ext2 以外的文件系统(如 Window 的 FAT32 文件系统)则安装在根文件系统下的某个目录下，成为系统树状结构中的一个分支。安装一个文件系统用 mount 命令。

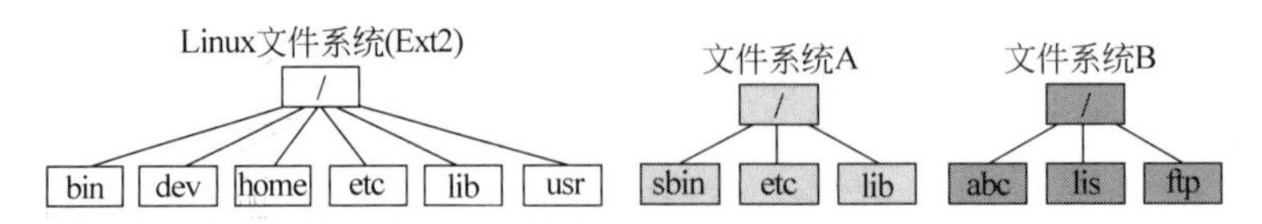

(a) 安装前的三个独立的文件系统

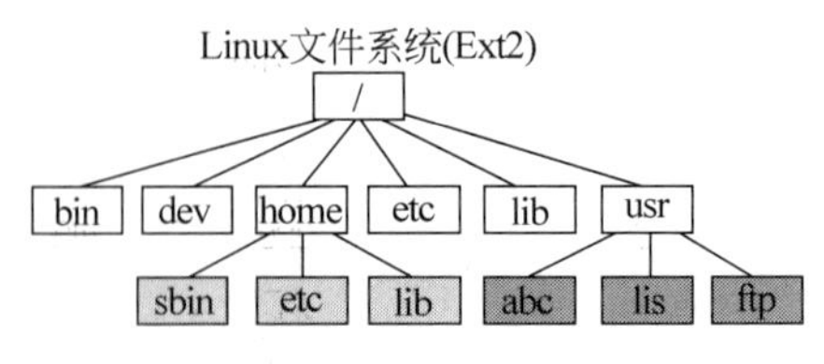

(b) 安装后的文件系统

图 8.3 文件系统的安装

例如：

```
$ mount -t iso9660 /dev/cdrom /mnt/cdrom
```

其中，iso9660 是光驱文件系统的名称，/dev/cdrom 是包含文件系统的物理块设备，/

mnt/cdrom 就是将要安装到的目录，即安装点。从这个例子可以看出，安装一个文件系统实际上是安装一个物理设备。

4. 文件系统创建示例

为了说明 Linux 文件系统层的功能（以及安装的方法），我们在当前文件系统的一个文件中创建一个文件系统。实现的方法是，首先用 dd 命令创建一个指定大小的文件（使用/dev/zero 作为源进行文件复制）—— 换句话说，一个用 0 进行初始化的文件，见清单 1。

清单 1. 创建一个经过初始化的文件

```
$ dd if = /dev/zero of = file.img bs = 1KB count = 10000      //把输入文件/dev/zero 拷贝到输出
文件 file.img 中，输入/输出的块大小为 1KB，总共拷贝 10000 块
10000 + 0 records in                                         // 输入块为 10000
10000 + 0 records out                                        // 输出块为 10000
$
```

现在有了一个 10MB 的 file.img 文件。使用 losetup 命令将一个循环设备与这个文件关联起来，让它看起来像一个块设备，而不是文件系统中的常规文件：

```
$ losetup /dev/loop0 file.img
$
```

file.img 文件现在作为一个块设备出现（由 /dev/loop0 表示）。然后用 mke2fs 在这个设备上创建一个文件系统。这个命令可以创建一个指定大小的新的 Ext2 文件系统，见清单 2。

清单 2. 用循环设备创建 Ext2 文件系统

```
$ mke2fs - c /dev/loop0 10000   //在/dev/loop0 块设备上创建大小为 10MB 的 Ext2 文件系统
...
$
```

使用 mount 命令将循环设备(/dev/loop0)所表示的 file.img 文件安装到安装点 /mnt/point1。注意，文件系统类型指定为 Ext2。安装之后，就可以将这个安装点当作一个新的文件系统，比如使用 ls 命令，见清单 3。

清单 3. 创建安装点并通过循环设备安装文件系统

```
$ mkdir /mnt/point1                            //创建安装点
$ mount - t ext2 /dev/loop0 /mnt/point1        //在安装点上安装 Ext2 文件系统
$ ls /mnt/point1                               //查看文件系统
lost + found                                   //新文件系统中的默认目录
$
```

如清单 4 所示，还可以继续这个过程：在刚才安装的文件系统中创建一个新文件，将它与一个循环设备关联起来，然后在上面创建另一个文件系统。

清单 4. 在循环文件系统中创建一个新的循环文件系统

```
 $ dd if = /dev/zero of = /mnt/point1/file.img bs = 1k count = 1000
 $ losetup /dev/loop1 /mnt/point1/file.img
 $ mke2fs -c /dev/loop1 1000
…
 $ mkdir /mnt/point2
 $ mount -t ext2 /dev/loop1 /mnt/point2
 $ ls /mnt/point2    //查看另一个新的文件系统
lost + found
 $ ls /mnt/point1
file.img lost + found
 $
```

通过这个简单的演示很容易体会到 Linux 文件系统(和循环设备)是多么强大。可以按照相同的方法在文件上用循环设备创建加密的文件系统。可以在需要时使用循环设备临时安装文件,这有助于保护数据。

8.2 虚拟文件系统

为了保证 Linux 的开放性,设计人员必须考虑如何使 Linux 除支持 Ext2 文件系统外,还能支持其他各种不同的文件系统,例如日志型文件系统、集群文件系统以及加密文件系统等。为此,就必须将各种不同文件系统的操作和管理纳入到一个统一的框架中,使得用户程序可以通过同一个文件系统界面,也就是同一组系统调用,能够对各种不同的文件系统以及文件进行操作。这样,用户程序就可以不关心各种不同文件系统的实现细节,而使用系统提供的统一、抽象、虚拟的文件系统界面。这种统一的框架就是所谓的虚拟文件系统转换(Virtual Filesystem Switch),一般简称虚拟文件系统(VFS)。

8.2.1 虚拟文件系统的引入

Linux 最初采用的是 MINIX 的文件系统,但是,MINIX 是一种教学用操作系统,其文件系统的大小限于 64MB,文件名长度也限于 14 个字节。所以,Linux 经过一段时间的改进和发展,特别是吸取了 UNIX 文件系统多年改进所积累的经验,最后形成了 Ext2 文件系统。可以说, Ext2 文件系统就是 Linux 文件系统。

虚拟文件系统所提供的抽象界面主要由一组标准的、抽象的操作构成,例如 read()、write()、lseek()等,这些函数以系统调用的形式供用户程序调用。这样,用户程序调用这些系统调用时,根本无须关心所操作的文件属于哪个文件系统,这个文件系统是怎样设计和实现的。

Linux 内核中,VFS 与具体文件系统的关系如图 8.4 所示。

Linux 的目录建立了一棵根目录为“/ ”的树。根目录包含在根文件系统中,在 Linux 中,这个根文件系统通常就是 Ext2 类型的。其他所有的文件系统都可以被“安装”在根文件系统的子目录中。例如,用户可以通过 mount 命令,将 DOS 格式的磁盘分区(即 FAT 文件系统)安装到 Linux 系统中,然后,用户就可以像访问 Ext2 文件一样访问 DOS 的文件。

例如,假设用户输入以下 shell 命令:

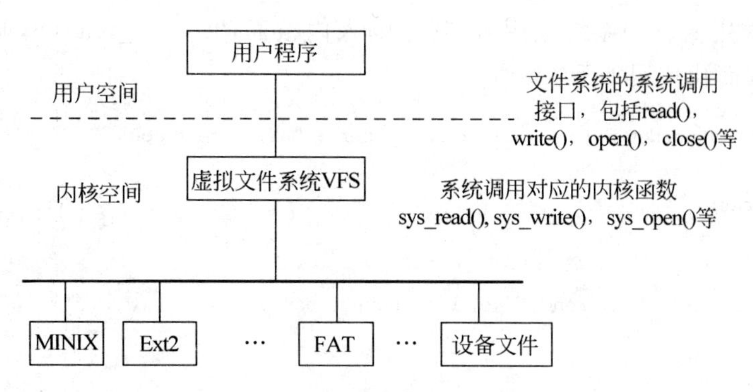

图 8.4　VFS与具体文件系统之间的关系

```
$ cp /mnt/dos/TEST /tmp/test
```

其中/mnt/dos是DOS磁盘的一个安装点，而/tmp是一个标准的Ext2文件系统的目录。如图8.4所示，VFS是用户的应用程序与具体文件系统之间的抽象层。因此，cp程序并不需要知道/mnt/dos/TEST和/tmp/test是什么文件系统类型。相反，cp程序通过系统调用直接与VFS交互。cp所执行的代码片段如下：

```
inf = open("/mnt/dos/TEST",O_RDONLY,0);
outf = open("/tmp/test",O_WRONLY|O_CREATE|O_TRUNC,0600);
do{
   l = read(inf,buf,4096);
   write(outf,buf,l);
}while(l);
```

为了进一步理解图8.4，结合上面的程序片段，我们来说明内核如何把read()转换为对DOS文件系统的一个调用。应用程序对read()的调用引起内核调用sys_read()，这完全与其他系统调用类似。在本章后面会看到，文件在内核中是由一个file数据结构来表示的：

```
struct file{
    …
    struct file_operation   * f_op;
    …
};
```

该数据结构中包含一个称为f_op的域，该域的类型为file_operation结构。该结构包含指向各种函数的指针，例如：

```
struct file_operation {
    …
    ssize_t( * read)();     /* ssize_t 实际为无符号整型 */
    ssize_t( * write)();
    int ( * open)();
    int ( * close)();
    …
  };
```

每种文件系统都有自己的file_operation结构，该结构中的域几乎全是函数指针。因此,当应用程序调用 read()系统调用时,就会陷入内核而调用 sys_read(),而 sys_read()调用 vfs_read(),其简化代码如下:

```
ssize_t vfs_read(struct file * file, char __user * buf, size_t count, loff_t * pos)
{
    ssize_t ret;
    …
    if (file->f_op->read)
    ret = file->f_op->read(file, buf, count, pos);
    …
}
```

从代码看出,通过 file 结构中的指针 f_op 就会调用 DOS 文件系统的 read():

```
file->f_op->read(...);
```

与之类似,write() 操作也会引发一个与输出文件相关的 Ext2 写函数(而不是 DOS 文件系统的写函数)执行。

由此可以看出,如果把内核比拟为 PC 中的“母板”,把 VFS 比拟为“母板”上的一个“插槽”,那么,每个具体的文件系统就好像一块“接口卡”。不同的接口卡上有不同的电子线路,但是,它们与插槽的连接有几条线,每条线做什么有明确的定义。同样,不同的文件系统通过不同的程序来实现各种功能,但是,与 VFS 之间的界面则是有明确定义的。这个界面就是 file_operation()结构。

8.2.2 VFS 中对象的演绎

虚拟文件系统(VFS)的第一个词是“虚拟”,这就意味着,这样的文件系统在磁盘(或其他存储介质上)并没有对应的存储信息。那么,这样一个虚无的文件系统到底是怎样形成的?尽管 Linux 支持多达几十种文件系统,但这些真实的文件系统并不是一下子都挂在系统中的,它们实际上是按需被挂载的。老子说“有无相生”,这个“虚”的 VFS 的信息都来源于“实”的文件系统,所以 VFS 必须承载各种文件系统的共有属性。另外,这些实的文件系统只有安装到系统中,VFS 才予以认可,也就是说,VFS 只管理挂载到系统中的实际文件系统。

既然,VFS 承担管家的角色,那么我们分析一下它到底要管哪些对象。Linux 在文件系统的设计中,全然汲取了 UNIX 的设计思想。UNIX 在文件系统的设计中抽象出 4 个概念:文件、目录项、索引结点和超级块。

从本质上讲文件系统是特殊的数据分层存储结构,它包含文件、目录和相关的控制信息。文件系统的典型操作包含创建、删除和安装等。如前所述,一个文件系统被挂载在根文件系统的某个枝叶上,这就是安装点,安装点在全局的层次结构中具有独立的命名空间。

如何给耳熟能详的文件一个明确的定义?其实可以把文件看作是一个有序字节串,字节串中第一个字节是文件的头,最后一个字节是文件的尾。为了便于系统和用户识别,每一个文件都被分配了一个便于理解的名字。典型的文件操作有读、写、创建和删除等。

文件系统通过目录来组织文件。文件目录好比一个文件夹,用来容纳相关文件。因为目录也可以包含子目录,所以目录可以层层嵌套,形成文件路径。路径中的每一部分被称作目录项,例如/home/clj/myfile是文件路径的一个例子,其中根目录是/,home,clj 和文件 myfile都是目录项。在UNIX中,目录属于普通文件,所以对目录和文件可以实施同样的操作。

文件系统如何对文件的属性(例如文件名、访问控制权限、大小、拥有者、创建时间等信息)进行描述?这就是索引结点(Index Inode),为什么不叫文件控制块而叫索引结点,主要是因为有一个叫索引号的属性可以唯一地标识文件。

以上说明了文件、目录项、索引结点,还有一个超级块对象,超级块是一种包含文件系统信息的数据结构。

通过以上的介绍,可以概括出VFS中以下4个主要对象。

- 超级块对象:描述已安装文件系统。
- 索引结点对象:描述一个文件。
- 目录项对象:描述一个目录项,是路径的组成部分。
- 文件对象:描述由进程打开的文件。

注意,因为VFS将目录作为一个文件来处理,所以不存在目录对象。换句话说,目录项不同于目录,但目录却和文件相同。

8.2.3 VFS的超级块

超级块用来描述整个文件系统的信息。对每个具体的文件系统来说,都有各自的超级块,如Ext2超级块和Ext3超级块,它们存放于磁盘上。当内核在对一个文件系统进行初始化和注册时在内存为其分配一个超级块,这就是VFS超级块。也就是说,VFS超级块是各种具体文件系统在安装时建立的,并在这些文件系统卸载时被自动删除,可见,VFS超级块只存在于内存中。

1. 超级块数据结构

VFS超级块的数据结构为super_block,该结构及其主要域的含义如下:

```
struct super_block
{

   dev_t s_dev;                    /* 具体文件系统的块设备标识符。例如,对于 /dev/hda1,其
设备标识符为 0x301 */
   unsigned long s_blocksize;      /* 以字节为单位数据块的大小 */
   unsigned char s_blocksize_bits; /* 块大小的值所占用的位数,例如,如果块大小为 1024 字节,
则该值为 10 */
   …
 struct list_head   s_list;         /* 指向超级块链表的指针 */
struct file_system_type * s_type;  /* 指向文件系统的 file_system_type 数据结构的指针 */
   struct super_operations * s_op; /* 指向具体文件系统的用于超级块操作的函数集合 */
   struct mutex          s_lock;
   struct list_head      s_dirty;  /* dirty inodes */
   …
     void * ;          s_fs_info   /* 指向具体文件系统的超级块 */
 };
```

所有超级块对象都以双向循环链表的形式链接在一起。链表中第一个元素用 super_blocks 变量来表示。

其中的 s_list 字段存放指向链表相邻元素的指针。sb_lock 自旋锁保护链表免受多处理器系统上的同时访问。s_fs_info 字段指向具体文件系统的超级块；例如，假如超级块对象指的是 Ext2 文件系统，该字段就指向 ext2_sb_info 数据结构，该结构包括与磁盘分配位图等相关数据，不包含与 VFS 的通用文件模型相关的数据。

通常，为了提高效率，由 s_fs_info 字段所指向的数据被复制到内存。任何磁盘文件系统都需要访问和更改自己的磁盘分配位图，以便分配或释放磁盘块。VFS 允许这些文件系统直接对内存超级块的 s_fs_info 字段进行操作，而无须访问磁盘。

但是，这种方法带来一个新问题：有可能 VFS 超级块最终不再与磁盘上相应的超级块同步。因此，有必要引入一个 s_dirty 标志，来表示该超级块是否是脏的，也就是说，磁盘上的数据是否必须要更新。缺乏同步还导致一个问题：当一台机器的电源突然断开而用户来不及正常关闭系统时，就会出现文件系统崩溃。Linux 是通过周期性地将所有"脏"的超级块写回磁盘来减少该问题带来的危害。

与超级块关联的方法就是所谓的超级块操作表。这些操作表是由数据结构 super_operations 来描述的，其主要函数如下：

```
struct super_operations {
        void ( * write_super) (struct super_block * );
        void ( * put_super) (struct super_block * );
        void ( * read_inode) (struct inode * );
        void ( * write_inode) (struct inode * , int);
        void ( * put_inode) (struct inode * );
        void ( * delete_inode) (struct inode * );
        …
};
```

每一种文件系统都应该有自己的 super_operations 操作实例。其主要函数的功能简述如下：

wirte_super()：将超级块的信息写回磁盘。

put_super()：释放超级块对象。

read_inode()和 write_inode()：分别从磁盘读取某个文件系统的 inode，或把 inode 写回磁盘。

put_inode()和 delete_inode()：都是释放索引结点，前者仅仅是逻辑上的释放，而后者是从磁盘上物理的删除。

8.2.4 VFS 的索引结点

文件系统处理文件所需要的所有信息都放在称为索引结点的数据结构中。文件名可以随时更改，但是索引结点对文件是唯一的，并且随文件的存在而存在。这里要说明的是，具体文件系统的索引结点是存放在磁盘上的，是一种静态结构，要使用它，必须调入内存，填写 VFS 的索引结点，因此，也称 VFS 索引结点是动态结点。VFS 索引结点数据结构的主要域定义如下：

```
struct inode
{
  struct list_head         i_hash;        /* 指向哈希链表的指针 */
  struct list_head         i_list;        /* 指向索引结点链表的指针 */
  struct list_head         i_dentry;      /* 指向目录项链表的指针 */
    …
  unsigned long     i_ino;                /* 索引结点号 */
    umode_t          i_mode;              /* 文件的类型与访问权限 */
   kdev_t         i_rdev;                 /* 实际设备标识号 */
   uid_t    i_uid;                        /*  文件拥有者标识号 */
   gid_t    i_gid                         /* 文件拥有者所在组的标识号 */
     …
  struct inode_operations   * i_op;       /* 指向对该结点进行操作的一组函数 */
  struct super_block    * i_sb;           /* 指向该文件系统超级块的指针 */
 atomic_t      i_count;                   /* 当前使用该结点的进程数.计数为 0,表明该结点可
                                             丢弃或被重新使用 */
struct file_operations   * i_fop;         /* 指向文件操作的指针 */
…
struct vm_area_struct   * i_op            /* 指向对文件进行映射所使用的虚存区指针 */

unsigned long            i_state;         /* 索引结点的状态标志 */
unsigned int              i_flags;        /* 文件系统的安装标志 */

union{                                    /*  联合体结构,其成员指向具体文件系统的 inode 结构 */
  struct minix_inode_info     minix_i;
  struct Ext2_inode_info     Ext2_i;
  …
};
```

下面给出对 inode 数据结构的进一步说明。

(1) 在同一个文件系统中,每个索引结点号都是唯一的,内核可以根据索引结点号的哈希值查找其 inode 结构。

(2) inode 中的设备号 i_rdev。如果索引结点所代表的并不是常规文件,而是某个设备,那就有个设备号,这就是 i_rdev。

(3) 每个 VFS 索引结点都会复制磁盘索引结点包含的一些数据,比如文件占用的磁盘块数。如果 i_state 域的值等于 I_DIRTY,该索引结点就是“脏”的,也就是说,对应的磁盘索引结点必须被更新。每个索引结点对象总是出现在下列循环双向链表的某个链表中:未用索引结点链表、正在使用索引结点链表和脏索引结点链表。这三个链表都是通过索引结点的 i_list 域链接在一起的。

(4) 属于“正在使用”或“脏”链表的索引结点对象也同时存放在一个哈希表中。哈希表加快了对索引结点对象的搜索,前提是内核要知道索引结点号及对应文件所在文件系统的超级块对象的地址。

与索引结点关联的方法叫索引结点操作表,由 inode_operations 结构来描述:

```
struct inode_operations {
       int ( * create) (struct inode * ,struct dentry * ,int);
```

```
        struct dentry * (*lookup) (struct inode *,struct dentry *);
        int (*link) (struct dentry *,struct inode *,struct dentry *);
        int (*unlink) (struct inode *,struct dentry *);
        int (*symlink) (struct inode *,struct dentry *,const char *);
        int (*mkdir) (struct inode *,struct dentry *,int);
        int (*rmdir) (struct inode *,struct dentry *);
        ...
};
```

其中主要函数的功能如下。

create()：创建一个新的磁盘索引结点。

lookup()：查找一个索引结点所在的目录。

link()：创建一个新的硬链接。

unlink()：删除一个硬链接。

symlink()：为符号链接创建一个新的索引结点。

mkdir()：为目录项创建一个新的索引结点。

…

对于不同的文件系统，其每个函数的具体实现是不同的，也不是每个函数都必须实现，没有实现的函数对应的域应当置为NULL。

8.2.5 目录项对象

每个文件除了有一个索引结点inode数据结构外，还有一个目录项dentry数据结构。dentry结构中有个d_inode指针指向相应的inode结构。读者也许会问，既然inode结构和dentry结构都是对文件各方面属性的描述，那为什么不把这两个结构合二为一呢？这是因为二者所描述的目标不同，dentry结构代表的是逻辑意义上的文件，所描述的是文件逻辑上的属性，因此，目录项对象在磁盘上并没有对应的映像；而inode结构代表的是物理意义上的文件，记录的是物理上的属性，对于一个具体的文件系统，如Ext2，Ext2_ inode结构在磁盘上就有对应的映像。所以说，一个索引结点对象可能对应多个目录项对象。

dentry结构的主要域为：

```
struct dentry {
atomic_t d_count;                          /* 目录项引用计数器 */
unsigned int d_flags;                      /* 目录项标志 */
struct inode  * d_inode;                   /* 与文件名关联的索引结点 */
struct dentry * d_parent;                  /* 父目录的目录项 */
struct list_head d_hash;                   /* 目录项形成的哈希表 */
struct list_head d_lru;                    /* 未使用的 LRU 链表 */
struct list_head d_child;                  /* 父目录的子目录项所形成的链表 */
struct list_head d_subdirs;                /* 该目录项的子目录所形成的链表 */
struct list_head d_alias;                  /* 索引结点别名的链表 */
int d_mounted;                             /* 目录项的安装点 */
struct qstr d_name;                        /* 目录项名(可快速查找) */
struct dentry_operations  * d_op;          /* 操作目录项的函数 */
struct super_block * d_sb;                 /* 目录项树的根 (即文件的超级块) */
```

```
    unsigned long d_vfs_flags;
    void * d_fsdata;                          /* 具体文件系统的数据 */
    unsigned char d_iname[DNAME_INLINE_LEN];  /* 短文件名 */
    …
};
```

一个有效的 dentry 结构必定有一个 inode 结构，这是因为一个目录项要么代表一个文件，要么代表一个目录，而目录实际上也是文件。所以，只要 dentry 结构是有效的，则其指针 d_inode 必定指向一个 inode 结构。可是，反过来则不然，一个 inode 却可能对应着不止一个 dentry 结构；也就是说，一个文件可以有不止一个文件名或路径名。这是因为一个已经建立的文件可以被链接（Link）到其他文件名。所以在 inode 结构中有一个队列 i_dentry，凡是代表着同一个文件的所有目录项都通过其 dentry 结构中的 d_alias 域挂入相应 inode 结构中的 i_dentry 队列。

在内核中有一个哈希表 dentry_hashtable，是一个 list_head 的指针数组。一旦在内存中建立起一个目录结点的 dentry 结构，该 dentry 结构就通过其 d_hash 域链入哈希表中的某个队列中。

内核中还有一个队列 dentry_unused，凡是已经没有用户（count 域为 0）使用的 dentry 结构就通过其 d_lru 域挂入这个队列。

dentry 结构中除了 d_alias，d_hash，d_lru 三个队列外，还有 d_vfsmnt，d_child 及 d_subdir 三个队列。其中 d_vfsmnt 仅在该 dentry 为一个安装点时才使用。另外，当该目录结点有父目录时，则其 dentry 结构就通过 d_child 挂入其父结点的 d_subdirs 队列中，同时又通过指针 d_parent 指向其父目录的 dentry 结构，而它自己的各个子目录的 dentry 结构则挂在其 d_subdirs 域指向的队列中。

从上面的叙述可以看出，一个文件系统中所有目录项结构或组织为一个哈希表，或组织为一棵树，或按照某种需要组织为一个链表，这将为文件访问和文件路径搜索奠定下良好的基础。

对目录项进行操作的一组函数叫目录项操作表，由 dentry_operation 结构描述：

```
struct dentry_operations {
        int ( * d_revalidate)(struct dentry * , int);
        int ( * d_hash) (struct dentry * , struct qstr * );
        int ( * d_compare) (struct dentry * , struct qstr * , struct qstr * );
        int ( * d_delete)(struct dentry * );
        void ( * d_release)(struct dentry * );
        void ( * d_iput)(struct dentry * , struct inode * );
};
```

该结构中函数的主要功能简述如下。

d_revalidate()：判定目录项是否有效。

d_hash()：生成一个哈希值。

d_compare()：比较两个文件名。

d_delete()：删除 d_count 域为 0 的目录项对象。

d_release()：释放一个目录项对象。

d_iput()：调用该方法丢弃目录项对应的索引结点。

8.2.6 与进程相关的文件结构

文件最终是要被进程访问的，一个进程可以打开多个文件，而一个文件可以被多个进程同时访问。在这里进程是通过文件描述符来抽象所打开的文件的，用用户打开文件表来描述和记录进程打开文件描述符的使用情况。

1. 文件对象

每个打开的文件都用一个32位的数字来表示下一个读写的字节位置，这个数字叫做文件位置或偏移量。每次打开一个文件，文件位置一般都被置为0，此后的读或写操作都将从文件的开始处进行，但是可以通过执行系统调用lseek(随机定位)对这个文件位置进行修改。Linux在file文件对象中保存了打开文件的文件位置，这个对象称为打开的文件描述(Open File Description)。

那么，为什么不把文件位置存放在索引结点中，而要设一个file数据结构呢？我们知道，Linux中的文件是能够共享的，假如把文件位置存放在索引结点中，则如果有两个或更多个进程同时打开同一个文件时，它们将去访问同一个索引结点，于是一个进程的lseek操作将影响到另一个进程的读操作，这显然是不允许也是不可想象的。

file结构中主要保存了文件位置，此外，还把指向该文件索引结点的指针也放在其中。file结构形成一个双链表，称为系统打开文件表。

file结构主要域如下：

```
struct file
{
 struct list_head         f_list;           /* 所有打开的文件形成一个链表 */
 struct dentry            *f_dentry;        /* 与文件相关的目录项对象 */
 struct vfsmount          *f_vfsmnt;        /* 该文件所在的已安装文件系统 */
 struct file_operations   *f_op;            /* 指向文件操作表的指针 */
  mode_t f_mode;                            /* 文件的打开模式 */
  loff_t f_pos;                             /* 文件的当前位置 */
  unsigned short f_flags;                   /* 打开文件时所指定的标志 */
  unsigned short f_count;                   /* 使用该结构的进程数 */
  …
};
```

每个文件对象总是包含在下列的一个双向循环链表之中。

(1)“未使用”文件对象的链表。该链表既可以用做文件对象的内存缓冲区，又可以当做超级用户的备用存储器，也就是说，即使系统的动态内存用完，也必须允许超级用户打开文件，否则系统就会崩溃。内核必须确认该链表总是至少包含NR_RESERVED_FILES个对象，通常该值设为10。

(2)“正在使用”文件对象的链表。该链表中的每个元素至少由一个进程使用，因此，各个元素的f_count域不会为NULL。

如果VFS需要分配一个新的文件对象，就调用函数get_empty_filp()。该函数检测“未使用"文件对象链表的元素个数是否多于 NR_RESERVED_FILES，如果是，可以为新打开的文件使用其中的一个元素；如果没有，则退回到正常的内存分配。

对文件进行操作的一组函数叫文件操作表，由 file_operations 结构描述：

```
struct file_operations {
        loff_t ( * llseek) (struct file * , loff_t, int);
        ssize_t ( * read) (struct file * , char * , size_t, loff_t * );
        ssize_t ( * write) (struct file * , const char * , size_t, loff_t * );
        int ( * mmap) (struct file * , struct vm_area_struct * );
        int ( * open) (struct inode * , struct file * );
        int ( * flush) (struct file * );
        int ( * release) (struct inode * , struct file * );
        int ( * fsync) (struct file * , struct dentry * , int datasync);
          …
};
```

该结构中函数的主要功能简述如下。

llseek()：修改文件指针。

read()：从文件中读出若干个字节。

write()：给文件中写若干个字节。

mmap()：文件到内存的映射。

open()：打开文件。

flush()：关闭文件时减少 f_count 计数。

release()：释放 file 对象(f_count = 0)。

fsync()：文件在缓冲区的数据写回磁盘。

2. 用户打开文件表

文件描述符是用来描述打开的文件的。每个进程用一个 files_struct 结构来记录文件描述符的使用情况，这个 files_struct 结构称为用户打开文件表，它是进程的私有数据。该结构定义如下：

```
struct files_struct {
      atomic_t count;                  /* 共享该表的进程数 */
      rwlock_t file_lock;              /* 保护以下的所有域 */
      int max_fds;                     /* 当前文件对象的最大数 */
      int max_fdset;                   /* 当前文件描述符的最大数 */
      int next_fd;                     /* 已分配的文件描述符加 1 */
      struct file ** fd;               /* 指向文件对象指针数组的指针 */
      fd_set * close_on_exec;          /* 指向执行 exec()时需要关闭的文件描述符 */
      fd_set * open_fds;               /* 指向打开文件描述符的指针 */
      fd_set close_on_exec_init;       /* 执行 exec()时需要关闭的文件描述符的初值集合 */
      fd_set open_fds_init;            /* 文件描述符的初值集合 */
      struct file * fd_array[32];      /* 文件对象指针的初始化数组 */
};
```

fd 域指向文件对象的指针数组。该数组的长度存放在 max_fds 域中。通常，fd 域指向

files_struct 结构的 fd_array 域，该域包括 32 个文件对象指针。如果进程打开的文件数目多于 32，内核就分配一个新的、更大的文件指针数组，并将其地址存放在 fd 域中；内核同时也更新 max_fds 域的值。

对于在 fd 数组中有入口地址的每个文件来说，数组的索引就是文件描述符。通常，数组的第一个元素(索引为 0)表示进程的标准输入文件，数组的第二个元素(索引为 1)是进程的标准输出文件，数组的第三个元素(索引为 2)是进程的标准错误文件(参见图 8.5)。请注意，通过 dup()、dup2()和 fcntl() 系统调用，两个文件描述符可以指向同一个打开的文件，也就是说，数组的两个元素可能指向同一个文件对象。

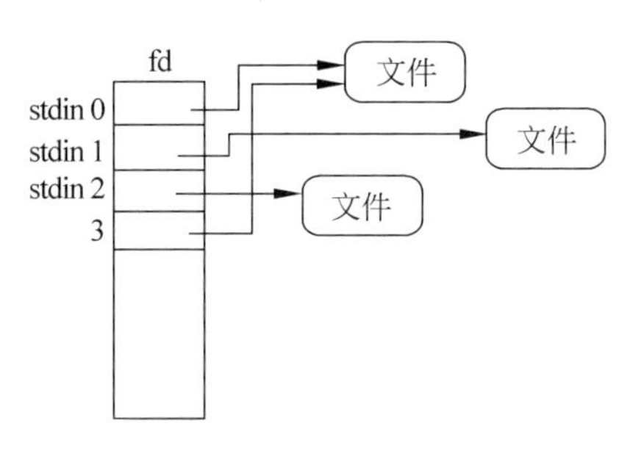

图 8.5 文件描述符数组

3. fs_struct 结构

fs_struct 结构描述进程与文件系统的关系，其定义为：

```
struct fs_struct {
        atomic_t count;
        rwlock_t lock;
        int umask;
        struct dentry * root, * pwd, * altroot;
        struct vfsmount * rootmnt, * pwdmnt, * altrootmnt;
};
```

count 域表示共享同一 fs_struct 表的进程数目。umask 域由 umask()系统调用使用，用于为新创建的文件设置初始文件许可权。

fs_struct 中的 dentry 结构是对一个目录项的描述，root，pwd 及 altroot 三个指针都指向这个结构。其中，root 所指向的 dentry 结构代表着本进程所在的根目录，也就是在用户登录进入系统时所看到的根目录；pwd 指向进程当前所在的目录；而 altroot 则是为用户设置的替换根目录。实际运行时，这三个目录不一定都在同一个文件系统中。例如，进程的根目录通常是安装于“/”结点上的 Ext2 文件系统或 Ext3 文件系统，而当前工作目录可能是安装于/msdos 的一个 DOS 文件系统。因此，fs_struct 结构中的 rootmnt，pwdmnt 及 altrootmnt 就是对那三个目录的安装点的描述，安装点的数据结构为 vfsmount。

8.2.7 主要数据结构间的关系

前面介绍了超级块对象、索引结点对象、文件对象及目录项对象的数据结构。在此给出这些数据结构之间的联系。

超级块是对一个文件系统的描述；索引结点是对一个文件物理属性的描述；而目录项是对一个文件逻辑属性的描述。除此之外，文件与进程之间的关系是由另外的数据结构来描述的。一个进程所处的位置是由 fs_struct 来描述的，而一个进程(或用户)打开的文件是由 files_struct 来描述的，而整个系统所打开的文件是由 file 结构来描述。图 8.6 给出了这些数据结构之间的关系。

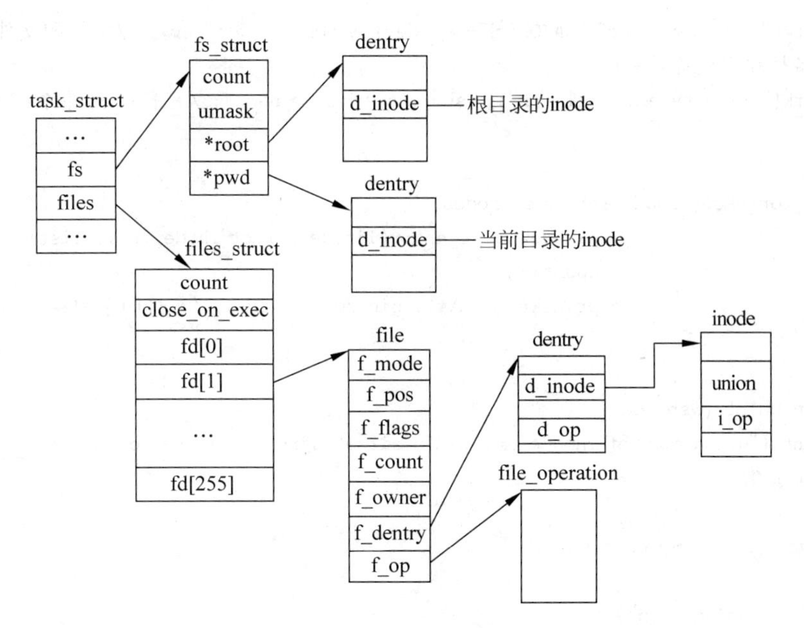

图 8.6 与进程联系的文件结构的关系示意图

8.2.8 实例——观察数据结构中的数据

上面介绍的各个数据结构都有很多域，我们希望观察其中一些域的具体值，从而加深对这些域的理解。下面以超级块 super_block 数据结构为例。

从 8.2.3 节超级块数据结构的描述知道，域 s_list 把系统中已安装的文件系统的超级块通过双向链表链接起来，其中 super_blocks 变量指向链表头。

例 8-1 编写内核模块，打印 super_block 结构中一些域的值。

```
#include <linux/module.h>
#include <linux/fs.h>
#include <linux/init.h>
#include <linux/list.h>
#include <linux/spinlock.h>
#include <linux/kdev_t.h>

static int __init my_init(void)
{
  struct super_block * sb;
  struct list_head * pos;
  struct list_head * linode;
  struct inode * pinode;
  unsigned long long count = 0;

   printk("\nPrint some fields of super_blocks:\n");
   spin_lock(&sb_lock);                /* 加锁 */
   list_for_each(pos, &super_blocks) {
       sb = list_entry(pos, struct super_block, s_list);
```

```
    printk("dev_t: %d: %d", MAJOR(sb->s_dev),MINOR(sb->s_dev)); /* 打印文件系统所在设备的主设备号和次设备号 */
    printk(" file_type name: %s\n",  sb->s_type->name); /* 打印文件系统名(参见 8.3.1 节) */

    list_for_each(linode,&sb->s_inodes) {
                        pinode = list_entry(linode,struct inode, i_sb_list);
                        count++;
                        printk(" %lu\t", pinode->i_ino); /* 打印索引结点号 */
                }
}
    spin_unlock(&sb_lock);
    printk("The number of inodes: %llu\n", sizeof(struct inode) * count);
    return 0;
}
static void __exit my_exit(void)
{
printk("unloading....\n");
}
module_init(my_init);
module_exit(my_exit);
MODULE_LICENSE("GPL");
```

但是在编译的过程中报告如下错误：

```
"super_blocks","sb_lock" undefined!
```

编译程序申明这两个变量没有定义，而实际上 fs.h 和 spinlock.h 头文件中对此已经定义。但是，在 Linux 内核中，并不是每个变量和函数都可以在其他子系统和模块中被引用，只有导出后才能被引用。而 super_blocks 和 sb_lock 变量并没有被导出，所以不能在模块中直接使用此变量。为了解决这个问题，通过 EXPORT_SYMBOL 宏可以将这些变量导出，然后重新编译内核，但这样做的代价太大！

实际上，在 proc 文件系统下的 kallsyms 文件中存放有内核所有符号的信息：

```
$ cat /proc/kallsyms
```

可以看出，其中包含有各种函数、变量的地址。我们知道，一旦知道一个变量的地址，通过指针取出其内容就是轻而易举的事了，操作如下。

```
$ cat /proc/kallsyms | grep super_blocks
c03f83ac D super_blocks              /* super_blocks 变量的地址为 c03f83ac */
$ cat /proc/kallsyms | grep sb_lock
c03f83b4 D sb_lock                   /* sb_lock 变量的地址为 c03f83b4 */
```

(注意，从用户的机子上取出来的值可能与此有所不同)

于是，定义如下宏：

```
#define SUPER_BLOCKS_ADDRESS 0xc03f83ac
#define SB_LOCK_ADDRESS 0xc03f83b4
```

将上面程序中的 super_blocks 和 sb_lock 换成宏定义 SUPER_BLOCKS_ADDRESS 和 SB_LOCK_ADDRESS：

```
spin_lock((spinlock_t *)SB_LOCK_ADDRESS);
list_for_each(pos, (struct list_head *)SUPER_BLOCKS_ADDRESS)
```

如此，就可以编译通过，并加载模块，然后观察结果(dmesg)。

对以上结果进行如下分析。

(1) 超级块与分区是一对一还是一对多的关系？超级块与文件系统是什么关系？

(2) 超级块与索引结点是什么关系？

8.3 文件系统的注册、安装与卸载

8.3.1 文件系统的注册和注销

当内核被编译时，就已经确定了可以支持哪些文件系统，这些文件系统在系统引导时，在 VFS 中进行注册。如果文件系统是作为内核可装载的模块，则在实际安装时进行注册，并在模块卸载时注销。

每个文件系统都有一个初始化例程，它的作用就是在 VFS 中进行注册，即填写一个叫做 file_system_type 的数据结构，该结构包含了文件系统的名称以及一个指向对应的 VFS 超级块读取例程的地址。所有已注册的文件系统的 file_system_type 结构形成一个链表，我们把这个链表称为注册链表。图 8.7 所示就是内核中的 file_system_type 链表，链表头由 file_systems 变量指定。

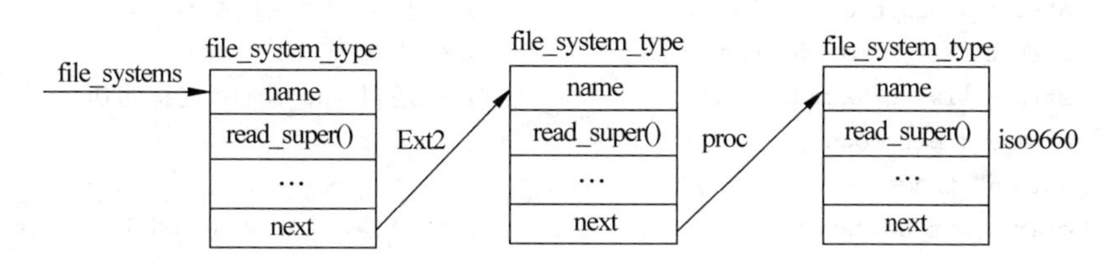

图 8.7 已注册的文件系统形成的链表

图 8.7 仅示意性地说明系统中已安装的三个文件系统 Ext2，proc 及 iso9660 的 file_system_type 结构所形成的链表。当然，系统中实际安装的文件系统要更多。

file_system_type 的数据结构定义如下：

```
struct file_system_type {
        const char * name;             /* 文件系统的类型名 */
        int fs_flags;                  /* 文件系统的一些特性 */
        struct super_block * ( * read_super) (struct super_block * , void * , int);
                                       /* 文件系统读入其超级块的函数指针 */
        struct module * owner;         /* 通常置为宏 THIS_MODLUE,用于确定是否把文件系统作为
                                          模块来安装 */
```

```
        struct file_system_type * next;
    };
```

要对一个文件系统进行注册，就调用 register_filesystem()函数。如果不再需要这个文件系统，还可以撤销这个注册，即从注册链表中删除一个 file_system_type 结构，此后系统不再支持该种文件系统。unregister_filesystem()函数就起这个作用，它在执行成功后返回0，如果注册链表中本来就没有指定的要删除的结构，则返回－1。

我们可以通过 8.2.7 节的方法来观察系统现有注册的文件系统，现在动手吧！

8.3.2 文件系统的安装

要使用一个文件系统，仅仅注册是不行的，还必须安装这个文件系统。在安装 Linux 时，硬盘上已经有一个分区安装了 Ext2 文件系统，它是作为根文件系统在启动时自动安装的。其实，在系统启动后我们所看到的文件系统，都是在启动时安装的。如果需要自己(一般是超级用户)安装文件系统，则需要指定三种信息：文件系统的名称、包含文件系统的物理块设备、文件系统在已有文件系统中的安装点。

把一个文件系统(或设备)安装到一个安装点时要用到的主要数据结构为 vfsmount，定义如下：

```
  struct vfsmount
{
        struct list_head mnt_hash;              /* 哈希表 */
        struct vfsmount * mnt_parent;           /* 指向上一层安装点的指针 */
        struct dentry * mnt_mountpoint;         /* 安装点的目录项 */
        struct dentry * mnt_root;               /* 安装树的根 */
        struct super_block * mnt_sb;            /* 指向超级块的指针 */
        struct list_head mnt_mounts;            /* 子链表 */
        struct list_head mnt_child;             /* 通过 mnt_child 进行遍历 */
        atomic_t mnt_count;
        int mnt_flags;
        char * mnt_devname;                     /* 设备名，如 /dev /hda1 */
        struct list_head mnt_list;
};
```

下面对结构中的主要域给予进一步说明。

(1) 为了对系统中的所有安装点进行快速查找，内核把它们按哈希表来组织，mnt_hash 就是形成哈希表的队列指针。

(2) mnt_mountpoint 是指向安装点 dentry 结构的指针。而 dentry 指针指向安装点所在目录树中根目录的 dentry 结构。

(3) mnt_parent 是指向上一层安装点的指针。如果当前的安装点没有上一层安装点(如根设备)，则这个指针为 NULL。同时，vfsmount 结构中还有 mnt_mounts 和 mnt_child 两个队列头，只要上一层 vfsmount 结构存在，就把当前 vfsmount 结构中 mnt_child 链入上一层 vfsmount 结构的 mnt_mounts 队列中。这样就形成一棵设备安装的树结构，从一个 vfsmount 结构的 mnt_mounts 队列开始，可以找到所有直接或间接安装在这个安装点上的其他设备。如图 8.3 所示。

(4) mnt_sb 指向所安装设备的超级块结构 super_block。

(5) mnt_list 是指向 vfsmount 结构所形成链表的头指针。

每个文件系统都有它自己的根目录,如果某个文件系统的根目录是系统目录树的根目录,那么该文件系统称为根文件系统。而其他文件系统可以安装在系统的目录树上,把这些文件系统要插入的目录就称为安装点。根文件系统的安装函数为 mount_root()。

一旦在系统中安装了根文件系统,就可以安装其他文件系统。每个文件系统都可以安装在系统目录树中的一个目录上。

前面介绍了以命令方式来安装文件系统,在用户程序中要安装一个文件系统可以调用 mount()系统调用,其内核实现函数为 sys_mount()。安装过程的主要工作是创建安装点对象,将其挂接到根文件系统的指定安装点下,然后初始化超级块对象,从而获得文件系统的基本信息和相关的操作。

8.3.3 文件系统的卸载

如果文件系统中的文件当前正在使用,该文件系统是不能被卸载的。如果文件系统中的文件或目录正在使用,则 VFS 索引结点缓冲区中可能包含相应的 VFS 索引结点。内核根据文件系统所在设备的标识符,检查在索引结点缓冲区中是否有来自该文件系统的 VFS 索引结点,如果有且使用计数大于 0,则说明该文件系统正在被使用,因此,该文件系统不能被卸载。否则,查看对应的 VFS 超级块,如果该文件系统的 VFS 超级块标志为"脏",则必须将超级块信息写回磁盘。上述过程结束之后,对应的 VFS 超级块被释放,vfsmount 数据结构将从 vfsmntlist 链表中断开并被释放。具体的实现代码为 fs/super.c 中的 sys_umount() 函数,在此不再进行详细的讨论。

8.4 文件的打开与读写

让我们重新考虑一下在本章开始所提到的例子,用户发出一条 shell 命令:把 MS-DOS 类型文件拷贝到 Ext2 类型的文件中。命令 shell 调用外部程序(如 cp),在实现 cp 的代码片段中,涉及文件系统常见的三种文件操作,也就是三个系统调用 open()、read()和 write()。下面就对这三个系统调用的实现及涉及的相关知识给予介绍。

8.4.1 文件打开

open()系统调用就是打开文件,它返回一个文件描述符。所谓打开文件实质上是在进程与文件之间建立一种连接,而"文件描述符"唯一地标识着这样一个连接。在文件系统的处理中,每当一个进程打开一个文件时,就建立一个独立的读写文件"上下文",这个"上下文"由 file 数据结构表示。另外,打开文件,还意味着将目标文件的索引结点从磁盘载入内存,并对其进行初始化。

open()操作在内核中是由 sys_open()函数完成的,其代码如下:

```
asmlinkage long sys_open(const char * filename, int flags, int mode)
{
        char * tmp;
        int fd, error;

          tmp = getname(filename);
        fd = PTR_ERR(tmp);
          if (!IS_ERR(tmp)) {
                  fd = get_unused_fd();
                  if (fd >= 0) {
                          struct file * f = filp_open(tmp, flags, mode);
                           error = PTR_ERR(f);
                           if (IS_ERR(f))
                                   goto out_error;
                           fd_install(fd, f);
                  }
out: putname(tmp);
          }
          return fd;
out_error:
        put_unused_fd(fd);
        fd = error;
         goto out;
}
```

其中,调用参数 filename 是文件的路径名(绝对路径名或相对路径名); mode 表示打开的模式,如"只读"等; 而 flags 则包含许多标志位,用于表示打开模式以外的一些属性和要求。函数通过 getname()从用户空间把文件的路径名拷贝到内核空间,并通过 get_unused_fd()从当前进程的"打开文件表"中找到一个空闲的表项,该表项的下标即为文件描述符 fd。然后,通过 file_open()找到文件名对应索引结点的 dentry 结构以及 inode 结构,并找到或创建一个由 file 数据结构代表的读写文件的"上下文"。通过 fd_install()函数,将新建的 file 数据结构的指针"安装"到当前进程的 file_struct 结构中,也就是已打开文件指针数组中,其位置即已分配的下标 fd。

在以上过程中,如果出错,则将分配的文件描述符 file 结构收回,inode 也被释放,函数返回一个负数以示出错,其中 PTR_ERR()和 IS_ERR()是出错处理函数。

由此可以看到,打开文件后,文件相关的"上下文"、索引结点、目录对象等都已经生成,下一步就是实际的文件读写操作了。

8.4.2 文件读写

让我们再回到 cp 例子的代码。open()系统调用返回两个文件描述符,分别存放在 inf

和 outf 变量中。然后，程序开始循环。在每次循环中，$ cp/mnt/dos 文件的一部分被拷贝到一个缓冲区中，然后，这个缓冲区中的数据又被拷贝到/tmp/test 文件。

read()和 write()系统调用非常相似。它们都需要三个参数：一个文件描述符 fd、一个内存区的地址 buf(该缓冲区包含要传送的数据)以及一个数 count(指定应该传送多少字节)。当然，read()把数据从文件传送到缓冲区，而 write()执行相反的操作。两个系统调用都返回所成功传送的字节数，或者发一个错误条件的信号并返回-1。

简而言之，read()和 write()系统调用所对应的内核函数 sys_read()和 sys_write()执行几乎相同的步骤。

(1) file=fget(fd)，也就是调用 fget()从 fd 获取相应文件对象的地址 file，并把引用计数器 file->f_count 加 1。

(2) 检查 file->f_mode 中的标志是否允许所请求的访问(读或写操作)。

(3) 调用 locks_verify_area()检查对要访问的文件部分是否有强制锁。

(4) 调用 file->f_op->read 或 file->f_op->write 来传送数据。这两个函数都返回实际传送的字节数。另一方面的作用是，文件指针被更新。

(5) 调用 fput()以减少引用计数器 file->f_count 的值。

(6) 返回实际传送的字节数。

以上概述了文件读写的基本步骤，但是 f_op->read 或 f_op->write 两个方法属于 VFS 提供的抽象方法，对于具体的文件系统，必须调用针对该具体文件系统的具体方法。而对基于磁盘的文件系统，比如 Ext2 等，所调用的具体的读写方法都是 Linux 内核已提供的通用函数 generic_file_read()或 generic_file_write()。简单地说，这些通用函数的作用是确定正被访问数据所在物理块的位置，并激活块设备驱动程序开始数据传送，所以基于磁盘的文件系统没必要再实现专用函数了。对 generic_file_read()函数所执行的主要步骤简述如下。

第一步：利用给定的文件偏移量和读写字节数计算出数据所在页的逻辑号(index)。

第二步：开始传送数据页。

第三步：更新文件指针，记录时间戳等收尾工作。

其中最复杂的是第二步，首先内核会检查数据是否已经驻存在页缓冲区，如果在页缓冲区中发现所需数据而且数据是有效的，那么内核就可以从缓存中快速返回需要的页；否则如果页中的数据是无效的，那么内核将分配一个新页面，然后将其加入到页缓冲区中，随即调用 address_space 对象的 readpage 方法，激活相应的函数进行磁盘到页的 I/O 数据传送。在进行一定预读，并完成数据传送之后，还要调用 file_read_actor()方法把页中的数据拷贝到用户态缓冲区，最后进行一些收尾等工作，如更新标志等。

总之，从用户发出读请求到最终的从磁盘读取数据，可以概括为以下几步。

(1) 用户界面层——负责从用户函数经过系统调用进入内核。

(2) 基本文件系统层——负责调用文件读方法，从缓冲区中搜索数据页，返回给用户。

(3) I/O 调度层——负责对请求排队，从而提高吞吐量。

(4) I/O 传输层——利用任务队列，异步操作设备控制器，完成数据传输。

图 8.8 给出读操作的逻辑流程。

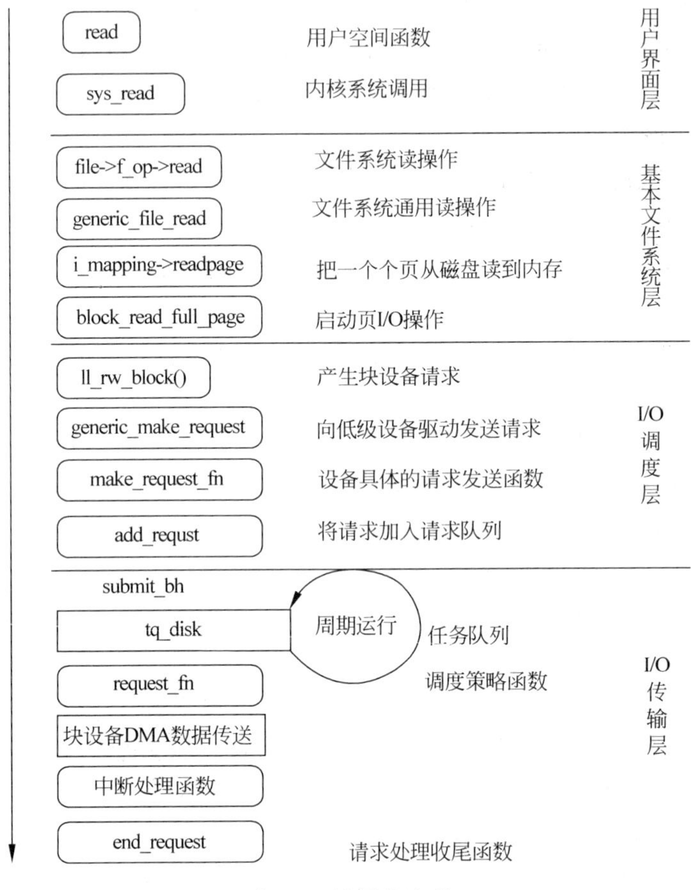

图 8.8 读操作流程

8.5 编写一个文件系统

文件系统比较庞杂,很难编写一个恰当的例子来演示文件系统的实现。如果写一个纯虚的文件系统(没有存储设备),因为虚文件系统不涉及 I/O 操作,缺少实现文件系统中至关重要的部分,因此必要性不大;如果写一个实际文件系统,但是涉及的东西太多,不容易让读者简明扼要的理解文件系统的实现。幸好,内核中提供的 Romfs 文件系统是个非常理想的实例,它既有实际应用结构,也清晰明了,因此以 Romfs 为实例分析文件系统的实现。

8.5.1 Linux 文件系统的实现要素

编写新文件系统涉及一些基本对象,具体地说,需要建立一个结构,4 个操作表,如下所示。

- 文件系统类型结构(file_system_type);
- 超级块操作表(super_operations);
- 索引结点操作表(inode_operations);
- 页缓冲区表(address_space_operations);

• 文件操作表(file_operations)。

对上述几种结构的操作贯穿了文件系统实现的主要过程,理清晰这几种结构之间的关系是编写文件系统的基础,如图 8.9 所示,下面具体分析这几个结构和文件系统实现的要点。

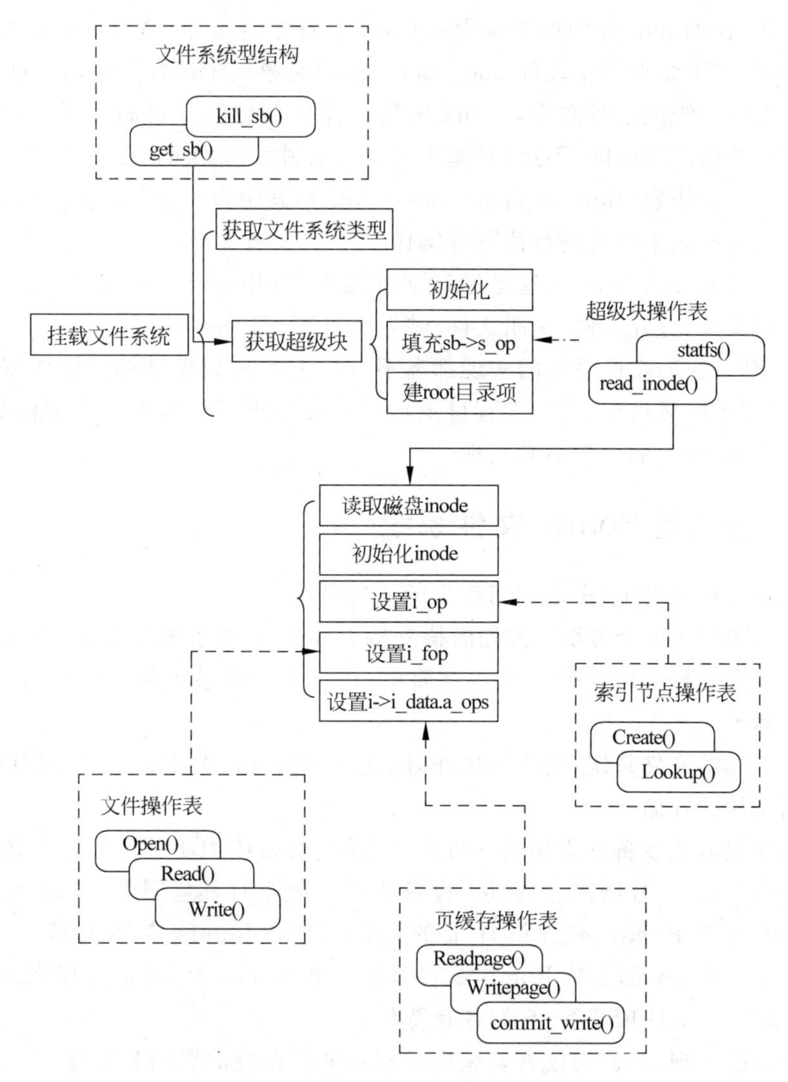

图 8.9 一个结构及 4 个操作表之间的关系

首先,必须建立一个文件系统类型(file_system_type)来描述文件系统,它含有文件系统的名称、类型标志以及 get_sb()等操作。当安装文件系统时,系统会对该文件系统进行注册,即填充 file_system_type 结构,然后调用 get_sb()函数来建立该文件系统的超级块。注意对于基于块的文件系统,如 Ext3、Romfs 等,需要从文件系统的宿主设备读入超级块,然后在内存中建立对应的超级块,如果是虚文件系统(如 proc 文件系统),则不读取宿主设备的信息(因为它没有宿主设备),而是在现场创建一个超级块,这项任务也由 get_sb()完成。

可以说,超级块是一切文件操作的鼻祖,因为超级块是寻找索引结点的唯一源头。我们操作文件必然需要获得其对应的索引结点(或从宿主设备读取或现场建立),而获取索引结点是通过超级块操作表提供的 read_inode()函数完成的。同样操作索引结点的底层任务,如创建一个索引结点、释放一个索引结点,也都是通过超级块操作表提供的有关函数完成的。所以超级块操作表(super_operations)是第二个需要创建的数据结构。

除了派生或释放索引结点等操作是由超级块操作表中的函数完成外,索引结点还需要许多自操作函数,比如 lookup()搜索索引结点,建立符号链接等,这些函数都包含在索引结点操作表中,因此索引结点操作表(inode_operations)是第三个需要创建的数据结构。

为了提高文件系统的读写效率,Linux 内核设计了 I/O 缓存机制。所有的数据无论出入都会经过系统管理的缓冲区,不过,对基于非块的文件系统则可跳过该机制。页缓冲区同样提供了页缓冲区操作表(address_space_operations),其中包含有 readpage()、writepage()等函数负责对页缓冲区中的页进行读写等操作。

文件系统最终要和用户交互,这是通过文件操作表(file_operations)完成的,该表中包含有关用户读写文件、打开文件、关闭文件、映射文件等用户接口。

一般来说,基于块的文件系统的实现都离不开以上 5 种数据结构。但根据文件系统的特点(如有的文件系统只可读、有的没有目录),并非要实现操作表中的全部函数,因为有的函数系统已经实现,而有的函数不必实现。

8.5.2 什么是 Romfs 文件系统

Romfs 是一种相对简单、占用空间较少的文件系统。

空间的节约来自于两个方面:首先内核支持 Romfs 文件系统比支持 Ext3 文件系统需要更少的代码;其次 Romfs 文件系统相对简单,在建立文件系统超级块(Superblock)需要更少的存储空间。

Romfs 是只读的文件系统,禁止写操作,因此系统同时需要虚拟盘(RAMDISK)支持临时文件和数据文件的存储。

Romfs 是在嵌入式设备上常用的一种文件系统,具备体积小、可靠性好、读取速度快等优点。同时支持目录、符号链接、硬链接、设备文件。但也有其局限性。Romfs 是一种只读文件系统,同时由于 Romfs 本身设计上的原因,使得 Romfs 支持的最大文件不超过 256MB。Linux, uclinux 都支持 Romfs 文件系统。除 Romfs 外,其他常用嵌入式设备的文件系统还有 CRAMFS,JFFS2 等,它们各有特色。

下面分析它的实现方法,为读者勾勒出编写新文件系统的思路和步骤。

8.5.3 Romfs 文件系统布局与文件结构

设计一个文件系统首先要确定它的数据存储方式。不同的数据存储方式对文件系统占用空间、读写效率、查找速度等主要性能有极大影响。Romfs 是一种只读的文件系统,它使用顺序存储方式,所有数据都是顺序存放的。因此 Romfs 中的数据一旦确定就无法修改,这是 Romfs 只能是一种只读文件系统的原因,它的数据存储方式决定了无法对 Romfs 进行写操作。由于采用了顺序存放策略,Romfs 中每个文件的数据都能连续存放,读取过程中只需要一次寻址操作,进而就可以读入整块数据,因此 Romfs 中读取数据效率很高。

在 Linux 内核源代码的 Document/fs/romfs 中介绍了 Romfs 文件系统的布局和文件

结构,如图 8.10 所示。

从图 8.10 可以看出,文件系统中每部分信息都是 16 位对齐的,也就是说存储的偏移量必须最后 4 位为 0,这样做是为了提高访问速度。如果信息不足时,需要填充 0 以保证所有信息的开始位置都以 16 来对齐。

文件系统的开始 8 个字节存储文件系统的 ASCII 形式的名称,在这里是"－rom1fs－";接着 4 个字节记录文件大小;然后的 4 个字节存储的是文件系统开始处 512 字节的检验和;接下来是卷名;最后是第一个文件的文件头,从这里开始依次存储的就是文件本身的信息了。

Romfs 的文件结构如图 8.11 所示。

图 8.10 Romfs 文件系统布局

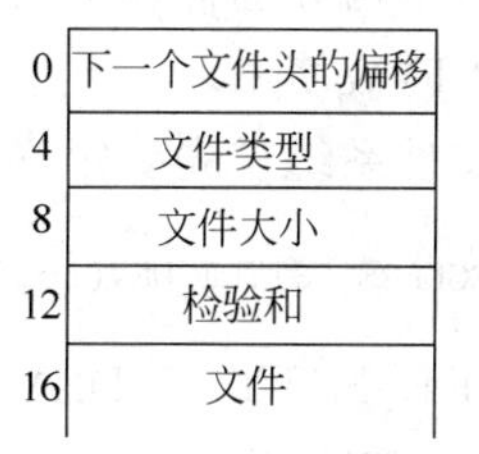

图 8.11 Romfs 的文件结构

8.5.4 具体实现的对象

针对文件系统布局和文件结构,Romfs 文件系统定义了一个磁盘超级块结构和文件的 inode 结构,磁盘超级块结构的定义如下:

```
struct romfs_super_block {
        __u32 word0;
        __u32 word1;
        __u32 size;
        _u32 checksum;
        char name[0];
    };
```

该结构用于识别整个 Romfs 文件系统,大小为 512 字节。word0 初始值为'－','r','o','m',word1 初始值为 '－','1','f','s',通过这两个字标识,系统确定这是一个 Romfs 文件系统。size 字段用于记录整个文件系统的大小,理论上 Romfs 大小最多可以达到 4GB。checksum 是前 512 字节的校验和,用于确认整个文件系统结构数据的正确性。前面 4 个字段占用了 16 字节,剩下的都可以用作文件系统的卷名,如果整个首部不足 512 字节便用 0 填充,以保证首部符合 16 字节对齐的规则。

文件的 inode 结构定义如下:

```
struct romfs_inode {
        __u32 next;
        __u32 spec;
        __u32 size;
        __u32 checksum;
```

```
        char name[0];
};
```

next 字段是下一个文件的偏移地址，该地址的后 4 位是保留的，用于记录文件模式信息，其中前两位为文件类型，后两位则标识该文件是否为可执行文件。因此 Romfs 用于文件寻址的字段实际上只有 28b，所以 Romfs 中文件大小不能超过 256MB。spec 字段用于标识该文件类型。目前 Romfs 支持的文件类型包括普通文件、目录文件、符号链接、块设备和字符设备文件。size 是文件大小，checksum 是校验和，校验内容包括文件名和填充字段。name 是文件名首地址，文件名长度必须保证 16 字节对齐，不足的部分可以用 0 填充。

上述两种结构分别描述了文件系统结构与文件结构，它们将在内核装配超级块对象和索引结点对象时被使用。

Romfs 文件系统首先要定义的对象是文件系统类型 romfs_fs_type:

```
static DECLARE_FSTYPE_DEV(romfs_fs_type, "romfs", romfs_read_super);
```

DECLARE_FSTYPE_DEV 是内核定义的一个宏，用来建立 file_system_type 结构。从上面的申明可以看出，file_system_type 结构的类型变量为 romfs_fs_type，文件系统名为 romfs，读超级块的函数为 romfs_read_super()。

Romfs_read_super()从磁盘读取磁盘超级块，主要步骤如下。

(1) 装配超级块，具体步骤如下。

① 初始化超级块对象某些域。

② 从设备中读取磁盘第 0 块到内存，即调用函数 bread(dev,0,ROMBSIZE)，其中 dev 是文件系统安装时指定的设备，0 为设备的首块，也就是磁盘超级块，ROMBSIZE 是读取的大小。

③ 检验磁盘超级块中的校验和。

④ 继续初始化超级块对象某些域。

(2) 给超级块对象的操作表赋值(s->s_op = &romfs_ops)。

(3) 给根目录分配目录项。

其中，Romfs 文件系统在超级块操作表中实现了两个函数具体如下。

```
static struct super_operations romfs_ops = {
        read_inode:     romfs_read_inode,
        statfs:         romfs_statfs,
};
```

第一个函数 romfs_read_inode(inode)是从磁盘读取数据填充参数指定的索引结点，主要步骤如下。

(1) 根据 inode 参数寻找对应的索引结点。

(2) 初始化索引结点某些域。

(3) 根据文件类型设置索引结点的相应操作表。

① 如果是目录文件，则将索引结点表设为 i->i_op = &romfs_dir_inode_operations，文件操作表设置为 i->i_fop=&romfs_dir_operations，这两个表分别定义如下：

```
static struct inode_operations romfs_dir_inode_operations = {
        lookup:         romfs_lookup,
    };
static struct file_operations romfs_dir_operations = {
    read:           generic_read_dir,
    readdir:        romfs_readdir,
  };
```

② 如果是常规文件，则将文件操作表设置为 i->i_fop = &generic_ro_fops，对常规文件的操作也只需要使用内核提供的通用函数表，它包含三种基本的常规文件操作：

```
struct generic_ro_fops {
   llseek:          generic_file_llseek,
   read:            generic_file_read,
   mmap:            generic_file_mmap,
};
```

将页缓冲区表设置为 i->i_data.a_ops = &romfs_aops；

```
static struct address_space_operations romfs_aops = {
      readpage: romfs_readpage
   };
```

回忆前面描述过的页缓冲区，显然常规文件访问需要经过它，因此有必要实现页缓冲区操作。因为只需要读文件，所以只用实现 romfs_readpage 函数，这里 readpage 函数完成将数据从设备读入页缓冲区，该函数根据文件格式从设备读取需要的数据。设备读取操作需要使用 bread 块 I/O 例程，它的作用是从设备读取指定的块。

由于 Romfs 是只读文件系统，它在对常规文件操作时不需要索引结点操作，如 mknod，link 等，因此不需要使用索引结点的操作表。

③ 如果是链接文件，则将索引结点操作表设置为：i->i_op=&page_symlink_inode_operations；

④ 如果是套接字或管道文件，则进行特殊文件初始化操作 init_special_inode(i, ino, nextfh)；

到此，我们已经遍历了 Romfs 文件系统使用的几种对象结构：romfs_super_block，romfs_inode，romfs_fs_type，super_operations，address_space_operations，file_operations，romfs_dir_operations，inode_operations，romfs_dir_inode_operations。实现上述对象中的函数是设计一个新文件系统的最低要求，具体函数的实现请读者阅读源代码。

最后要说明的是，为了使得 Romfs 文件系统作为模块安装，需要实现以下两个函数：

```
static int __init init_romfs_fs(void)
{
  return register_filesystem(&romfs_fs_type);
}
static void __exit exit_romfs_fs(void)
{
  unregister_filesystem(&romfs_fs_type);
}
```

安装和卸载 Romfs 文件系统的例程为：

```
module_init(init_romfs_fs)
module_exit(exit_romfs_fs)
```

到此，介绍了 Romfs 文件系统的主要结构，至于细节，需要读者仔细推敲。Romfs 是最简单的基于块的只读文件系统，而且没有访问控制等功能。所以很多访问权限以及写操作相关的方法都不必去实现。

8.6 小结

本章首先介绍了文件系统的基础知识，其中涉及索引结点、软链接、硬链接、文件系统、文件类型以及文件的访问权限等概念。虚拟文件系统机制使得 Linux 可以支持各种不同的文件系统，其实现中涉及的主要对象有超级块、索引结点、目录项以及文件，对这些数据结构的描述可以使读者深入到细节了解具体字段的含义。然后，简要讨论了文件系统的注册、安装以及卸载，最后给出 Romfs 文件系统的具体实现。

习题

1. Linux 目录树结构是怎样形成的？它与 Windows 的目录树结构有什么区别？为什么 Linux 的文件系统采用固定的目录形式？

2. 什么是软链接和硬链接？二者有何区别？

3. 什么是虚拟文件系统？什么是虚拟文件系统界面？

4. 以 wirte()系统调用为例，说明 VFS 是如何与具体文件系统(如 DOS 的 FAT)相结合的？

5. VFS 中有哪些主要对象？其各自存放什么信息？它们的共同特征是什么？

6. 一个文件系统对应一个 VFS 还是整个系统只有一个 VFS？

7. 什么是索引结点，VFS 的索引结点与具体文件系统的索引结点有什么联系？

8. 内核如何组织索引结点？为什么要设置多个链表管理索引结点？

9. 目录项结构与索引结点有何区别？为什么不把二者合二为一？

10. 内核如何组织目录项结构？画图说明。

11. 文件对象中含有一个偏移量，它给出了文件中的当前位置。如果有两个进程都独立于另一个进程读文件。对于写操作将怎样？如果偏移量被放在索引结点中而不是文件对象中将会出现什么情况？

12. 假定进程以读方式打开一个文件后，再执行 fork，父进程和子进程都将可以读这个文件。这两个进程的读操作和写操作有何关系？

13. 结合用户打开表说明什么是文件描述符？

14. 结合图 8.6，说明图中各个数据结构之间的关系。

15. 文件系统的注册和安装有何不同，何时进行？
16. 画出 mount()系统调用实现的流程图。
17. 举例说明借助于页缓冲区如何读取一个页面。
18. 从用户发出读请求到最终从磁盘读取数据包括哪些步骤？给出读操作的逻辑流。
19. 阅读 Romfs 文件系统的源代码，并画出流程图。

第9章 设备驱动

我们知道，计算机中三个最基本的硬件是CPU、内存和输入输出(I/O)设备。与I/O设备相比，文件系统是一种逻辑意义上的存在，它只不过使对设备的操作更为方便、有效、更有组织、更接近人类的思维方式。可以说，文件操作是对设备操作的组织和抽象，而设备操作则是对文件操作的最终实现。那么，如何才能使没有感觉的硬件，变得有“灵性”，从而控制设备像操作普通文件一样方便有效，这就是本章要讨论的设备驱动问题。

9.1 概述

UNIX操作系统在最初设计的时候就将所有的设备都看成文件，也就是说，把设备纳入文件系统的范畴来管理。Linux操作系统的设计也遵循这一理念。把设备看成文件，具有以下含义。

(1) 每个设备都对应一个文件名，在内核中也就对应一个索引结点。应用程序通过设备的文件名寻访具体的设备，而设备则像普通文件一样受到文件系统访问权限控制机制的保护。

(2) 对文件操作的系统调用大都适用于设备文件。例如，通过open()系统调用可以打开设备文件，也就是说建立起应用程序与目标设备的连接。之后，就可以通过open()、write()、ioctl()等常规的文件操作对目标设备进行操作。

(3) 从应用程序的角度看，设备文件逻辑上的空间是一个线性空间(起始地址为0，每读取一个字节加1)。从这个逻辑空间到具体设备物理空间(如磁盘的磁道、扇区)的映射则是由内核提供，并被划分为文件操作和设备驱动两个层次。

由此可以看出，对于一个具体的设备而言，文件操作和设备驱动是一个事物的不同层次。从这种观点出发，概念上可以把一个系统划分为应用、文件系统和设备驱动三个层次，如图9.1所示。

Linux将设备分成三大类，就是块设备、字符设备和网络设备。像磁盘那样以块或扇区为单位，成块进行输入/输出的设备，称为块设备，文件系统通常都建立在块设备上；另一类像键盘那样以字符(字节)为单位，逐个字符进行输入/输出的设备，称为字符设备。

对于不同的设备，其文件系统层的“厚度”有所不同。对于像磁盘这样结构性很强，并且内容需要进一步组织和抽象的设备来说，其文件系统就很“厚重”，这是由磁盘设备的复杂性决定的。一方面是对磁盘物理空间的立体描述，如柱面、磁道、扇区；另一方面是从物理空

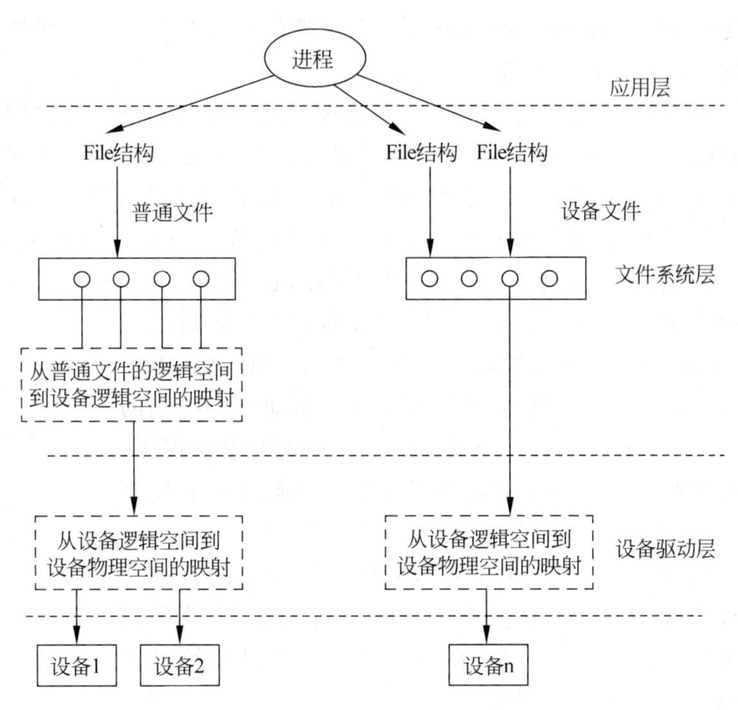

图 9.1 设备驱动分层结构示意图

间到逻辑空间的抽象，如第一层抽象，也就是把柱面、磁道、扇区这样的三维数据转换为一维线性地址空间中的“块”，比如 8 柱面，9 磁道，10 扇区对应的块号可能是 798。这样操作者就不必关心读/写的物理位置究竟在哪个磁道，哪个扇区。文件系统则是在第一层抽象的基础上进行第二层抽象，即将块抽象和组织为文件系统。它使得操作者不必关心读/写的内容在哪一个逻辑“块”上。于是，我们把第一层抽象归为设备驱动，而把第二层抽象归为文件系统。另一方面，还有一些像字符终端这样的字符设备，其文件系统就比较“薄”，其设备驱动层也比较简单。

在图 9.1 中，处于应用层的进程通过文件描述符 fd 与已打开文件的 file 结构相联系，每个 file 结构代表着对一个已打开文件操作的上下文。通过这个上下文，进程就可以对各个文件线性逻辑空间中的数据进行操作。对于普通文件，即磁盘文件，文件的逻辑空间在文件系统层内按具体文件系统的结构和规则映射到设备的线性逻辑空间，然后在设备驱动层进一步从设备的逻辑空间映射到其物理空间。这样一共经历了两次映射。或者，可以反过来说，磁盘设备的物理空间经过两层抽象而成为普通文件的线性逻辑空间。而对于设备文件，则文件的逻辑空间通常直接等价于设备的逻辑空间，所以在文件系统层不需要映射。

与文件用唯一的索引结点标识相似，一个物理设备也用唯一的索引结点标识，索引结点中记载着与特定设备建立连接所需的信息。这种信息由三部分组成：文件(包括设备)的类型、主设备号和次设备号。其中设备类型和主设备号结合在一起唯一地确定了设备的驱动程序及其接口，而次设备号则说明目标设备是同类设备中的第几个。

要使一项设备在系统中成为可见、应用程序可以访问的设备，首先要在系统中建立一个代表此设备的设备文件，这是通过 mknode 命令或者 mknode()系统调用实现的。除此之外，更重要的是在设备驱动层要有这种设备的驱动程序。

Linux 驱动在本质上就是一种软件程序,上层软件可以在不用了解硬件特性的情况下,通过驱动提供的接口与计算机硬件进行通信。

系统调用是内核和应用程序之间的接口,而驱动程序是内核和硬件之间的接口,也就是内核和硬件之间的桥梁。它为应用程序屏蔽了硬件的细节,这样在应用程序看来,硬件设备只是一个设备文件,应用程序可以像操作普通文件一样对硬件设备进行操作。

那么,系统是如何将设备在用户视野中屏蔽起来的呢?图 9.2 是对图 9.1 的进一步抽象,说明了用户进程请求设备进行输入/输出的简单流程。

首先当用户进程发出输入输出请求时(比如,程序中调用了 read()函数),系统把请求处理的权限放在文件系统(例如进入内核调用文件系统的 sys_read()函数),文件系统通过驱动程序提供的接口(例如驱动程序提供的 read()函数)将任务下放到驱动程序,驱动程序根据需要对设备控制器进行操作,设备控制器再去控制设备本身(参见 8.2.1 节)。

这样通过层层隔离,对用户进程基本上屏蔽了设备的各种特性,使用户的操作简便易行,不必去考虑具体设备的运作,就像操作文件一样去操作设备。这是因为,在驱动程序向文件系统提供接口时,已经屏蔽了设备的电器特性。

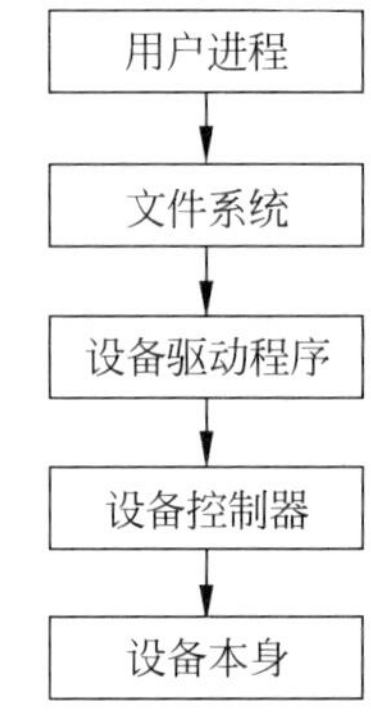

图 9.2 用户进程请求设备服务的流程

9.2 设备驱动程序框架

由于设备种类繁多,相应的设备驱动程序也非常多。尽管设备驱动程序是内核的一部分,但设备驱动程序的开发往往由很多人来完成,如业余编程高手、设备厂商等。为了让设备驱动程序的开发建立在规范的基础上,就必须在驱动程序和内核之间有一个严格定义和管理的接口,例如 SVR4 提出了 DDI/DKI 规范,其含义就是设备与驱动程序接口/设备驱动程序与内核接口(Device-Driver Interface/Driver-Kernel Interface)。通过这个规范,可以规范设备驱动程序与内核之间的接口。

Linux 的设备驱动程序与外设的接口与 DDI/DKI 规范相似,可以分为以下三部分。

(1) 驱动程序与内核的接口,这是通过数据结构 file_operations 来完成的。

(2) 驱动程序与系统引导的接口,这部分利用驱动程序对设备进行初始化。

(3) 驱动程序与设备的接口,这部分描述了驱动程序如何与设备进行交互,这与具体设备密切相关。

其中第(1)点是驱动程序的核心部分,在此给予具体分析,至于后面两点,在具体的驱动程序中将会涉及。

从第 8 章可以看出,设备是被纳入到文件系统的框架之下的,如图 8.1 所示。从图 9.1 可以看出,用户进程是通过 file 结构与文件或者设备进行交互的,file 结构的简化定义(具体定义于 include/linux/fs.h 文件中)如下:

```
struct file {
    …
    const struct file_operations     * f_op;
```

```
    ...
};
```

其中 struct file_operation 是驱动程序主要关注的对象，其结构如下：

```
Struct file_operations{
    int( * open)(struct inode * ,struct file * );          /* 打开 */
    int ( * close) (struct inode * , struct file * );     /* 关闭 */
    loff_t ( * llseek) (struct file * , loff_t, int);     /* 修改文件当前的读写位置 */
    ssize_t ( * read) (struct file * , char * , size_t, loff_t * ); /* 从设备中同步读取数
据 */
    ssize_t ( * write) (struct file * , const char * , size_t, loff_t * ); /* 向设备中发送数据
 */
    int ( * mmap) (struct file * , struct vm_area_struct * ); /* 将设备的内存映射到进程地址
空间 */
    int( * ioctl) (struct inode * , struct file * ,unsigned int ,unsigned long); /* 执行设备上
的 I/O 控制命令 */
    unsigned int ( * poll) (struct file * ,struct poll_table_struct * ); /* 轮询,判断是否可以
进行非阻塞的读取或者写入 */
    …
};
```

可以看出，file_operation 结构中对文件操作的函数只给出了定义，至于实现，就留给具体的驱动程序完成，下面为字符设备驱动程序打开、读、写以及 I/O 控制函数的模板：

```
  static int char_open(struct inode * inode,struct file * file)
  {
    …
    }
ssize_t xxx_read(struct file * filp, char __user * buf, size_t count, loff_t * f_pos)
  {
    …
    copy_to_user(buf, … ,count);
    …
}
  ssize_t xxxwrite(struct file * filp, char __user * buf, size_t count, loff_t * f_pos)
  {
    …
    copy_from_user( … ,buf,count);
    …
  }
  int xxx_ioctl(struct inode * inode,struct file * filp,unsigned int cmd,unsigned long arg)
   {
    …
    switch(cmd)
    {
        case xxx_cmd1;
        …
        break;
        case xxx_cmd2;
        …
```

```
        break;
        default:                                  /* 不能支持的命令 */
          return - enotty;
      }
```

在这些设备驱动函数中,filp 是文件结构的指针,count 是要读的字节数,f_pos 是读的位置相对于文件开头的偏移量,buf 是用户空间的内存地址,该地址在内核空间不能直接读写,因此要调用 copy_from_user()和 copy_to_user()函数进行跨空间的数据拷贝。

这两个函数的原型如下:

```
unsigned long copy_from_user(void * to,count void __user * from,unsigned long count);
unsigned long copy_to_user(void __user * to,count void * from,unsigned long count);
```

通过以上的介绍,使读者对驱动程序的框架有了一个初步了解,以上述框架为模板,看一个简单的字符驱动程序。

例 9-1 简单字符驱动程序 mycdev. c。

```
#include <linux/init.h>
#include <linux/module.h>
#include <linux/types.h>
#include <linux/fs.h>
#include <linux/mm.h>
#include <linux/sched.h>
#include <linux/cdev.h>
#include <asm/io.h>
#include <asm/system.h>
#include <asm/uaccess.h>
#include <linux/kernel.h>
MODULE_LICENSE("GPL");
#define MYCDEV_MAJOR 231      /* 给定的主设备号 */
#define MYCDEV_SIZE 1024
static int mycdev_open(struct inode * inode, struct file * fp)
{
    return 0;
}

static int mycdev_release(struct inode * inode, struct file * fp)
{
    return 0;
}

static ssize_t mycdev_read(struct file * fp, char __user * buf, size_t size, loff_t * pos)
{
    unsigned long p = * pos;
    unsigned int count = size;
    char kernel_buf[MYCDEV_SIZE] = "This is mycdev!";
    int i;

    if(p >= MYCDEV_SIZE)
        return -1;
```

```
    if(count > MYCDEV_SIZE)
        count = MYCDEV_SIZE - p;
    if (copy_to_user(buf, kernel_buf, count) != 0) {
            printk("read error!\n");

            return -1;
        }

    printk("reader: %d bytes was read...\n", count);
    return count;

}
static ssize_t mycdev_write(struct file *fp, const char __user *buf, size_t size, loff_t *
pos)
{
    return size;
}

/* 填充 mycdev 的 file operation 结构 */
static const struct file_operations mycdev_fops =
{
    .owner = THIS_MODULE,
    .read = mycdev_read,
    .write = mycdev_write,
    .open = mycdev_open,
    .release = mycdev_release,
};

/* 模块初始化函数 */
static int __init mycdev_init(void)
{
    int ret;

    printk("mycdev module is staring..\n");

    ret = register_chrdev(MYCDEV_MAJOR,"my_cdev",&mycdev_fops);      /* 注册驱动程序 */
    if(ret < 0)
    {
        printk("register failed..\n");
        return 0;
    }
    else
    {
        printk("register success..\n");
    }

    return 0;
}

/* 模块卸载函数 */
static void __exit mycdev_exit(void)
```

```
{
    printk("mycdev module is leaving..\n");
    unregister_chrdev(MYCDEV_MAJOR,"my_cdev"); /* 注销驱动程序 */
}

module_init(mycdev_init);
module_exit(mycdev_exit);
```

上机调试该程序,并按如下步骤进行模块的插入。

(1) 通过 make 编译 mycdev. c 模块,并把 mycdev. ko 插入到内核。

(2) 通过 cat /proc/devices 查看系统中未使用的字符设备主设备号,比如当前 231 未使用。

(3) 创建设备文件结点: sudo mknod /dev/mycdev c 231 0; 具体使用方法通过 man mknod 命令查看。

(4) 修改设备文件权限: sudo chmod 777 /dev/mycdev。

(5) 通过 dmesg 查看日志信息。

(6) 以上成功完成后,编写用户态测试程序; 运行该程序查看结果。

```
#include <stdio.h>
#include <sys/types.h>
#include <sys/stat.h>
#include <fcntl.h>
#include <stdlib.h>

int main()
{
    int testdev;
    int i, ret;
    char buf[10];

    testdev = open("/dev/mycdev", O_RDWR);

    if (testdev == -1) {
        printf("cannot open file.\n");
        exit(1);
    }

    if (ret = read(testdev, buf, 10) < 10) {
        printf("read error!\n");
        exit(1);
    }

    for (i = 0; i < 10; i++)
        printf("%d\n", buf[i]);

    close(testdev);

    return 0;
}
```

9.3 I/O空间的管理

设备通常会提供一组寄存器来控制设备、读写设备以及获取设备的状态。这些寄存器就是控制寄存器、数据寄存器和状态寄存器，它们可能位于 I/O 空间，也可能位于内存空间。当位于 I/O 空间时，通常被称为 I/O 端口，当位于内存空间时，对应的内存空间被称为 I/O 内存。

9.3.1 I/O端口和I/O内存

系统设计者为了对 I/O 编程提供统一的方法，每个设备的 I/O 端口都被组织成如图 9.3 所示的一组专用寄存器。CPU 把要发给设备的命令写入控制寄存器，并从状态寄存器中读出表示设备内部状态的值。CPU 还可以通过读取输入寄存器的内容从设备取得数据，也可以通过向输出寄存器中写入字节而把数据输出到设备。

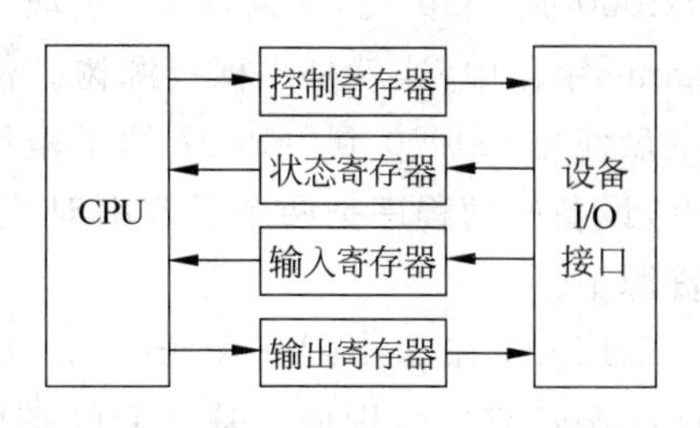

图 9.3　专用 I/O 端口

一般来说，一个外设的寄存器通常被连续地编址。CPU 对外设 I/O 端口物理地址的编址方式有两种：一种是 I/O 端口，另一种是 I/O 内存。而具体采用哪一种则取决于 CPU 的体系结构。

有些体系结构的 CPU(如 PowerPC，m68k 等)通常只实现一个物理地址空间(RAM)。在这种情况下，外设 I/O 端口的物理地址就被映射到 CPU 的单一物理地址空间中，而成为内存的一部分。此时，CPU 可以像访问一个内存单元那样访问外设 I/O 端口，而不需要设立专门的外设 I/O 指令。这就是所谓的“I/O 内存”。

而另外一些体系结构的 CPU(典型地如 x86)则为外设专门实现了一个单独的地址空间，称为“I/O 端口空间”。这是一个与 CPU 的内存物理地址空间不同的地址空间，所有外设的 I/O 端口均在这一空间中进行编址。CPU 通过设立专门的 I/O 指令(如 x86 的 IN 和 OUT 指令)来访问这一空间中的地址单元(也即 I/O 端口)，这就是所谓的“I/O 端口”。与内存物理地址空间相比，I/O 地址空间通常都比较小，如 x86 CPU 的 I/O 空间就只有 64KB (0～0xffff)。这是“I/O 端口”的一个主要缺点。

9.3.2 I/O资源管理

Linux 将基于 I/O 端口和 I/O 内存的映射方式统称为“I/O 区域”(I/O Region)。在对 I/O 区域的管理讨论之前，我们首先来分析一下 Linux 是如何实现“I/O 资源”这一抽象概念的。

1. Linux对I/O资源的描述

Linux 设计了一个通用的数据结构 resource 来描述各种 I/O 资源(如 I/O 端口、I/O 内存、DMA 和 IRQ 等)。该结构定义在 include/linux/ioport.h 头文件中：

```
struct resource {
    resource_size_t start;                              /* 资源拥有者的名字 */
    resource_size_t end;                                /* 资源范围的开始 */
    const char      * name;                             /* 资源范围的结束 */
    unsigned long   flags;                              /* 各种标志 */
    struct resource * parent,  * sibling,  * child;    /* 指向资源树中父、兄以及孩子的指针 */
};
```

资源表示某个实体的一部分，这部分被互斥地分配给设备驱动程序。所有的同种资源都插入到一个树状结构（父亲、兄弟和孩子）中；结点的孩子被收集在一个链表中，其第一个元素由 child 指向，sibling 字段指向链表中的下一个结点。

为什么使用树，例如，考虑一下 IDE 硬盘接口所使用的 I/O 端口地址——比如说从 0xf000 到 0xf00f。那么，start 字段为 0xf000，end 字段为 0xf00f 的，控制器的名字存放在 name 字段中，这就是一棵资源树。但是，IDE 设备驱动程序需要记住另外的信息，比如 IDE 主盘使用 0xf000 到 0xf007 的子范围，从盘使用 0xf008 到 0xf00f 的子范围。为了做到这点，设备驱动程序把两个子范围对应的孩子插入到从 0xf000 到 0xf00f 的整个范围对应的资源下。

Linux 在 kernel/resource. c 文件中定义了全局变量 ioport_resource 和 iomem_resource，它们分别描述基于 I/O 端口的整个 I/O 端口空间和基于 I/O 内存的整个 I/O 内存资源空间，其定义如下：

```
struct resource ioport_resource = {
        .name   = "PCI IO",
        .start  = 0,
        .end    = IO_SPACE_LIMIT,
        .flags  = IORESOURCE_IO,
};

struct resource iomem_resource = {
        .name   = "PCI mem",
        .start  = 0,
        .end    =-1,
        .flags  = IORESOURCE_MEM,
};
```

其中，宏 IO_SPACE_LIMIT 表示整个 I/O 空间的大小，对于 x86 平台而言，它是 0xffff（定义在 include/x86/io. h 头文件中）。

任何设备驱动程序都可以使用下面三个函数申请、分配和释放资源，传递给它们的参数为资源树的根结点和要插入的新资源数据结构的地址。

request_resource()：把一个给定范围分配给一个 I/O 设备。

allocate_resource()：在资源树中寻找一个给定大小和排列方式可用的范围；若存在，将这个范围分配给一个 I/O 设备（主要由 PCI 设备驱动程序使用，可以使用任意的端口号和主板上的内存地址对其进行配置）。

release_resource()：释放以前分配给 I/O 设备的给定范围。

当前分配给 I/O 设备的所有 I/O 地址的树都可以从/proc/ioports 文件中查看，例如

```
$ cat /proc/ioports
```

2. 管理 I/O 区域资源

I/O 区域仍然是一种 I/O 资源，因此它仍然可以用 resource 结构类型来描述。Linux 在头文件 include/linux/ioport.h 中定义了以下三个对 I/O 区域进行操作的接口函数。

__request_region()：I/O 区域的分配。

__release_region()：I/O 区域的释放。

__check_region()：检查指定的 I/O 区域是否已被占用。

3. 管理 I/O 端口资源

采用 I/O 端口的 x86 处理器为外设实现了一个单独的地址空间，也即"I/O 空间"或称为"I/O 端口空间"，其大小是 64KB(0x0000～0xffff)。Linux 在其所支持的所有平台上都实现了"I/O 端口空间" 这一概念。

由于 I/O 空间非常小，因此即使外设总线有一个单独的 I/O 端口空间，也不是所有的外设都将其 I/O 端口(指寄存器)映射到"I/O 端口空间"中。比如，大多数 PCI 卡都通过内存映射方式来将其 I/O 端口或外设内存映射到 CPU 的内存物理地址空间中。而老式的 ISA 卡通常将其 I/O 端口映射到 I/O 端口空间中。

Linux 是基于"I/O 区域"这一概念来实现对 I/O 端口资源的管理的。对 I/O 端口空间的操作基于 I/O 区域的操作函数__xxx_region()，Linux 在头文件 include/linux/ioport.h 中定义了以下三个对 I/O 端口空间进行操作的接口函数。

request_region()：请求在 I/O 端口空间中分配指定范围的 I/O 端口资源。

check_region()：检查 I/O 端口空间中的指定 I/O 端口资源是否已被占用。

release_region()：释放 I/O 端口空间中的指定 I/O 端口资源。

4. 管理 I/O 内存资源

对 I/O 内存空间的操作基于 I/O 区域的操作函数__xxx_region()，Linux 在头文件 include/linux/ioport.h 中定义了以下三个对 I/O 内存资源进行操作的接口函数。

request_mem_region()：请求分配指定的 I/O 内存资源。

check_mem_region()：检查指定的 I/O 内存资源是否已被占用。

release_mem_region()：释放指定的 I/O 内存资源。

9.3.3 访问 I/O 端口空间

在驱动程序请求了 I/O 端口空间中的端口资源后，它就可以通过 CPU 的 I/O 指令来读写这些 I/O 端口。在读写 I/O 端口时要注意的一点就是，大多数平台都区分 8 位、16 位和 32 位的端口。

inb()，outb()，inw()，outw()，inl()，outl()。

inb()的原型为：

```
unsigned char inb(unsigned port);
```

port参数指定I/O端口空间中的端口地址。在大多数平台上(如x86)它都是unsigned short类型的,其他一些平台上则是unsigned int类型的。显然,端口地址的类型是由I/O端口空间的大小来决定的。

除了上述这些I/O操作外,某些CPU也支持对某个I/O端口进行连续的读写操作,也即对单个I/O端口读或写一系列字节、字或32位整数,这就是所谓的"串I/O指令"。这种指令在速度上显然要比用循环来实现同样的功能快得多。

insb(),outsb(),insw(),outw(),insl(),outsl()。

另外,在一些平台上(典型地如x86),对于老式总线(如ISA)上的慢速外设来说,如果CPU读写其I/O端口的速度太快,那就可能会发生丢失数据的现象。对于这个问题的解决方法就是在两次连续的I/O操作之间插入一段微小的时延,以便等待慢速外设。这就是所谓的"暂停I/O"。

对于暂停I/O,Linux也在io.h头文件中定义了它的I/O读写函数,而且都以XXX_p命名,比如:inb_p()、outb_p()等。

9.3.4 访问I/O内存资源

用于I/O指令的"地址空间"相对来说是很小的。事实上,现在x86的I/O地址空间已经非常拥挤。但是,随着计算机技术的发展,这种只能对外设中的几个寄存器进行操作的方式,已经无法满足实际需要了。而实际上,需求在不断发生变化,例如,在PC上可以插上一块图形卡,有2MB的存储空间,甚至可能还带有ROM,其中装有可执行代码。自从PCI总线出现后,无论CPU的设计采用I/O端口方式,还是I/O内存方式,都必须将外设卡上的存储器映射到内存空间,实际上是采用了虚存空间的手段,这样的映射是通过ioremap()来建立的,该函数的原型为:

```
void * ioremap(unsigned long offset, unsigned long size);
```

其中参数的含义如下。

```
offset: I/O设备上的一块物理内存的起始地址;
size: 要映射空间的大小;
```

ioremap()与第4章讲的vmalloc()类似,也需要建立新的页表,但并不进行vmalloc()所执行的内存分配(因为I/O物理内存已存在)。ioremap()返回一个特殊的虚拟地址,该地址可用来存取特定的物理地址范围。通过ioremap()获得的虚拟地址应该被iounmap()函数释放,其原型如下:

```
void iounmap(void * addr);
```

在调用ioremap()之前,首先要调用requset_mem_region()函数申请资源,该函数的原型为:

```
struct resource * requset_mem_region(unsigned long start, unsigned long len,char * name);
```

这个函数从内核申请len个内存地址(在3~4GB之间的虚地址),而这里的start为I/O物理地址,name为设备的名称(注意,如果分配成功,则返回非NULL,否则,返回NULL)。

另外，可以通过/proc/iomem查看系统给各种设备的内存范围。

在将I/O内存的物理地址映射成内核虚地址后，理论上讲我们就可以像读写内存那样直接读写I/O内存。但是，由于在某些平台上，对I/O内存和系统内存有不同的访问处理，因此为了确保跨平台的兼容性，Linux实现了一系列读写I/O内存的函数，这些函数在不同的平台上有不同的实现。但在x86平台上，读写I/O内存与读写内存无任何差别，相关函数如下：

readb()，readw()和readl()：读I/O内存。

writeb()，writew()和writel()：写I/O内存。

memset_io()，memcpy_fromio()和memcpytoio()：拷贝I/O内存。

为了保证驱动程序跨平台的可移植性，建议开发者使用上面的函数来访问I/O内存。

9.4 字符设备驱动程序

Linux下的应用程序在访问字符设备时，一般都是通过设备文件访问的。设备文件一般都存放在/dev目录下。字符设备文件的第一个标志是c，如下所示：

```
$ ls| grep tty      //列目录并搜出所有的终端设备TTY
…
crw--w----. 1 root root      4,   0 Sep 26 18:05 tty0
crw--w----. 1 root root      4,   1 Sep 25 19:04 tty1
crw--w----. 1 root tty       4,  10 Sep 26 18:05 tty10
crw--w----. 1 root tty       4,  11 Sep 26 18:05 tty11
crw--w----. 1 root tty       4,  12 Sep 26 18:05 tty12
…
```

在上面的输出中，每一个文件代表一个设备，在时间前面有两个用逗号隔开的数字，第一个数字是主设备号，第二个数字是次设备号。一般认为一个主设备号对应一个驱动程序，可以看到，这里列出的TTY设备都由主设备号为4的驱动程序管理。不过，也可以一个主设备号对应多个驱动程序。一个次设备号对应一个设备，所以上面输出中的0,1,10等数字代表不同的设备。一个驱动程序，可以管理多个此类型的设备，设备数可以有2^{20}个，原因是次设备号有20位，不过实际不可能有这么多设备。

9.4.1 字符设备的数据结构

Linux内核中使用struct cdev来表示一个字符设备，该结构位于linux/include/linux/cdev.h文件中：

```
struct cdev {
        struct kobject kobj;
        struct module * owner;
        const struct file_operations * ops;
        struct list_head list;
        dev_t dev;
```

```
        unsigned int count;
    };
```

其中主要字段的含义如下。

(1) kobj：kobject 类似于面向对象语言中的对象(Object)类，其中包含了引用计数、名称以及父指针等字段，可以创建对象的层次结构，属于驱动模型的基础对象。

(2) owner：该设备的驱动程序所属的内核模块，一般设置为 THIS_MODULE。

(3) ops：文件操作结构体指针，file_operations 结构体中包含一系列对设备进行操作的函数接口。

(4) dev：设备号。dev_t 封装了 unsigned int，该类型前 12 位为主设备号，后 20 位为次设备号。

cdev 结构是内核对字符设备驱动的标准描述。在实际的设备驱动开发中，通常使用自定义的结构体来描述一个特定的字符设备。这个自定义的结构体中必然会包含 cdev 结构，另外还要包含一些描述这个具体设备某些特性的字段。比如，用一段全局内存(命名为 globalmem)来模拟字符设备：

```
struct globalmem_dev
{
    struct cdev cdev;                       /* cdev 结构体 */
    unsigned char mem[255];                 /* 全局内存 */
};
```

该结构体用来描述一个具有全局内存的字符设备，将在后面的例子中使用。

9.4.2 分配和释放设备号

对于每一个设备，必须有一个唯一的设备号与之相对应。通常会有多个设备共用一个主设备号，而每个设备都唯一拥有一个次设备号。对于设备号有以下几个常用的宏(定义于 linux/include/linux/kdev_t.h 文件中)：

```
#define MINORBITS     20                          //次设备号的位数
#define MINORMASK   ((1U << MINORBITS) - 1)       //次设备号掩码

#define MAJOR(dev)      ((unsigned int) ((dev) >> MINORBITS))  //从设备号提取主设备号
#define MINOR(dev)      ((unsigned int) ((dev) & MINORMASK))   // 从设备号提取次设备号
#define MKDEV(ma,mi)    (((ma) << MINORBITS) | (mi)) //通过主次设备号组合出设备号
```

在设备驱动程序中，首先向系统申请设备号。申请的设备号一般都是一段连续的号，这些号有共同的主设备号。申请的方法有两种：若提前设定主设备号，则再接着申请若干个连续的次设备号；若未指定主设备号，则直接向系统动态申请未被占用的设备号。由此可以看出，如果使用第一种方法，则可能会出现设备号已被系统中其他设备占用的情况。

上面两种申请设备号的方法分别对应以下两个申请函数：

```
int register_chrdev_region(dev_t from, unsigned count, const char * name)
int alloc_chrdev_region(dev_t * dev, unsigned baseminor, unsigned count,
                        const char * name)
```

这两个函数都可以申请一段连续的设备号。前者适用于已知起始设备号的情况(通过 MADEV(major,0)可以获得主设备号为 major 的起始设备号);后者适用于动态申请设备号的情况。如果只想申请一个设备号,则将函数中的参数 count 设为 1 即可。

9.4.3 字符设备驱动的组成

实现一个基本的字符设备驱动需要完成以下几部分:字符设备驱动模块的加载、卸载函数和 file_operations 结构中的成员函数。

file_operations 结构体中包含许多函数指针,这些函数指针是字符设备驱动和内核的接口。实现该结构中的这些函数也是整个字符设备驱动程序的核心工作。file_operations 结构中的每个函数都对应一个具体的功能,也就是对设备的不同操作。不过,这些函数是在内核模块中实现的,最终会被加载到内核中和内核一起运行。因此,用户态下的程序是不能直接使用这些函数对相应设备进行操作的。比如当应用程序通过系统调用 read()对设备文件进行读操作时,最终调用字符设备 globalmem 驱动中的 globalmem _read()函数。而将系统调用 read()和 globalmem_read()函数连在一起的则是 struct file_operations。具体赋值为:

```
static const struct file_operations globalmem_fops =
{
    .owner = THIS_MODULE,
    .read = globalmem_read,
    .write = globalmem_write,
    .open = globalmem_open,
    .release = globalmem_release,
};
```

9.4.4 加载和卸载函数

由于字符设备驱动程序是以内核模块的形式加载到内核的,因此程序中必须有内核模块的加载和卸载函数。在我们的实例中为:

```
module_init(globalmem_init);
module_exit(globalmem_exit);
```

通常,字符设备驱动程序的加载函数完成的工作有设备号的申请、cdev 的注册。具体的过程如图 9.4 所示。

从图 9.4 中可以看到,在内核模块加载函数中主要完成了字符设备号的申请。具体代码如下:

```
int globalmem_init(void)
{
    int result;
    dev_t devno = MKDEV(globalmem_major,0);

    if(globalmem_major)  /* globalmem_major 为给定的全局变量,见后面的程序清单 */
    {
```

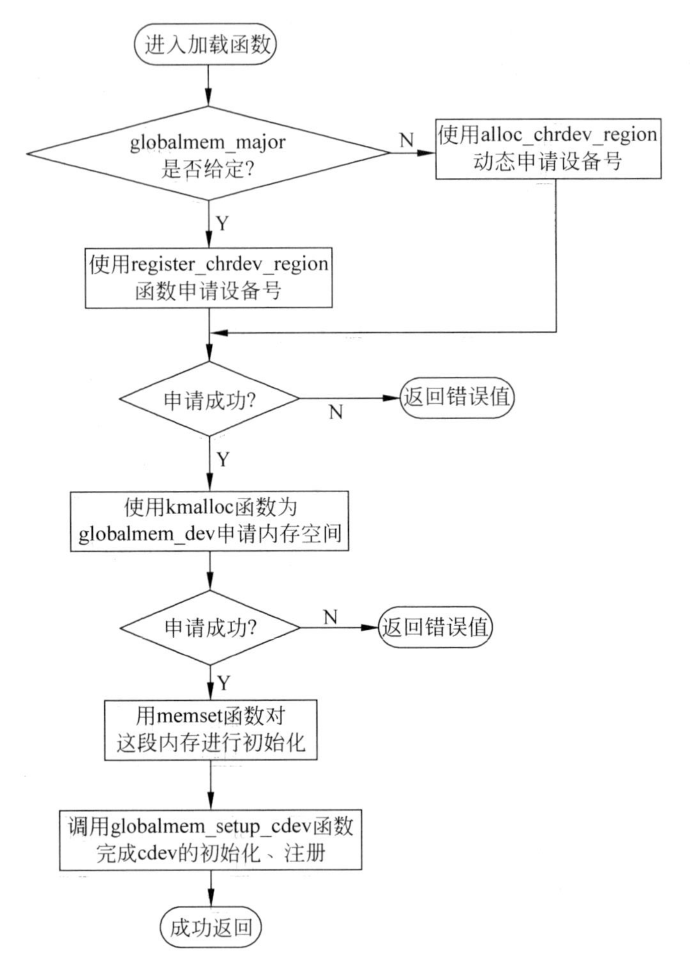

图 9.4　globalmem_init 流程图

```
    result = register_chrdev_region(devno,1,"globalmem");
}
else
{
    result = alloc_chrdev_region(&devno,0,1,"globalmem");
    globalmem_major = MAJOR(devno);
}
if(result < 0)
    return result;
globalmem_devp = kmalloc(sizeof(struct globalmem_dev),GFP_KERNEL);
if(!globalmem_devp)
{
    result =- ENOMEM;
    goto fail_malloc;
}
memset(globalmem_devp,0,sizeof(struct globalmem_dev));

globalmem_setup_cdev(globalmem_devp,0);
```

```
    return 0;
fail_malloc:unregister_chrdev_region(devno,1);
    return result;
}
```

将字符设备注册到系统中是通过 globalmem_setup_cdev()函数来完成的。该函数具体完成的工作如图 9.5 所示。

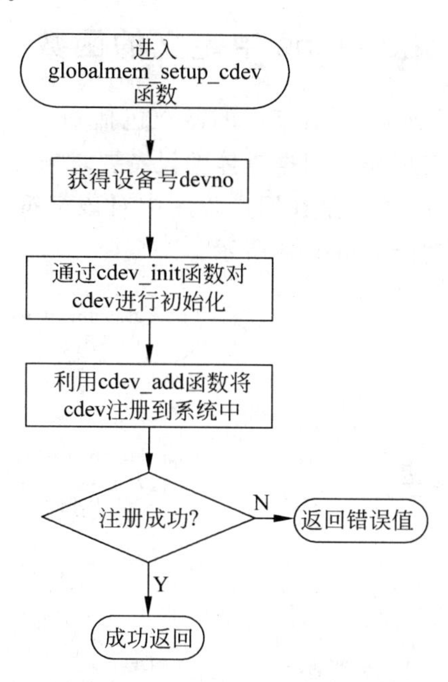

图 9.5 globalmem_setup_cdev 流程图

结合图 9.5，globalmem_setup_cdev()函数的具体代码如下：

```
static void globalmem_setup_cdev(struct globalmem_dev * dev, int index)
{
    int ret;
    int devno = MKDEV(globalmem_major, index);

    cdev_init(&dev->cdev, &globalmem_fops);
    dev->cdev.owner = THIS_MODULE;
    dev->cdev.ops = &globalmem_fops;
    ret = cdev_add(&dev->cdev, devno, 1);
    if(ret){
        printk("adding globalmem error");
    }
}
```

在 cdev_init 中，除了初始化 cdev 结构中的字段，最重要的是将 globalmem_fops 传递给 cdev 中的 ops 字段。

通过上述几步，就可以完成字符设备驱动加载。对于字符设备卸载而言，所做的工作就是加载功能的逆向：将 cdev 从系统中注销；释放设备结构体所占用的内存空间；释放设备号。具体代码如下：

```
static void __exit globalmem_exit(void)
{
    cdev_del(&dev->cdev);           /* 释放 struct cdev */
    kfree(dev);                     /* 释放分配为给 struct globalmem_dev 的内存 */
    unregister_chrdev_region(MKDEV(globalmem_major,0), 1); /* 释放 devno */
}
```

9.4.5 实现 file_operaions 中定义的函数

file_operaions 中定义的函数很多,最基本的函数包括 open()、release()、read()和 write()等函数。对这些函数的具体实现还要根据具体的设备要求来完成。在本文所述的全局内存字符设备驱动中,我们要实现的功能是在用户程序中对该字符设备中的这块全局内存进行读写操作。读写函数的具体功能如图 9.6 所示。

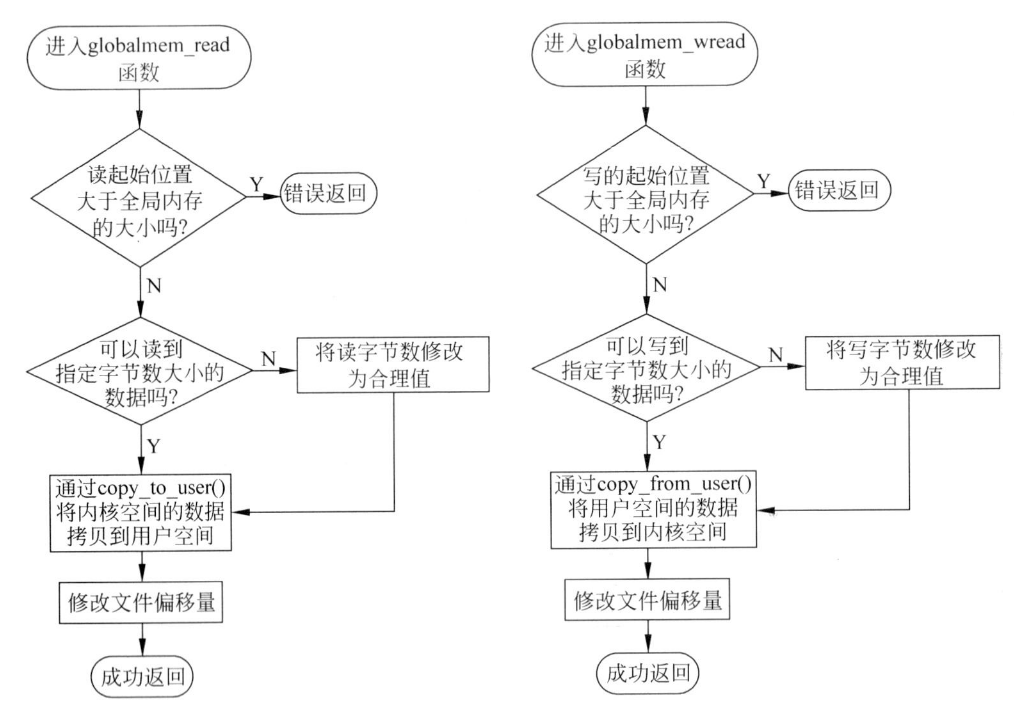

图 9.6 字符驱动读写函数的实现流程

对于 open()和 release()可以不做具体实现,当用户态程序打开或释放设备文件时,会自动调用内核中通用的打开和释放函数。

例 9-3 字符设备驱动程序的完整代码。

```
#include <linux/moudule.h>
#include <linux/types.h>
#include <linux/fs.h>
#include <linux/errno.h>
#include <linux/mm.h>
#include <linux/sched.h>
#include <linux/init.h>
```

```
#include <linux/cdev.h>
#include <linux/io.h>
#include <linux/system.h>
#include <linux/uaccess.h>

#define GLOBALMEM_SIZE      0x1000
#define GLOBALMEM_MAJOR     254

satatic globalmem_major = GLOBALMEM_MAJOR;

struct globalmem_dev
{
    … /* 具体代码参见 9.4.1 节 */
}
struct globalmem_dev   dev            /* 定义设备变量 */

static const struct file_operations globalmem_fops =
{
            /* 具体代码参见 9.4.3 节 */
};
/* 模块初始化函数 */
int globalmem_init(void)
{
        /* 具体代码参见 9.4.4 节 */
}
/* 文件打开函数 */
int globalmem_open(struct inode * inode, struct file * filp)
{
  /* 将设备结构体指针赋值给文件私有数据指针 */
  filp->private_data = globalmem_devp;
  return 0;
}
/* 初始化并添加 cdev 结构体的函数 */
static void globalmem_setup_cdev(struct globalmem_dev * dev, int index)
{
    /* 具体代码参见 9.4.4 节 */
}
/* globalmem 设备驱动的读函数 */
static ssize_t globalmem_read(struct file * filp, char __user * buf, size_t size,
  loff_t * ppos)
{
  unsigned long p =   * ppos;
  unsigned int count = size;
  int ret = 0;
  struct globalmem_dev * dev = filp->private_data; /* 获得设备结构体指针 */

  /* 分析获取有效的写长度 */
  if (p >= GLOBALMEM_SIZE)
    return count?    - ENXIO: 0;
  if (count > GLOBALMEM_SIZE - p)
    count = GLOBALMEM_SIZE - p;
```

```
    /* 从内核空间向用户空间写数据 */
    if (copy_to_user(buf, (void *)(dev->mem + p), count))
    {
      ret =   - EFAULT;
    }
    else
    {
      *ppos += count;
      ret = count;

      printk(KERN_INFO "read %d bytes(s) from %d\n", count, p);
    }

    return ret;
}
/* 模块退出函数 */
static void __exit globalmem_exit(void)
{
    /* 具体代码参见 9.4.4 节 */
}

module_init(globalmem_init);
module_exit(globalmem_exit);
MODULE_LICENSE("GPL");
```

以上代码中给出了驱动程序的打开函数和读函数,至于写函数 write()和控制函数 ioctl()由读者自己完成。

这样,一个简单字符设备驱动程序就完成了,至于实际中涉及具体硬件细节的驱动程序,要比这个例子复杂得多,请读者参考驱动开发相关的参考书。

9.5 块驱动程序

块驱动程序提供了对面向块的设备的访问,这种设备以随机访问的方式传输数据,并且数据总是具有固定大小的块。典型的块设备是磁盘驱动器,当然也有其他类型的块设备。

块设备和字符设备有很大的区别。比如块设备上可以 mount 文件系统,而字符设备是不可以的。显然这是随机访问带来的优势,因为文件系统需要能按块存储数据,同时更需要能随机读写数据。

另外数据经过块设备相比操作字符设备需要多经历一个数据缓冲层(Buffer Cache Mechanism),也就是说应用程序与块设备传递数据时不同于操作字符设备那样直接打交道,而必须经过一个中间缓冲层来存储数据,然后才可使用数据。为什么需要这个“多余的”缓冲层呢?这绝非画蛇添足之举。

追根溯源,提高系统整体性能(吞吐量)是其根本原因。系统运行快慢受文件系统访问速度直接影响,而文件系统的访问行为往往是大量无序的,而且常常会重复地访问请求。无序访问请求会让磁头(假设访问磁盘)不断改变方向(比直线运动费时的多);重复访问又会使得上次读出的数据再被读取(前次的结果被白白浪费了)。

为了解决上述两个弊端,内核对块设备访问引入了缓冲层。缓冲层的作用一是作为数据缓冲区,存储已取得的数据,以便加快访问速度——如果需要从块设备读取的数据已经在缓冲区中,则使用缓冲区中的数据,避免了耗时的设备操作和I/O操作;二是将对块设备的I/O访问按照访问扇区的位置进行了优化排序,尽量保证访问时磁头直线移动——这在操作系统中常被称为电梯调度算法(Elevator Algorithm)。

字符驱动程序的接口相对清晰而且易于使用,但是块驱动程序的接口要稍微复杂一些。出现这种情况的原因有两个:一是因为其历史——块驱动程序接口从Linux第一个版本开始就一直存在于每个版本中,并且已经证明很难修改或改进;其二是因为性能,一个慢的字符设备驱动程序虽然不受欢迎,但仍可以接受,但一个慢的块驱动程序将影响整个系统的性能。因此,块驱动程序的接口设计经常受到速度要求的影响。

本节利用一个示例驱动程序讲述块驱动程序的创建。这个驱动程序称为Mysbd(My Simple Block Driver),Mysbd实现了一个使用系统内存的块设备,从本质上讲,属于一种RAM磁盘驱动程序,因为块驱动程序的复杂性,Mysbd只给出实现块驱动程序的框架。

Mysbd作为一个内存块设备,对其设备结构的定义如下:

```
    struct Mysbd_dev {
        void **data;                    /*存放数据的内存地址*/
        unsigned long size;             /*块大小*/
        unsigned int lock;              /*用于加锁*/
        unsigned int new_msg;           /*标志*/
        struct Mysbd_dev *next;         /*链表中下一个元素*/
    };
extern struct Mysbd_dev *Mysbd;         /*设备信息*/
```

说明:为了简化讨论,下面所涉及的代码基于2.4版的内核。

9.5.1 块驱动程序的注册

和字符驱动程序一样,内核使用主设备号来标识块驱动程序,但块主设备号和字符主设备号是互不相干的。一个主设备号为32的块设备和具有相同主设备号的字符设备可以同时存在,因为它们具有各自独立的主设备号分配空间。

用来注册和注销块设备驱动程序的函数,与用于字符设备的函数看起来很类似,如下所示:

```
#include <linux/fs.h>
int register_blkdev(unsigned int major, const char *name,
    struct block_device_operations *bdops);
int unregister_blkdev(unsigned int major, const char *name);
```

上述函数中的参数意义和字符设备几乎相同,而且可以通过一样的方式动态赋予主设备号。因此,注册Mysbd的具体程序片段如下:

```
result = register_blkdev(Mysbd_major, "Mysbd", &Mysbd_bdops);
  if (result < 0) {
     printk(KERN_WARNING "Mysbd: can't get major %d\n",Mysbd_major);
```

```
    return result;
  }
  if (Mysbd_major == 0)  Mysbd_major = result;  /* 动态分配主设备号 */
```

然而,类似之处到此为止。我们已经看到了一个明显的不同:register_chrdev()使用一个指向 file_operations 结构的指针,而 register_blkdev()则使用 block_device_operations 结构的指针,该结构就是块驱动程序接口,其定义如下:

```
struct block_device_operations {
        int (*open) (struct inode *, struct file *); /* 打开块设备文件 */
        int (*release) (struct inode *, struct file *); /* 关闭对块设备文件的最后一个引用 */
        int (*ioctl) (struct inode *, struct file *, unsigned, unsigned long);
                                        /* 在块设备文件上发出 ioctl()系统调用 */
        int (*check_media_change) (kdev_t); /* 检查介质是否已经变化(如软盘) */
        int (*revalidate) (kdev_t);      /* 检查块设备是否持有有效数据 */
        };
```

这里列出的 open、release 和 ioctl 方法和字符设备的对应方法相同。其他两个方法是块设备所特有的。

Mysbd 使用的 bdops 接口定义如下:

```
struct block_device_operations Mysbd_bdops = {
       open:                Mysbd_open,
       release:             Mysbd_release,
       ioctl:               Mysbd_ioctl,
       check_media_change:  Mysbd_check_change,
      revalidate:           Mysbd_revalidate,
};
```

请读者注意,block_device_operations 接口中没有 read()或者 write()操作。所有涉及块设备的 I/O 通常由系统进行缓冲处理,用户进程不会对这些设备执行直接的 I/O 操作。在用户模式下对块设备的访问,通常隐含在对文件系统的操作当中,而这些操作能够从 I/O 缓冲当中获得明显的好处。但是,对块设备的"直接"I/O 访问,比如在创建文件系统时的 I/O 操作,也一样要通过 Linux 的缓冲区缓存。为此,内核为块设备提供了一组单独的读写函数 generic_file_read()和 generic_file_write(),驱动程序不必理会这些函数。

显然,块驱动程序最终必须提供完成实际块 I/O 操作的机制。在 Linux 当中,用于这些 I/O 操作的方法称为 request(请求)。request 方法同时处理读取和写入操作,因此要复杂一些。我们稍后将讲述 request。

但在块设备的注册过程中,必须告诉内核实际的 request 方法。然而,该方法并不在 block_device_operations 结构中指定(这出于历史和性能两方面的考虑),相反,该方法和用于该设备的挂起 I/O 操作队列关联在一起。默认情况下,对每个主设备号并没有这样一个对应的队列。块驱动程序必须通过 blk_init_queue 初始化这一队列。队列的初始化和清除接口定义如下:

```
#include <linux/blkdev.h>
blk_init_queue(request_queue_t *queue, request_fn_proc *request);
blk_cleanup_queue(request_queue_t *queue);
```

blk_init_queue()函数建立请求队列，并将该驱动程序的 request()函数（通过第二个参数传递）关联到队列。在模块的清除阶段，调用 blk_cleanup_queue()函数。Mysbd 驱动程序使用下面的代码行初始化它的队列：

```
blk_init_queue(BLK_DEFAULT_QUEUE(major), Mysbd_request);
```

每个设备都有一个默认使用的请求队列，必要时，可使用 BLK_DEFAULT_QUEUE (major) 宏得到该默认队列。这个宏在 blk_dev_struct 结构形成的全局数组（该数组名为 blk_dev）中搜索得到对应的默认队列。blk_dev 数组由内核维护，并可通过主设备号索引。blk_dev_struct 结构定义如下：

```
struct blk_dev_struct {
        request_queue_t request_queue;
        queue_proc *      queue;
        void *            data;
    };
```

request_queue 域包含了初始化之后的 I/O 请求队列。此外，还有函数指针 queue，当这个指针为非空时，就调用这个函数来找到具体设备的请求队列，这是为具有同一主设备号的多种同类设备而设的一个域。data 域可由驱动程序使用，以便保存一些私有数据，但很少有驱动程序使用该域。

图 9.7 说明了注册和注销一个驱动程序模块时所要调用的函数及数据结构的关系图。

（1）加载模块时，insmod 命令调用 init_module()函数，该函数调用 register_blkdev() 和 blk_init_queue()分别进行驱动程序的注册和请求队列的初始化。

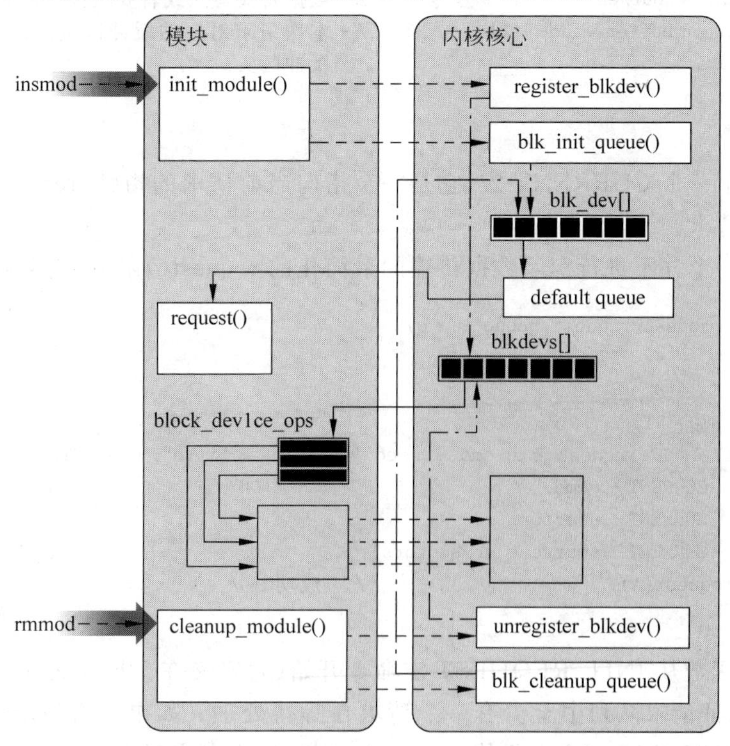

图 9.7 注册块设备驱动程序

(2) register_blkdev()把块驱动程序接口 block_device_operations 加入 blkdevs[]表中。

(3) blk_init_queue()初始化一个默认的请求队列,将其放入 blk_dev[]表中,并将该驱动程序的 request()函数关联到该队列。

(4) 卸载模块时,rmmod 命令调用 cleanup_module()函数,该函数调用 unregister_blkdev()和 blk_cleanup_queue()分别进行驱动程序的注销和请求队列的清除。

9.5.2 块设备请求

在内核安排一次数据传输时,它首先在一个表中对该请求排队,并以最大化系统性能为原则进行排序。然后,请求队列被传递到驱动程序的 request()函数,该函数的原型如下:

```
void request_fn (request_queue_t * queue);
```

块设备的读写操作都是由 request()函数完成。对于具体的块设备,函数 request()当然是不同的。所有的读写请求都存储在 request 结构的链表中。内核定义了 request 结构,下面只列出与驱动程序相关的域:

```
struct request {
        …
        kdev_t rq_dev;                      /* 请求所访问的设备 */
        int cmd;                            /* 要执行的操作,read 或 write */
        unsigned long sector;               /* 本次请求要传输的第一个扇区编号 */
        unsigned long current_nr_sectors;   /* 当前请求要传输的扇区数目 */
        char * buffer;                      /* 数据要被写入或者要被读出的缓冲区。*/
        struct buffer_head * bh;            /* 本次请求对应的缓冲区链表的第一个缓冲区,即
                                               缓冲区头。*/
        …
  };
```

内核定义了一个 CURRENT 宏,它是一个指向当前请求的指针,request()函数利用该宏检查当前的请求。

下面给出一个并不进行实际数据传输的最简化的 request()函数,定义如下:

```
void Mysbd _request(request_queue_t * q)
{
   while(1) {
      INIT_REQUEST;
      printk("<1>request %p: cmd %i sec %li (nr. %li)\n", CURRENT,
            CURRENT->cmd,
            CURRENT->sector,
            CURRENT->current_nr_sectors);
      end_request(1);                     /* 成功 */
   }
```

request()函数从 INIT_REQUEST 宏命令开始(它定义在 blk.h 文件中),它对请求队列进行检查,保证请求队列中至少有一个请求在等待处理。如果没有请求(即 CURRENT = 0),INIT_REQUEST 宏命令将使 request()函数返回,任务结束。

假定队列中至少有一个请求，request()函数现在应处理队列中的第一个请求，当处理完请求后，request()函数将调用 end_request()函数。如果成功地完成了读写操作，应该用参数值 1 调用 end_request()函数；如果读写操作不成功，以参数值 0 调用 end_request()函数。如果队列中还有其他请求，将 CURRENT 指针设为指向下一个请求。执行 end_request()函数后，request()函数回到循环的起点，对下一个请求重复上面的处理过程。

Mysbd 设备中能够完成实际工作的 request()函数如下。

```
void Mysbd_request(request_queue_t * q)
{
    Mysbd_Dev * device;
     int status;

while(1) {
    INIT_REQUEST;                              /* 当请求队列为空时返回 */

    /* 检查我们正在用的是哪一个设备 */
    device = Mysbd_locate_device (CURRENT);
    if (device == NULL) {
        end_request(0);
        continue;
    }

    /* 数据传送并进行清理 */
    spin_lock(&device->lock);
    status = Mysbd_transfer(device, CURRENT);
    spin_unlock(&device->lock);
    end_request(status);
}
```

上面的代码和前面给出的空 request()函数几乎没有什么不同，该函数本身集中于请求队列的管理上，而将实际的工作交给其他函数完成。第一个函数是 Mysbd_locate_device()，它检索请求当中的设备编号，并找出正确的 Mysbd_Dev 结构；第二个函数是 Mysbd_transfer()，它完成实际的 I/O 请求：

```
  static int Mysbd_transfer(Mysbd_Dev * device, const struct request * req)
{
  int size;                                   /* 要传送的数据大小 */
  u8 * ptr;                                   /* 指向存放数据的内存起始地址 */

  …
  /* 进行传送 */
  switch(req->cmd) {
      case READ:
         memcpy(req->buffer, ptr, size); /* 从 Mysbd 到缓冲区 */
         return 1;
      case WRITE:
         memcpy(ptr, req->buffer, size); /* 从缓冲区到 Mysbd */
         return 1;
      default:
```

```
            /* 不可能发生 */
            return 0;
    }
}
```

因为 Mysbd 只是一个 RAM 磁盘，因此，该设备的“数据传输”只是一个 memcpy 调用而已。

块设备驱动程序初始化时，由驱动程序的 init()完成。为了引导内核时调用 init()，需要在 blk_dev_init()函数中增加一行代码 Mysbd_init()。

块设备驱动程序初始化的工作主要包括以下几点。

(1) 检查硬件是否存在。

(2) 登记主设备号。

(3) 利用 register_blkdev()函数对设备进行注册。

(4) 将块设备驱动程序的数据容量传递给缓冲区：

```
#define  Mysbd_HARDS_SIZE  512
#define  Mysbd_BLOCK_SIZE  1024
static  int  Mysbd_hard = Mysbd_HARDS_SIZE;
static  int  Mysbd_soft = Mysbd_BLOCK_SIZE;
hardsect_size[Mysbd_MAJOR] = &Mysbd_hard;
blksize_size[Mysbd_MAJOR] = &Mysbd_soft;
```

在块设备驱动程序内核编译时，应把下列宏加到 blk.h 文件中：

```
#define  MAJOR_NR  Mysbd_MAJOR
#define  DEVICE_NAME  "Mysbd"
#define  DEVICE_REQUEST  Mysbd_request
#define  DEVICE_NR(device)  (MINOR(device))
#define  DEVICE_ON(device)
#define  DEVICE_OFF(device)
```

(5) 将 request()函数的地址传递给内核：

```
blk_dev[Mysbd_MAJOR].request_fn = DEVICE_REQUEST;
```

以上只是一个简单的内存块设备驱动程序的示例，实际块驱动程序要比这复杂得多，比较相近的例子如 8.5 节讨论的 romfs 文件系统，在此不进一步讨论。

关于驱动程序更详细的内容请参看《Linux 设备驱动程序》一书。

9.6 小结

Linux 将设备驱动程序纳入文件系统的统一管理之下，也就是让用户以访问文件的方式访问设备，因此，在 9.1 节中，首先阐述了设备驱动程序在文件系统中所处的位置。接着介绍了驱动程序的通用框架，以及 Linux 字符驱动的简单实例，让读者对驱动程序有了一个初步认识。然后对设备驱动开发中涉及的 I/O 空间进行了比较详细的介绍。在字符设备驱动一节，把内存空间的一片区域看做一个字符设备，并给出了开发这样一个驱动程序的具体步骤和过程，但与实际驱动程序还有一定的距离。最后，对块设备驱动程序的开发给出了简要描述。

习题

1. 为什么把设备分为“块设备”和“字符设备”两大类？

2. 为什么说设备驱动是文件系统与硬件设备之间的桥梁？

3. 什么是设备驱动程序？

4. 给出用户进程请求设备服务的流程。

5. I/O 端口一般包括哪些寄存器？各自功能是什么？CPU 用什么命令对其进行读写？

6. 基于中断的驱动程序是如何工作的？给出一个包含 read()函数和 interrupt()函数的驱动程序实例，编写模块上机调试，并对其工作过程给予描述。

7. 驱动程序一般包含几部分？并对各部分给予简要说明。

8. 如何注册字符驱动程序？画出实现 register_chrdev()函数的流程图。

9. 编写一个字符设备驱动程序(包括 open()，read()，write()，ioctl()，close()等函数)，并进行调试和测试。

10. 根据图 9.7，对注册块驱动程序的整个过程给出详细描述。

参 考 文 献

[1] [美]Robert Love 著. Linux 内核设计与实现. 第 3 版. 陈莉君，康华翻译. 2011.

[2] [美]Daniel P Bovet，Marco Cesati 著. 深入理解 Linux 内核. 第 3 版. 陈莉君等译. 北京：中国电力出版社，2006.

[3] 毛德操，胡希明. Linux 内核源代码情景分析. 杭州：浙江大学出版社，2001.

[4] 田云等. 保护模式下 80386 及其编程. 北京：清华大学出版社，1993.

[5] 艾德才等. 80486/80386 系统原理与接口大全. 北京：清华大学出版社，1995.

[6] [美] Andrew S. Tanenbaum，Albert S. Woodhull 著. 操作系统设计与实现. 王鹏等译. 北京：电子工业出版社，1998.

[7] 李善平等. Linux 操作系统实验教程. 北京：机械工业出版社，1999.

[8] Alessandro Rubini 著. Linux 设备驱动程序. LISOLEG 译. 北京：中国电力出版社，2000.

[9] 宋宝华. Linux 设备驱动开发课程. 北京：人民邮电出版社，2008.

网络资源

编者注：Linux 相关的网络资源数以万计，在此仅列举了与 Linux 内核相关的主要网站。

[1] Linux 源代码. http://www. kernel. org/(在这里可以找到各种源代码版本及补丁).

[2] Linux 源代码超文本交叉检索工具. http://lxr. linux. no/(国内镜像站点地址为：http://www2. linuxforum. net/ lxr/http/source).

[3] Linux 内核文档项目(LDP). http://www. linuxdoc. org(该主页中包括了有用的链接、指南、FAQ 及 HOWTO).

[4] GCC对 C 语言的扩展. http://developer. apple. com/techpubs/macosx/DeveloperTools/Compiler/Compiler. 1d. html(该网站描述了标准 C 中所没有的、GCC 对 C 的扩展功能).

[5] Linux 上的汇编. http://www. tldp. org/HOWTO/Assembly-HOWTO.

[6] Linux 开发论坛. comp. os. linux. development. system(专门讨论 Linux 内核的开发问题).

[7] Linux 内核邮件列表. linux-kernel@vger. rutger. edu(这份邮件列表的内容非常丰富，可以从中找到 Linux 内核当前开发版的最新内容).

[8] Linux 的内存管理. http://linux-mm. org/(该网站提供了有关 Linux 内存管理的各种信息).

[9] Linux 虚拟文件系统. http://www. coda. cs. cmu. edu/doc/talks/linuxvfs/(其中对 Linux 的虚拟文件系统进行了描述).

[10] Linux 内核文档与源码分析. http://www2. linuxforum. net/ker_ plan/index/main. htm(这是国内 Linux 内核爱好者的论坛).

[11] Linux 内核可装入模块编程. http://www. linuxdoc. org/LDP/lkmpg/mpg. html(提供 Linux 内核模块编程指南的在线文档，适合于模块编程的初学者阅读。另一站点 http://blacksun. box. sk/lkm. html 上提供面向黑客及系统管理员的权威文档).

图书资源支持

感谢您一直以来对清华版图书的支持和爱护。为了配合本书的使用，本书提供配套的资源，有需求的读者请扫描下方的“书圈”微信公众号二维码，在图书专区下载，也可以拨打电话或发送电子邮件咨询。

如果您在使用本书的过程中遇到了什么问题，或者有相关图书出版计划，也请您发邮件告诉我们，以便我们更好地为您服务。

我们的联系方式：

地　　址：北京海淀区双清路学研大厦 A 座 707

邮　　编：100084

电　　话：010－62770175－4604

资源下载：http://www.tup.com.cn

电子邮件：weijj@tup.tsinghua.edu.cn

QQ：883604（请写明您的单位和姓名）

资源下载、样书申请

书圈

用微信扫一扫右边的二维码，即可关注清华大学出版社公众号“书圈”。